U0357505

国家出版基金资助项目

现代数学中的著名定理纵横谈丛书

丛书主编　王梓坤

RAMSEY THEOREM

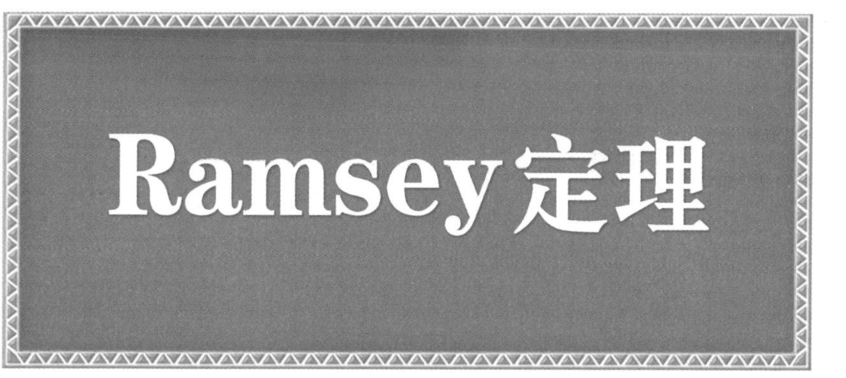

Ramsey定理

刘培杰数学工作室　编译

哈爾濱工業大學出版社
HARBIN INSTITUTE OF TECHNOLOGY PRESS

内容简介

本书主要介绍了拉姆塞的基本理论，拉姆塞数，并论述了组合学家、图论学家、概率学家、计算机专家眼中的拉姆塞定理及拉姆塞数，最后讨论了拉姆塞定理的应用与未来.

本书可供从事这一数学分支相关学科的数学工作者、大学生以及数学爱好者研读.

图书在版编目(CIP)数据

Ramsey定理/刘培杰数学工作室编译. —哈尔滨：哈尔滨工业大学出版社，2018.1

(现代数学中的著名定理纵横谈丛书)

ISBN 978－7－5603－6688－3

Ⅰ.①R…　Ⅱ.①刘…　Ⅲ.①组合数学　Ⅳ.①O157

中国版本图书馆CIP数据核字(2017)第136901号

策划编辑　刘培杰　张永芹
责任编辑　张永芹　刘立娟
封面设计　孙茵艾
出版发行　哈尔滨工业大学出版社
社　　址　哈尔滨市南岗区复华四道街10号　邮编150006
传　　真　0451－86414749
网　　址　http://hitpress.hit.edu.cn
印　　刷　哈尔滨市石桥印务有限公司
开　　本　787mm×960mm　1/16　印张24.25　字数269千字
版　　次　2018年1月第1版　2018年1月第1次印刷
书　　号　ISBN 978－7－5603－6688－3
定　　价　88.00元

(如因印装质量问题影响阅读，我社负责调换)

⊙

读书的乐趣

你最喜爱什么——书籍.

你经常去哪里——书店.

你最大的乐趣是什么——读书.

这是友人提出的问题和我的回答.真的,我这一辈子算是和书籍,特别是好书结下了不解之缘.有人说,读书要费那么大的劲,又发不了财,读它做什么?我却至今不悔,不仅不悔,反而情趣越来越浓.想当年,我也曾爱打球,也曾爱下棋,对操琴也有兴趣,还登台伴奏过.但后来却都一一断交,“终身不复鼓琴”.那原因便是怕花费时间,玩物丧志,误了我的大事——求学.这当然过激了一些.剩下来唯有读书一事,自幼至今,无日少废,谓之书痴也可,谓之书橱也可,管它呢,人各有志,不可相强.我的一生大志,便是教书,而当教师,不多读书是不行的.

读好书是一种乐趣,一种情操;一种向全世界古往今来的伟人和名人求教的方法，一种和他们展开讨论的方式；一封出席各种活动、体验各种生活、结识各种人物的邀请信；一张迈进科学宫殿和未知世界的入场券；一股改造自己、丰富自己的强大力量. 书籍是全人类有史以来共同创造的财富，是永不枯竭的智慧的源泉. 失意时读书，可以使人重整旗鼓；得意时读书，可以使人头脑清醒；疑难时读书，可以得到解答或启示；年轻人读书，可明奋进之道；年老人读书，能知健神之理. 浩浩乎！洋洋乎！如临大海，或波涛汹涌，或清风微拂，取之不尽，用之不竭. 吾于读书，无疑义矣，三日不读，则头脑麻木，心摇摇无主.

潜能需要激发

我和书籍结缘，开始于一次非常偶然的机会. 大概是八九岁吧，家里穷得揭不开锅，我每天从早到晚都要去田园里帮工. 一天，偶然从旧木柜阴湿的角落里，找到一本蜡光纸的小书，自然很破了. 屋内光线暗淡，又是黄昏时分，只好拿到大门外去看. 封面已经脱落，扉页上写的是《薛仁贵征东》. 管它呢，且往下看. 第一回的标题已忘记，只是那首开卷诗不知为什么至今仍记忆犹新：

日出遥遥一点红，飘飘四海影无踪.

三岁孩童千两价，保主跨海去征东.

第一句指山东，二、三两句分别点出薛仁贵（雪、人贵）. 那时识字很少，半看半猜，居然引起了我极大的兴趣，同时也教我认识了许多生字. 这是我有生以来独立看的第一本书. 尝到甜头以后，我便千方百计去找书，向小朋友借，到亲友家找，居然断断续续看了《薛丁山征西》《彭公案》《二度梅》等，樊梨花便成了我心中的女英雄. 我真入迷了. 从此,放牛也罢,车水也罢,我总要带一本书,还练出了边走田间小路边读书的本领,读得津津有味,不知人间别有他事.

当我们安静下来回想往事时,往往会发现一些偶然的小事却影响了自己的一生. 如果不是找到那本《薛仁贵征东》,我的好学心也许激发不起来. 我这一生,也许会走另一条路. 人的潜能,好比一座汽油库,星星之火,可以使它雷声隆隆、光照天地;但若少了这粒火星,它便会成为一潭死水,永归沉寂.

抄,总抄得起

好不容易上了中学,做完功课还有点时间,便常光顾图书馆. 好书借了实在舍不得还,但买不到也买不起,便下决心动手抄书. 抄,总抄得起. 我抄过林语堂写的《高级英文法》,抄过英文的《英文典大全》,还抄过《孙子兵法》,这本书实在爱得狠了,竟一口气抄了两份. 人们虽知抄书之苦,未知抄书之益,抄完毫末俱见,一览无余,胜读十遍.

始于精于一,返于精于博

关于康有为的教学法,他的弟子梁启超说:“康先生之教,专标专精、涉猎二条,无专精则不能成,无涉猎则不能通也.”可见康有为强烈要求学生把专精和广博(即“涉猎”)相结合.

在先后次序上,我认为要从精于一开始. 首先应集中精力学好专业,并在专业的科研中做出成绩,然后逐步扩大领域,力求多方面的精. 年轻时,我曾精读杜布(J. L. Doob)的《随机过程论》,哈尔莫斯(P. R. Halmos)的《测度论》等世界数学名著,使我终身受益. 简言之,即“始于精于一,返于精于博”. 正如中国革命一样,必须先有一块根据地,站稳后再开创几块,最后连成一片.

丰富我文采,澡雪我精神

辛苦了一周,人相当疲劳了,每到星期六,我便到旧书店走走,这已成为生活中的一部分,多年如此.一次,偶然看到一套《纲鉴易知录》,编者之一便是选编《古文观止》的吴楚材.这部书提纲挈领地讲中国历史,上自盘古氏,直到明末,记事简明,文字古雅,又富于故事性,便把这部书从头到尾读了一遍.从此启发了我读史书的兴趣.

我爱读中国的古典小说,例如《三国演义》和《东周列国志》.我常对人说,这两部书简直是世界上政治阴谋诡计大全.即以近年来极时髦的人质问题(伊朗人质、劫机人质等),这些书中早就有了,秦始皇的父亲便是受害者,堪称"人质之父".

《庄子》超尘绝俗,不屑于名利.其中"秋水""解牛"诸篇,诚绝唱也.《论语》束身严谨,勇于面世,"己所不欲,勿施于人",有长者之风.司马迁的《报任少卿书》,读之我心两伤,既伤少卿,又伤司马;我不知道少卿是否收到这封信,希望有人做点研究.我也爱读鲁迅的杂文,果戈理、梅里美的小说.我非常敬重文天祥、秋瑾的人品,常记他们的诗句:"人生自古谁无死,留取丹心照汗青""休言女子非英物,夜夜龙泉壁上鸣".唐诗、宋词、《西厢记》《牡丹亭》,丰富我文采,澡雪我精神,其中精粹,实是人间神品.

读了邓拓的《燕山夜话》,既叹服其广博,也使我动了写《科学发现纵横谈》的心.不料这本小册子竟给我招来了上千封鼓励信.以后人们便写出了许许多多的“纵横谈”.

从学生时代起,我就喜读方法论方面的论著.我想,做什么事情都要讲究方法,追求效率、效果和效益,方法好能事半而功倍.我很留心一些著名科学家、文学家写的心得体会和经验.我曾惊讶为什么巴尔扎克在51年短短的一生中能写出上百本书,并从他的传记中去寻找答案.文史哲和科学的海洋无边无际,先哲们的明智之光沐浴着人们的心灵,我衷心感谢他们的恩惠.

读书的另一面

以上我谈了读书的好处,现在要回过头来说说事情的另一面.

读书要选择.世上有各种各样的书:有的不值一看,有的只值看20分钟,有的可看5年,有的可保存一辈子,有的将永远不朽.即使是不朽的超级名著,由于我们的精力与时间有限,也必须加以选择.决不要看坏书,对一般书,要学会速读.

读书要多思考.应该想想,作者说得对吗?完全吗?适合今天的情况吗?从书本中迅速获得效果的好办法是有的放矢地读书,带着问题去读,或偏重某一方面去读.这时我们的思维处于主动寻找的地位,就像猎人追找猎物一样主动,很快就能找到答案,或者发现书中的问题.

有的书浏览即止,有的要读出声来,有的要心头记住,有的要笔头记录.对重要的专业书或名著,要勤做笔记,“不动笔墨不读书”.动脑加动手,手脑并用,既可加深理解,又可避忘备查,特别是自己的灵感,更要及时抓住.清代章学诚在《文史通义》中说:“札记之功必不可少,如不札记,则无穷妙绪如雨珠落大海矣.”

许多大事业、大作品，都是长期积累和短期突击相结合的产物. 涓涓不息，将成江河；无此涓涓，何来江河？

爱好读书是许多伟人的共同特性，不仅学者专家如此，一些大政治家、大军事家也如此. 曹操、康熙、拿破仑、毛泽东都是手不释卷，嗜书如命的人. 他们的巨大成就与毕生刻苦自学密切相关.

王梓坤

目录

第1章 问题的提出

§1 从一道冬令营试题的背景谈起

1986年年初全国冬令营的竞赛试题中有下题:

用任意方式给平面上每点染上黑色或白色,求证:一定存在一个边长为1或$\sqrt{3}$的正三角形,它的三个顶点是同色的.

试题及解答均见《数学通讯》1986年第5期.

武汉大学数学系的樊恽教授介绍了与此题有关的问题及背景.

1. 直线上的问题

为简单起见,当用r种颜色对集合A中的每点着上r种颜色之一时,称A为r—着色.

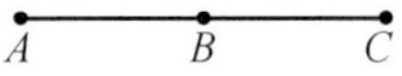

给直线 2－着色，那么当然总存在两点同色．这太容易了．因而对所求两点无任何其他要求．考察直线上顺次相距 1 的三点 A，B，C（图 1），会发现，2－着色直线上可找到相距 1 或 2 的两点同色．如果限制更强，在 2－着色直线上是否总能找到相距 1 的两点同色呢？答案是否定的（图 2）．我们给出一种着色法如下：在坐标直线上给任意点 x，当 $[x]$ 为偶数时，着上黑色；当 $[x]$ 为奇数时，着上白色．这里 $[x]$ 表示数 x 的整数部分．那么任意两个相距 1 的点必落在不同色的区间．我们得到了下述命题：

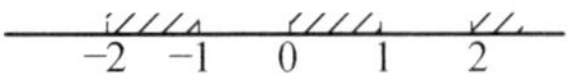

A B C

图 1

命题 1　在 2－着色直线上恒存在相距 1 或 2 的同色两点；但有这样的 2－着色直线，其上不存在相距 1 的同色两点．

−2 −1 0 1 2

图 2

考虑三点时则有：

命题 2　在 2－着色直线上恒存在成等差数列的三点同色．

证明　如图 3，取 A，B 同色，不妨设为黑．若 AB 的中点为黑，则已获证．不妨设 C 为白，取 D，E 使 $DA=AB=BE$．若 D，E 中有黑，比如 D，则 D，A，B 同为黑；若 D，E 均为白，则 D，C，E 同为白．

D A C B E

图 3

与命题 2 有关的一个惊人的近代结果是：

范·德·瓦尔登（van der Waerden）定理　设 r，l 是任意自然数．若对整数集 r－着色，则恒可找到 l 个同色的整数构成等差数列．

2. 平面上的问题

在 2－着色平面上任取边长为 1 的正 $\triangle ABC$，由抽屉原理马上知 A,B,C 三点中至少有两点同色.

进一步可给出更强的命题如下：

命题 3　在 3－着色平面上，必有相距 1 的两点同色.

证明　如图 4，取共一边的两个边长为 1 的正 $\triangle ABC$ 与 $\triangle A'BC$，再绕点 A 将两个三角形旋转成四边形 $AB'A''C'$，使 $A'A''=1$. 若 A，B，C 中无两点同色，则不妨设三点分别着 a 色、b 色及 c 色. 若 A' 着 b 色或 c 色，则相距 1 的同色两点已找到，故可设 A' 着 a 色. 同理，若 A'' 不着 a 色，则相距 1 的同色两点已找到. 若 A'' 着 a 色，则 A'，A'' 即是相距 1 的同色两点.

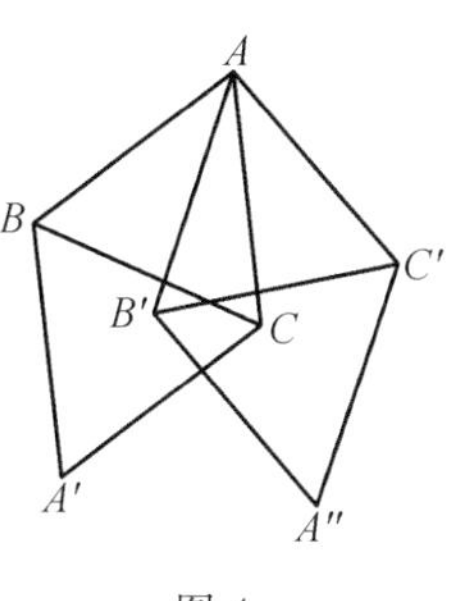

图 4

习题 1　有这样的 7－着色平面，其上不存在相距 1 的同色两点.（提示：用直径为 1 的正六边形覆盖平面.）

对 4，5，6－着色平面，类似问题的答案尚不知.

以下为简便，称三顶点同色的三角形为单色三角形.

命题 4　在 2－着色平面上存在边长为 1 或 $\sqrt{3}$ 的单色三角形；但有这样的 2－着色平面，其上不存在边长为 1 的单色三角形.

证明　前一断言即是本节开头引的试题，已指出查找其证明的地方. 对后一断言，我们类似于命题 1，构造一个2—着色坐标平面如下(图5). 对平面上任意点(x,y),若$\left[\frac{2x}{\sqrt{3}}\right]$为偶数,则着上黑色;若$\left[\frac{2x}{\sqrt{3}}\right]$为奇数,则着上白色. 那么任意边长为1的正三角形的三顶点不会同落入同色区域(为什么? 请读者证明,这是一个很好的几何练习).

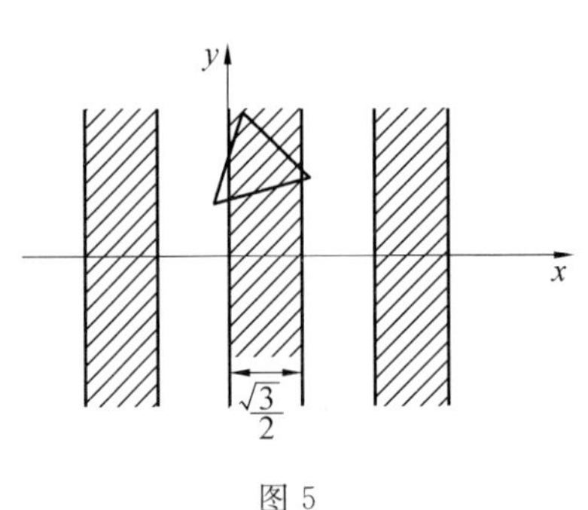

图 5

现在可以给出一个很强的也很有意思的结果.

命题 5 设 T_1,T_2 是两个三角形,T_1 有一边长为 1,T_2 有一边长为$\sqrt{3}$. 将平面 2－着色,则恒可找到一个全等于 T_1 或 T_2 的单色三角形.

证明 按命题 4 可找到边长为 1 或$\sqrt{3}$ 的正 $\triangle ABC$,其顶点同色,不妨设为黑色. 如 $AB=1$,构造如图 6 的图形使四边形 $BCEF$ 是平行四边形,$\triangle ABC$,$\triangle CDE$,$\triangle EFG$,$\triangle BFH$ 都是正三角形,且使 $\triangle ACD$ 全等于三角形 T_1,那么图中共有六个三角形:$\triangle ACD$,$\triangle ABF$,$\triangle BCH$,$\triangle GFH$,$\triangle GEC$,$\triangle FED$,它们都全等于三角形 T_1. 若前三个三角形都不是单色三角形,则推出 D,F,H 全为白色,那么无论 E,G 是什么色,在后三个三角形中就总会出现单色三角形.

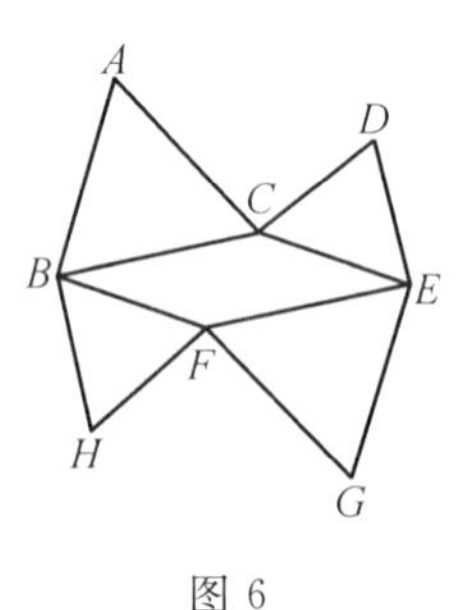

图 6

如果 $AB=\sqrt{3}$,显然可按同样的方法证明有一单

色三角形全等于三角形 T_2.

一个有趣的推论:

推论　若三角形 T 有两边分别为 1 与$\sqrt{3}$,则在 2－着色平面上可找到一个全等于 T 的单色三角形.

以上内容基本上取材于著名数学家爱尔迪希(P. Erdös)等四人于 1973 年发表于《组合论杂志》的一篇文章(见 *Journal of Combinatorics Theory*(A 系列),14 卷(1973 年)341 ～ 363 页)的部分例子.针对以上内容(读者可将命题 4 与推论对照),他们有两个猜想:

猜想 1　设 T 是一个给定的三角形,只要 T 不是正三角形,在任何 2－着色平面上就一定可找到全等于 T 的单色三角形.

猜想 2　在 2－着色平面上,若不存在边长为 d 的单色正三角形,则对任意 $d' \neq d$,可找到边长为 d' 的单色正三角形.

但是,若把条件"全等"放宽为相似,则结论很好.著名的 Gallai 定理断言:"对任意自然数 m,r,设 G 是平面上 m 个点构成的几何图形,则在任意 r－着色平面上可找到 m 个单色点,它们构成的图形相似于 G."Gallai 定理实际上对空间乃至任意 n 维空间都成立.

3. 其他问题一例

例　如图 7,正$\triangle ABC$ 的三条边的每点着黑白两色之一,则必可在$\triangle ABC$ 的边上找到同色三点构成直角三角形.

证明　分别取 AB,BC,CA 的三等分点 D,E,F,则 $DE \perp BC$,$EF \perp CA$,$FD \perp AB$. D,E,F 三点中至

少两点同色，不妨设 D,E 同为黑点. 若 BC 上除 E 以外还有黑点，则该黑点就与 D,E 构成单色直角三角形. 所以以下设 BC 上除 E 以外全为白点. 若 AC 边上除 C 以外有其他白点，则这个点可与 BC 边上两个白点构成直角三角形. 所以可以再设 AC 边除 C 以外全为黑点. 那么点 D 就可与 AC 边上的两点构成单色直角三角形.

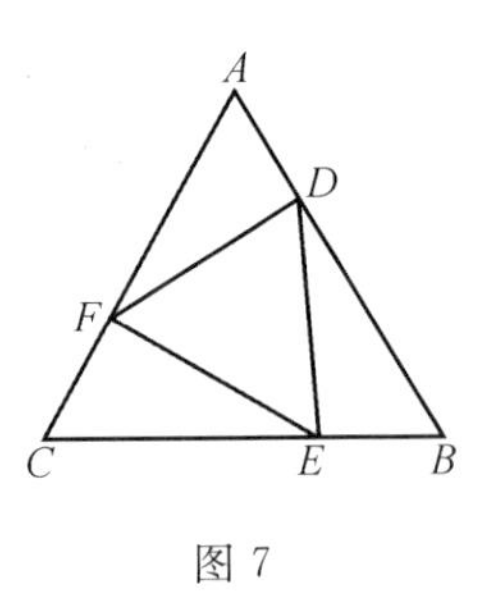

图 7

做了以下习题后读者就可知道这个例子的结论可推广到什么程度.

习题 2 设 $\triangle ABC$ 为锐角三角形，证明：可在三边上分别找三点使得构成的内接三角形的三边分别垂直于 $\triangle ABC$ 的三边. 当 $\triangle ABC$ 为直角或钝角三角形时，结论如何？

读者可在空间中考虑各种类似以上内容的问题，其中有的问题好解决，有的问题至今尚不知答案.

在许多地方以许多类似本节问题形式（但会更抽象、更广泛）出现的各类问题，统称为拉姆塞(Ramsey) 问题，这是因数学家拉姆塞首先给出一个处理一种这类问题的定理而得名. 拉姆塞定理的一种最简单形式就是抽屉原理.

§2 另一种形式的提法

2001 年凤凰卫视推出了一个新栏目叫《世纪大讲

堂》,把学术搬上了电视荧屏,取得了空前的成功.时任北京大学数学研究所副所长的王诗宬教授也受到了邀请并做了题为“从打结谈起”的讲演.

在演讲开始时主持人与他有这样一段对话:

主持人:在20世纪的100年里,中国人跟数学比较亲近的是70年代末.那时候有一位大数学家,他教给我们哥德巴赫猜想;但同时他也暗示我们,做数学家,一定要耐得住寂寞,而且数学工作是一件抽象、乏味的劳动.但是不是这样呢?北京大学数学研究所的副所长王诗宬教授一定反对这个说法.好,有请王教授.

我刚才说到,70年代末的时候,我们大家都知道陈景润,您可能比较早就知道.陈景润成名以后,成了很多人选择学业和职业的一个分水岭.这之前,肯定好多人是想当诗人的,因为70年代之前,那时候当诗人谈恋爱比较容易,比较吸引女青年.但是,过了1977年以后,好多人想当数学家了.那些想当数学家的人物当中还包括您.您是1978年考上北大的研究生吗?

王诗宬:对.

主持人:会不会也是受了陈景润先生的影响?

王诗宬:其实我好像不是.我当时是插队知青,喜欢的东西还是很多,比如喜欢物理、数学,还有喜欢中国文学史,当时也看一些哲学的书.然后,我想是非常偶然的,1977年到北京来玩,坐332路车去颐和园,看见“北京大学”四个字,就跳下车进入校门.当时我脑子里正在想一个简单的数学问题,就是六个人在一起,假如没有三个人两两认识的话,一定有三个人两两不认识.就因为当时想着这件事情,然后碰到一个老师,就问他,他说你去问姜伯驹老师,姜伯驹老师的办公室现在就在我办公室对面.

主持人:您当时就知道姜伯驹先生是一位数学家吗?

王诗宬:那时候我知道他.因为刚好那个时候《光明日报》登过他,而且1962年的时候他写过一本通俗的小册子——《一笔画和邮递员路线问题》,就是邮递员送信的路线.我看过这个小册子.

主持人:这么说您还是很早就有选择数学作为您终生学业的想法了?

王诗宬:没有,那个时候真的没有这样的目的.

主持人:如果是一般人坐车到了北大西门的话,一定不会想什么六个人、什么两两、什么三个人不认识之类的问题.

王诗宬:这不是个专业问题,是个兴趣问题,只是很喜欢.有时候我脑子里经常推敲几句诗,昨天我还在黑板上写几句诗,可我真的不一定要以诗人为职业.但是碰到姜伯驹先生,对我影响很大.那个时候我还是个知青,他说为什么不来试试学数学.

主持人:实际您不是受陈景润先生的影响,是在北大西门外碰到一位现在也不知道是谁的教授,受他的影响?

王诗宬:我想是,一定程度上也跟我原来有所准备有关,真的.那个时候我一个知青嘛,得到一个北京大学老师的鼓励,觉得那就来吧,就试了一试,第二年就来了.

关于这次演讲的细节可详见辽宁人民出版社出版的《世纪大讲堂》(第 2 辑). 我们感兴趣的是那六个人的问题. 其实这是一个经典问题. 在《美国数学月刊》问题征解栏目和美国大学生数学竞赛中都出现过. 这个问题所引发的研究已经发展成为一个庞大的理论，即拉姆塞理论.

§3　名冠理论的拉姆塞

《图论杂志》的读者都知道弗朗克·拉姆塞是以他的名字命名的拉姆塞数和拉姆塞理论的发现者和奠基人，但也许仅此而已. 可是他的其他成就，其中有些同样是用他的名字来命名的，也并不逊色，而且其涉及范围之广更引人注目：逻辑学、数学基础、经济学、概率论、判定理论、认知心理学、语义学、科学方法论，以及形而上学. 最不寻常的是他在如此短暂的一生中做出了这么多开创性的工作 —— 他在 1930 年因黄疸病去世时年仅 26 岁. 我相信对这位非常人物的生平和工作即便做一很简略的概述，也会引起那些仍在钻研他的天才成果的人们的兴趣.

弗朗克·拉姆塞出生于一个杰出的剑桥家庭. 他的父亲 A. S. 拉姆塞也是数学家，并曾经担任麦格达林(Magdalene) 学院院长；他的弟弟迈克尔担任过坎特伯雷大主教. 拉姆塞是无神论者，但兄弟俩一直很亲近. 年青的拉姆塞早在进三一学院攻读数学之前就通过家庭和麦格达林学院接触到剑桥的一群卓越的思想家：著名的贝尔特兰德·罗素(Bertrand Russell) 和他的哲学同事摩尔(G. E. Moore)和路特维希·维特根斯坦(Ludwig Wittgenstein)以及经济学家和概率的哲学理论家约翰·梅纳德·凯因斯(John Maynard Keynes),他们激发了拉姆塞以后的志趣.

罗素和维特根斯坦给予拉姆塞早期研究形而上学、逻辑学和数学哲学等学科的原动力.在1925年,也就是拉姆塞作为剑桥大学的数学拔尖学生毕业后两年,他写出了论文《数学的基础》,此文通过消除其主要缺陷来为罗素的《数学原理》把数学化归成逻辑做辩护.例如,论文简化了罗素的使人难以置信的、复杂的类型理论;通过要求它们也是在维特根斯坦的《逻辑哲学论》意义上的同义反复,把罗素关于数学命题的弱定义加强成为纯一般的定义.尽管逻辑学家对数学的这种化归从此不受数学家的欢迎,但它近来却得到了有力的辩护,这也增加了拉姆塞对很多事情有先见之明的记录,也使得认为他的逻辑主义已被宣告埋葬的说法现在看来是过于轻率了.

凯因斯对拉姆塞的影响使他从事概率论和经济学这两门学科的研究.凯因斯在1921年出版的《论概率》一书至今仍有影响,该书把概率当作从演绎逻辑(确定性推断的逻辑)到归纳逻辑(合理的非确定性推断的逻辑)的一种推广.它诉诸一种所谓"部分继承"的根本逻辑关系,在可以度量时,后者用概率来说明从两个相关的命题中的一个推出另一个的推断有多强.拉姆塞对这个理论的批评是如此有效,以致凯因斯本人也放弃了它,尽管后来它又重现于卡尔纳普(R. Carnap)和其他人的工作中.拉姆塞在其1926年的论文《真理与概率》中提出了自己的理论,这种理论指出如何用

赌博行为来度量人们的期望(主观概率)和需要(效用),从而为主观概率和贝叶斯决策的近代理论奠定了基础.

尽管拉姆塞搞垮了他的《论概率》,凯因斯仍然使拉姆塞成为剑桥皇家学院的研究员,并鼓励他研究经济学中的问题,当时拉姆塞21岁,正当成熟期.其结果是拉姆塞完成了论文《对征税理论的一点贡献》和《储蓄的一种数学理论》,分别发表在1927年和1928年的《经济学杂志》(*The Economic Journal*)上.在凯因斯撰写的对拉姆塞的讣告中,凯因斯把这两项工作赞誉为"数学经济学所取得的最杰出的成就之一".从1960年以来,这两篇论文的每一篇都发展成为经济学理论的繁荣分支:最优征税和最优积累.

值得指出的是,这些经济学论文和拉姆塞的几乎所有工作一样,发表后几十年才被人了解并得到进一步发展.其部分原因在于拉姆塞的工作都是高度独创性的,从而难以被理解.而且,拉姆塞的非常质朴明快的散文体也倾向于掩藏其思想的深刻和精确.他的文章不爱用行话,不矫揉造作,以致使人在试图自己去思索其所说内容之前往往低估了它.此外,拉姆塞不爱争论.正如他早年的老师和后来成为朋友的评论家和诗人理查兹(I. A. Richards)在关于拉姆塞的无线电广播节目中所说:"他从来不想引人注意,丝毫没有突出自己的表现,非常平易近人,而且几乎从不参加争辩性的对话…….我想,他在自己的心里觉得事情非常清楚,没必要去驳倒别人".他的妻子和还在世的朋友都确认这种说法符合实际情况.所以在他去世后的几十年中,一些光辉夺人的强手的名声遮盖了他,并且分散了人们对其工作的注意也就不足为奇了.

上述现象肯定发生在哲学方面，在 20 世纪 30 年代和 40 年代，维特根斯坦处于剑桥哲学界的支配地位，所以拉姆塞的大部分哲学工作没有直接引起注意，而直到后来通过他的主要著作的影响才重新 —— 主要在美国 —— 被发现，是由拉姆塞的朋友勃雷特怀特(R. B. Braitwait)—— 现在是剑桥的骑士桥(Knightbridge)荣誉教授 —— 在 1931 年整理出版的. 正如勃雷特怀特所说，哲学即使不是拉姆塞的专业也是他的“天职(vocation)”. 这里不可能总结他的哲学成果，更不用说这些成果在现今的影响和分支情况了. 为了对拉姆塞类型的实用主义哲学的现况有所了解，可参看为悼念他逝世五十周年而编写的文集中的论文. 下面用两个例子来说明拉姆塞的哲学思想的惊人的独创性和深刻的质朴性.

第一个例子是拉姆塞关于真理的理论，它后来被称作“冗余理论”. 比拉多(Pilate)是公元一世纪罗马帝国驻犹太的总督. 据《新约全书》记载，耶稣由他判决钉死在十字架上的大名鼎鼎的问题“真理是什么？”—— 把一种信念或断言叫作“真”是什么意思？—— 是哲学中最古老和令人困惑的问题之一. 在关于实用主义语义学的论文《事实和命题》中，拉姆塞用两页文字讲清了这一问题. 他写道：“显然，说‘恺撒被谋杀’是真，无非是说恺撒被谋杀.”认为别人的信念是真就是觉得自己也有这种信念；所以，正如拉姆塞所说，并没有单独的真理问题，要问的问题是“信念是什么？”：信念和其他态度，如希望和忧虑，一般有什么不同；一个具体的信念和另一个又有什么区别. 不过直

到最近，大多数哲学家才从比拉多的问题中解脱出来，并开始用拉姆塞所明白无误地概述的想法解决真正的问题.

第二个例子是在他死后发表的"理论"中，拉姆塞惊人地预见到很多才出现的关于科学地建立起理论的思想. 他比大部分同代人早得多地注意到，以可观察或可操作(operational)的方式定义理论实体(比如基本粒子)无助于理解所发展的理论实际上如何用于新现象及其解释. 拉姆塞说，理论的谓词实际上可当作存在量词的变元那样来处理——对理论的这种表述现在因此得名为"拉姆塞语句". 所以理论的各部分不能通过自身来推断或评价其真伪，因为它们含有约束变元；正如拉姆塞所写的那样，"对于我们的理论，我们必须考虑我们可能会添加些什么，或者希望添加些什么，并考虑理论是否一定与所加的内容相符." 因此，对立的理论也就可能对其理论性概念给出它们似乎具有的完全不同的含义，比如像牛顿理论的物质和相对论的物质，所以把对立的理论说成"无公度"比说成"不相容"更为恰当. 用拉姆塞的话来说："对立理论的追随者可以充分地争辩，尽管每一方都无法肯定另一方所否认的任何东西." 大约从 1960 年开始，很多有关科学的方法论和历史的文献所论及的正是关于在科学的发展中比较和评价理论的问题；不过对于为什么会产生这类问题，至今还没有比拉姆塞更好的阐述.

考虑到拉姆塞在逻辑学、哲学和经济学上所做的相对来说大量的工作，读者得知事实上无论从他所从事的职业和所受的训练来说都是一位数学家时，也许会觉得意外. 他在 1926 年成为剑桥大学数学讲师，并一直任职到四年后去世. 不过使人奇怪的不是他为什么去做那个使他在数学上成名的工作,因为他在剑桥的数学院主要讲授数学基础而不是数学本身,倒是他的著名数学定理与论文内容相当不协调,而且这篇论文本身现在看来颇有讽刺意味.

拉姆塞是在一篇共 20 页的论文《论形式逻辑的一个问题》的前 8 页证明了他的定理,这篇论文解决了带同异性的一阶谓词演算的判定问题的一种特殊情形. 有讽刺意味的是,尽管拉姆塞用他的定理来帮助解决这个问题,但事实上后者却可以不用这个定理而得到解决;再者,拉姆塞把解决这一特殊情形仅仅作为促成解决一般判定问题的一点贡献. 而在拉姆塞去世后一年,哥德尔(K. Gödel) 事实上证明了解决一般判定问题的目标是不可企及的. 所以,拉姆塞在数学 —— 他的职业上的不朽名声乃是基于他并不需要的一个定理,而这个定理又是在试图去完成现已得知无法完成的任务的过程中证明的!

我们无法断言拉姆塞对哥德尔的结果会做出什么反应,但他未能亲眼见到并进而开发哥德尔的结果无疑是他英年早逝悲剧的重要一幕. 正如勃雷特怀特在前面提及的广播节目中所说:"哥德尔的论文使得数理逻辑在事实上成为一门专门学问和一个特殊而又活跃的数学分支." 他又补充说:"这将会使拉姆塞非常激动,以致他也可能在这个领域驰骋一年." 考虑到自从拉姆塞提出 8 页数学论文以来的情况,我们只能推测我们的损失是何等巨大.

下面我们再摘录拉姆塞本人在 1925 年的一段自白,这段文字反映了他的热情洋溢的世界观:

“和我的一些朋友不同，我不看重有形的大小. 面对浩瀚太空我丝毫不感到卑微. 星球可以很大，但它们不能想或爱，而这些对我来说远比有形的大小更加使人感动. 我的大约有 238 磅的体重并没给我带来声誉.

我的世界图景是一幅透视图，而不是按比例的模型. 最受注意的前景是人类，星球都像三便士的小钱币. 我不大相信天文学，只把它看作是关于人类(可能包括动物)感知的部分过程的一种复杂的描述，我的透视图不仅适用于空间，而且也适用于时间，地球迟早要冷寂，万物也将死去；但这是很久以后的事，几乎毫无现时价值，并不会因一切终将死寂而使现时失去意义. 我发觉遍布于前景的人类很有意思，而且从总体上看也值得赞赏，我觉得至少在此时此刻，地球是令人愉快和动人的地方.”

拉姆塞，1925 年

第2章 拉姆塞理论

试证明:在六个人的一次集合中,总有这样的一个三人小组,这小组的三个人或者都相互认识,或者都不相识.这是一个著名的诘难,它是拉姆塞在1928年证明的定理的一种特殊情形.这个定理有许多深刻的推广,它们不仅在图论和组合论中是重要的,而且在集论(逻辑)和分析中也是同样重要的.在本章中,我们将证明拉姆塞原来的定理,指出它的某些变形,并介绍这些结果的若干应用.

§1 基本拉姆塞定理

我们将考虑图和超图的边的划分.为方便起见,一个划分将被称为一种着色.但是要记住,这种意义的着色与在后面考虑的边着色没有任何关系,邻接的边可以有同样的颜色.实际上,我们的目

标是证明存在所有边都具有同样颜色的大子图. 在2－着色中，我们总是选取红和蓝作为着色用的颜色. 如果一个子图的所有边都是红(蓝)的，那么就说这个子图是红(蓝)的.

给定一个自然数 s，存在一个这样的数 $R(s)$，使当 $n \geqslant R(s)$ 时，则用红和蓝两种颜色对 K^n 的每个边着色，都包含或者红 K^s 或者蓝 K^s. 为了证明这一结果并给出 $R(s)$ 的界，我们引入下面的记号：$R(s,t)$ 是使 K^n 的每个红－蓝着色都产生一个红 K^s 或一个蓝 K^t 的 n 的最小值.(由于 K^1 无边，我们约定每个 K^1 既是红的又是蓝的，故我们假设 $s,t \geqslant 2$. 对于每个 s 和 t，$R(s,t)$ 是有限的这一事实不是一开始就很明显的.) 但是，对每个 $s,t \geqslant 2$，显然有

$$R(s,t)=R(t,s)$$

和

$$R(s,2)=R(2,s)=s$$

这是因为在 K^s 的每一个红－蓝着色中，或存在一条蓝边，或每条边都是红的. 下面的结果表明，对于每个 s 和 t，$R(s,t)$ 是有限的，同时，它还给出 $R(s,t)$ 的一个界.

定理 1　若 $s>2$ 和 $t>2$，则

$$R(s,t) \leqslant R(s-1,t)+R(s,t-1) \tag{1}$$

$$R(s,t) \leqslant \binom{s+t-2}{s-1} \tag{2}$$

证明　(ⅰ) 当证明式(1)时，我们可以假设 $R(s-1,t)$ 和 $R(s,t-1)$ 都是有限的. 令

$$n=R(s-1,t)+R(s,t-1)$$

考虑 K^n 的一个红－蓝着色. 我们必须证明，这个着色

或者包含一个红 K^s，或者包含一个蓝 K^t. 令 x 是 K^n 的一个顶点. 因为

$$d(x)=n-1=R(s-1,t)+R(s,t-1)-1$$

所以，或者至少存在 $n_1=R(s-1,t)$ 条红边与 x 关联，或者至少存在 $n_2=R(s,t-1)$ 条蓝边与 x 关联. 依据对称性，我们可以假设第一种情形成立. 考虑 K^n 的一个子图 K^{n_1}，它是以红边与 x 联结的 n_1 个顶点生成的子图. 如果 K^{n_1} 包含一个蓝 K^t，我们的证明结束；否则，K^{n_1} 包含一个红 K^{s-1}，它与 x 一起构成一个红 K^s.

(ⅱ) 若 $s=2$ 或 $t=2$，则不等式(2) 成立. (事实上，因为 $R(s,2)=R(2,s)=s$，我们有等号成立.) 现在假设 $s>2$ 和 $t>2$，而且对于每对 (s',t')，$s',t'>2$，$s'+t'<s+t$，式(2) 都成立. 则根据式(1) 有

$$R(s,t)\leqslant R(s-1,t)+R(s,t-1)\leqslant \binom{s+t-3}{s-2}+\binom{s+t-3}{s-1}=\binom{s+t-2}{s-1}$$

此结果容易推广到具有任意多种(但有限) 颜色的着色. 给定 k 和 $s_1,s_2,\cdots,s_k$，若 n 充分大，则 K^n 用 k 种颜色的每个着色，对于某个 $i(1\leqslant i\leqslant k)$，它包含一个具有第 i 种颜色的 K^{s_i}(使这成立的 n 的最小值通常记作 $R_k(s_1,s_2,\cdots,s_k)$). 事实上，若我们已知对于 $k-1$ 种颜色上述断言成立，则在 K^n 的一个 $k-$着色中，我们用一种新颜色来代替前两种颜色. 若 n 是充分大的数(依赖于 $s_1,s_2,\cdots,s_k$)，则或者对于某个 $i(3\leqslant i\leqslant k)$，存在具有第 i 种颜色的 K^{s_i}，或存在 K^m，$m=R(s_1,s_2)$，它用新颜色着色，即用(原来的) 前两种颜色着色. 在第一种情形中，我们的证明结束. 而在第二种情形中，对于 $i=1$ 或 2，我们可以在 K^m 中找到一个具

有第一种颜色的 K^{s_i}.

实际上,定理 1 也可以推广到超图,即推广到对有限集 X 的所有 r 元组的集 $X^{(r)}$ 的 k－着色. 这是拉姆塞证明的定理之一.

当 $|X|=n$ 时,令 $R^{(r)}(s,t)$ 是使 $X^{(r)}$ 的每一个红－蓝着色产生一个红 s－集或一个蓝 t－集的 n 的最小值. 当然,如果 $Y\subsetneqq X$ 和 $Y^{(r)}$ 的每个元素都是红(蓝)的,就称 Y 是红(蓝)的. 注意,$R(s,t)=R^{(2)}(s,t)$. 像在定理 1 中那样,下列结果不仅保证对所有的参数值 $R^{(r)}(s,t)$ 是有限的(这不是从一开始就很明显的),也给出了 $R^{(r)}(s,t)$ 的上界. 这个定理的证明几乎就是定理 1 证明的翻版. 注意,若 $r>\min\{s,t\}$,则 $R^{(r)}(s,t)=\min\{s,t\}$;若 $r=s\leqslant t$,则 $R^{(r)}(s,t)=t$.

定理 2　令 $1<r<\min\{s,t\}$,则 $R^{(r)}(s,t)$ 是有限的,并且

$$R^{(r)}(s,t)\leqslant R^{(r-1)}(R^{(r)}(s-1,t),R^{(r)}(s,t-1))+1$$

证明　若对于所有的 u 和 v,$R^{(r-1)}(u,v)$ 是有限的,并且 $R^{(r)}(s-1,t)$ 和 $R^{(r)}(s,t-1)$ 也都是有限的,能证明此不等式,则两个断言就都证明了.

令 X 是有 $R^{(r-1)}(R^{(r)}(s-1,t),R^{(r)}(s,t-1))+1$ 个元素的一个集合. 给定 $X^{(r)}$ 的任意一个红－蓝着色,取 $x\in X$,定义 $Y=X-\{x\}$ 的所有$(r-1)$－集的一个红－蓝着色如下:

把 $\sigma\in Y^{(r-1)}$ 着上 $\{x\}\cup\sigma\in X^{(r)}$ 的颜色. 依据函数 $R^{(r-1)}(u,v)$ 的定义,我们可以假设 Y 有一个具有 $R^{(r)}(s-1,t)$ 个元素的红子集 Z.

现在我们来看一看 $Z^{(r)}$ 的着色. 一方面,如果它有一个蓝 t－集,证明就结束,这是因为 $Z^{(r)}\subseteq X^{(r)}$,故 Z

的蓝 t－集也是 X 的蓝 t－集. 另一方面,如果 Z 不包含蓝 t－集,那么存在红 $(s-1)$－集,这时,它与 $\{x\}$ 的并为 X 的红 s－集.

在非平凡的拉姆塞数中,只有很小一部分是已知的,甚至 $r=2$ 的情况也是如此. 显而易见,$R(3,3)=6$,通过一些工作,我们能证明 $R(3,4)=9$,$R(3,5)=14$,$R(3,6)=18$,$R(3,7)=23$ 和 $R(4,4)=18$. 由于式(1),$R(s,t)$ 的任何一个上界对于给出每个 $R(s',t')$ $(s'\geqslant s,t'\geqslant t)$ 的上界都有帮助. $R(s,t)$ 的下界均不易得到.

作为定理 2 的推论,我们看到,在自然数的各 r 元组的每个红－蓝着色中,都包含任意大的单色子集:如果一个子集的各 r 元组都有同样的颜色,就说该子集是单色的. 实际上,拉姆塞证明可以找到无限单色子集.

定理 3 令 $c:A^{(r)}\to\{1,2,\cdots,k\}$ 是一个无限集 A 的各 $r(1\leqslant r<\infty)$ 元组的一个 k－着色,则 A 包含单色无限集.

证明 我们使用对 r 的归纳法. 注意,对于 $r=1$,结果是平凡的,故假设 $r>1$ 和对 r 的较小值定理成立.

记 $A_0=A$,取元素 $x_1\in A_0$. 像在定理 2 的证明中那样,定义 $B_1=A_0-\{x_1\}$ 的各 $(r-1)$－元组的一个着色 $c_1:B_1^{(r-1)}\to\{1,2,\cdots,k\}$,使 $c_1(\tau)=c(\tau\cup\{x_1\})$,$\tau\in B_1^{(r-1)}$. 依归纳假设,$B_1$ 包含一个无限集 A_1,其所有 $(r-1)$－元组有同样的颜色 $d_1(d_1\in\{1,2,\cdots,k\})$. 现在,令 $x_2\in A_1$,$B_2=A_1-\{x_2\}$,定义一个 k－着色 $c_2:B_2^{(r-1)}\to\{1,2,\cdots,k\}$,使 $c_2(\tau)=c(\tau\cup\{x_2\})$,$\tau\in$

$B_2^{(r-1)}$，则 B_2 包含一个无限集 A_2，其所有的 $(r-1)$－元组有同样的颜色 d_2. 把这一过程继续下去，我们得到一个元素的无穷序列 $x_1, x_2, \cdots$，颜色的一个无穷序列 $d_1, d_2, \cdots$ 和集的一个递降序列 $A_0 \supsetneqq A_1 \supsetneqq A_2 \supsetneqq \cdots$，使 $x_i \in A_{i-1}$，并且所有的 r 元组在 A_i 之外的唯一元素为 x_i，它具有同样的颜色 d_i. 无穷序列 $\{d_n\}_1^\infty$ 取 k 个值 $1, 2, \cdots, k$ 中至少一个无限次，比如说对每个 i，$d_{n_i}=1$ 和 $n_i \to \infty$. 则依其构造，无穷集 $\{x_{n_1}, x_{n_2}, \cdots\}$ 的每个 r 元组都有颜色 1.

对某些情形，应用定理 3 的下面的说法更为方便（$\mathbf{N}$ 是自然数集）.

定理 4　令 $k_r \in \mathbf{N}$，$r \in \mathbf{N}$，并用 k_r 种颜色对 $\mathbf{N}$ 的各 r 元组的集 $N^{(r)}$ 着色，则存在这样的无限子集 $M \subsetneqq \mathbf{N}$，对每个 r，M 的任意两个，其最小元素至少为 r 的 r 元组具有同样的颜色.

证明　记 $M_0=\mathbf{N}$，假设已经选取了无限集

$$M_0 \supsetneqq M_1 \supsetneqq \cdots \supsetneqq M_{r-1}$$

令 M_r 是 M_{r-1} 的一个无限子集，使 M_r 的所有 r 元组都有同样的颜色. 用这个方法，我们得到无限集的一个递降序列 $M_0 \supsetneqq M_1 \supsetneqq \cdots$. 取 $a_1 \in M_1$，$a_2 \in M_2-\{1, 2, \cdots, a_1\}$，$a_3 \in M_3-\{1, 2, \cdots, a_2\}$，等等. 显然，$M=\{a_1, a_2, \cdots\}$ 有所要求的性质.

综合定理 2 和定理 1 之后叙述的“着色－分组论证法”，或者综合定理 3 和某种紧致性论证，就可得到下面的结果. 若给定 r 和 $s_1, s_2, \cdots, s_k$，则对充分大的 $|X|$，$X^{(r)}$ 的每一个用 k 种颜色着色都有这样的性质：对于某个 $i(1 \leqslant i \leqslant k)$，存在一个集 $S_i \subsetneqq X(|S_i|=s_i)$，其所有 r－集有颜色 i. 使此成立的 $|X|$ 的最小值

用 $R_k^{(r)}(s_1,s_2,\cdots,s_k)$ 表示. 这样, $R^{(r)}(s,t)=R_2^{(r)}(s,t)$, 而 $R_k(s_1,s_2,\cdots,s_k)=R_k^{(2)}(s_1,s_2,\cdots,s_k)$. 定理 2 蕴涵的 $R_k^{(r)}(s_1,s_2,\cdots,s_k)$ 的上界不是很好的. 仿照定理 2 的证明, 我们可以得到较好的上界

$$R_k^{(r)}(s_1,s_2,\cdots,s_k)\leqslant R_k^{(r-1)}(R_k^{(r)}(s_1-1,s_2,\cdots,s_k),\cdots,\\ R_k^{(r)}(s_1,\cdots,s_{k-1},s_k-1))+1$$

§2 单色子图

令 H_1 和 H_2 是任意两个图, 给定自然数 n, 是不是 K^n 边的每个红一蓝着色都或者包含一个红 H_1 或者包含一个蓝 H_2 呢? 因为 H_i 是 K^{s_i} 的子图, 此处 $s_i=|H_i|$, $i=1,2$, 所以当 $n\geqslant R(s_1,s_2)$ 时, 回答显然是肯定的. 用 $r(H_1,H_2)$ 表示保证肯定回答的 n 的最小值. 注意这个记号类似于先前引入的记号: $R(s_1,s_2)=r(K^{s_1},K^{s_2})$. 显然, $r(H_1,H_2)-1$ 是使得能存在满足 $H_1\not\subset G$ 和 $H_2\not\subset \overline{G}$ 的 n 阶图 G 的 n 的最大值.

有时, 称数 $r(H_1,H_2)$ 为广义拉姆塞数. 近些年来, 对它已经有相当广泛的研究. 我们将通过一些简单的图对 (H_1,H_2) 来确定 $r(H_1,H_2)$.

定理 5 令 T 是一个 t 阶数, 则

$$r(K^s,T)=(s-1)(t-1)+1$$

证明 图 $(s-1)K^{t-1}$ 不包含 T, 它的补 $K^{s-1}(t-1)$ 不包含 K^s, 故

$$r(K^s,T)\geqslant(s-1)(t-1)+1$$

现在, 令 G 是一个 $(s-1)(t-1)+1$ 阶图, 其补不包含 K^s, 则

$$\chi(G) \geqslant \left[\frac{n}{s-1}\right] = t$$

故它包含最小度至少为 $t-1$ 的导出子图 H. 显而易见,H 包含一个同构于 T 的子图. 事实上,我们可以假设 $T_1 \subsetneqq H$,此处 $T_1 = T - x$,而 x 是 T 的一个端点,它邻接 T_1(和 H) 的顶点 y. 因为在 H 中,y 至少有 $t-1$ 个邻接顶点,这些邻接顶点中至少有一个,比如说 z,不属于 T_1,那么 H 的由 T_1 和 z 生成的子图显然是一个属于 T 的子图.

因为对 $r(K^s, K^t)$ 知道得很少,我们只期望当 G_1 和 G_2 都是稀疏的情形时,例如当 $G_1 = sH_1$ 和 $G_2 = tH_2$ 时,$r(G_1, G_2)$ 会比较容易计算. 下面的简单引理表明,对于固定的 H_1 和 H_2,函数 $r(sH_1, tH_2)$ 的值至多为 $s|H_1| + t|H_2| + c$,此处 c 仅依赖 H_1 和 H_2,而不依赖 s 和 t.

引理 1

$$r(G, H_1 \cup H_2) \leqslant \max\{r(G, H_1) + |H_2|, r(G, H_2)\}$$

特别的

$$r(sH_1, H_2) \leqslant r(H_1, H_2) + (s-1)|H_1|$$

证明　令 n 大于第一式的右边,并假设存在 K^n 的一个没有红 G 的红－蓝着色,则 $n \geqslant r(G, H_2)$ 蕴涵存在蓝 H_2. 将它去掉. 因为 $n - |H_2| \geqslant r(G, H_1)$,所以剩下的部分包含蓝 H_1. 因此 K^n 包含蓝 $H_1 \cup H_2$.

定理 6　若 $s \geqslant t \geqslant 1$,则

$$r(sK^2, tK^2) = 2s + t - 1$$

证明　图 $G = K^{2s-1} \cup E^{t-1}$ 不包含 s 条独立边,而 $\overline{G} = E^{2s-1} + K^{t-1}$ 不包含 t 条独立边. 因此

$$(sK^2, tK^2) \geqslant 2s + t - 1$$

$r(sK^2, tK^2) = 2s$ 是平凡的. 我们将证明

$$r((s+1)K^2, (t+1)K^2) \leqslant r(sK^2, tK^2) + 3$$

此不等式对于完成证明是足够了,这是因为由此可得

$$\begin{aligned} & r((s+1)K^2, (t+1)K^2) \leqslant \\ & r(sK^2, tK^2) + 3 \leqslant \\ & r((s-1)K^2, (t-1)K^2) + 6 \leqslant \\ & r((s-t+1)K^2, K^2) + 3t = \\ & 2(s-t+1) + 3t = \\ & 2s + t + 2 \end{aligned}$$

令 G 是一个 $n = r(sK^2, tK^2) + 3 \geqslant 2s + t + 1$ 阶图. 若 $G = K^n$, 则 $G \supsetneqq (s+1)K^2$; 若 $G = E^n$, 则 $\overline{G} \supsetneqq (t+1)K^2$. 否则,存在三个顶点 x, y 和 z,使 $xy \in G$, $xz \notin G$. 现在,或者 $G - \{x, y, z\}$ 包含 s 条独立边,这时 xy 可以添加到它们之中,构成 G 的 $s+1$ 条独立边;或者 $\overline{G} - \{x, y, z\}$ 包含 t 条独立边,这时 xz 可以添加到它们之中,构成 G 的 $t+1$ 条独立边.

定理 7 若 $s \geqslant t \geqslant 1$ 和 $s \geqslant 2$,则

$$r(sK^3, tK^3) = 3s + 2t$$

证明 令 $G = K^{3s-1} \cup (K^1 + E^{2t-1})$,则 G 不包含 s 个独立的三角形(指没有公共顶点的一组三角形),而 $\overline{G} = E^{3s-1} + (K^1 \cup K^{2t-1})$ 不包含 t 个独立的三角形. 因此,$r(sK^3, tK^3)$ 不小于所要证的值.

很容易证明,$r(2K^3, K^3) = 8$ 和 $r(2K^3, 2K^3) = 10$. 因此,反复应用引理 1 就给出

$$r(sK^3, K^3) \leqslant 3s + 2$$

而只要对于 $s \geqslant 1, t \geqslant 1$,我们能证明

$$r((s+1)K^3, (t+1)K^3) \leqslant r(sK^3, tK^3) + 5$$

就完成了证明.

为了看清这一点,令 $n=r(sK^3,tK^3)+5$,并考虑 K^n 的一个红一蓝着色.在 K^n 中取一个单色的(比如说是红的)三角形 K_r.如果 K^n-K_r 包含一个红 sK^3,证明结束;否则,K^n-K_r 包含一个蓝三角形 K_b(它甚至还包含蓝 tK^3).我们可以假设 K_r-K_b 的九条边中至少有五条是红的.这些边中至少有两条与 K_b 的一个顶点关联,而它们同 K_r 的一条边一起构成一个红三角形 K_r^*,此三角形与 K_b 有一个公共顶点.因为 $K^n-K_r^*-K_b$ 有 $r(sK^3,tK^3)$ 个顶点,它或者包含一个红 sK^3 或者包含一个蓝 tK^3.它们与 K_r^* 和 K_b 都没有公共顶点,故 K^n 或包含一个红 $(s+1)K^3$,或包含一个蓝 $(t+1)K^3$.

仔细推敲前面两个定理的证明思路,我们可以在 $\max\{s,t\}$ 比 $\max\{p,q\}$ 大很多时,得到 $r(sK^p,tK^q)$ 的一些较好的界.令 $p,q\geqslant 2$ 是固定的,选取 t_0,使

$$t_0\min\{p,q\}\geqslant 2r(K^p,K^q)$$

记 $C=r(t_0K^p,t_0K^q)$.

定理 8　若 $s\geqslant t\geqslant 1$,则

$$ps+(q-1)t-1\leqslant r(sK^p,tK^q)\leqslant ps+(q-1)t+C$$

证明　图 $K^{ps-1}\cup E^{(q-1)t-1}$ 证明了第一个不等式.像在前面各定理的证明中那样,我们固定 $s-t$,并应用对 t 的归纳法.依引理 1,当 $t\leqslant t_0$ 时,有

$$r(sK^p,tK^q)\leqslant(s-t)p+r(tK^p,tK^q)\leqslant ps+C$$

现在假设 $t\geqslant t_0$,并且定理中第二个不等式对于 s,t 成立.

令 G 是 $n=p(s+1)+(q-1)(t+1)+C+1$ 阶图,使 $G\not\supseteq(s+1)K^p$ 和 $\overline{G}\not\supseteq(t+1)K^q$.假设任何一对

G 中的 K^p 和 $\overline{G}$ 中的 K^q 均没有公共顶点. 用 V_p 表示 G 的各 K^p 子图中顶点的集，并记 $V_q = V\backslash V_p, n_p = |V_p|, n_q = |V_q|$. 任何顶点 $x \in V_q$ 均不能与 V_p 的多于 $r(K^{p-1}, K^q)$ 个顶点联结，否则，或 G 中存在一个 K^p 包含 x，或 $\overline{G}$ 中存在一个 K^q 包含 V_p 的顶点. 与此类似，每个顶点 $y \in V_q$ 联结于 V_p 的至多除 $r(K^p, K^{q-1})$ 个顶点之外的全部顶点. 因此

$$n_q r(K^{p-1}, K^q) + n_p r(K^p, K^{q-1}) \geqslant n_p n_q$$

但是，这是不可能的，因为 $n_p \geqslant sp, n_q \geqslant tq$，故 $n_p > 2r(K^{p-1}, K^q)$ 和 $n_q > 2r(K^p, K^{q-1})$. 因此，我们可以找到 G 中的一个 K^p 和 $\overline{G}$ 中的一个 K^q，它们有一个公共顶点.

当我们去掉这些子图的 $p+q-1$ 个顶点时，发现剩下的部分 H 满足 $H \not\supseteq sK^p$ 和 $\overline{H} \not\supseteq tK^q$，但是，$|H| = ps + (q-1)t + C + 1$，而这是不可能的.

我们会想，各种各样的拉姆塞定理成立是由于我们对其进行边着色的图是 K^n，而不是只有少数边的稀疏图.

现在我们考虑对于有限图的原来拉姆塞定理的另外一个推广. 令 $H, G_1, G_2, \cdots, G_k$ 都是图(图 8)，用

$$H \rightarrow (G_1, G_2, \cdots, G_k)$$

表示下面的陈述：对 H 的边用颜色 $c_1, c_2, \cdots, c_k$ 的每种着色，存在这样一个下标 i，使 H 包含同构于 G_i 的子图，其边都具有颜色 c_i. 如果对于每个 $i, G_i = G$，通常把 $H \rightarrow (G_1, G_2, \cdots, G_k)$ 写成 $H \rightarrow (G)_k$. 注意

$$r(G_1, G_2) = \min\{n \mid K^n \rightarrow (G_1, G_2)\} = \max\{n \mid K^{n-1} \not\rightarrow (G_1, G_2)\}$$

显然，在一个稀疏图中寻求单色子图比在完全图

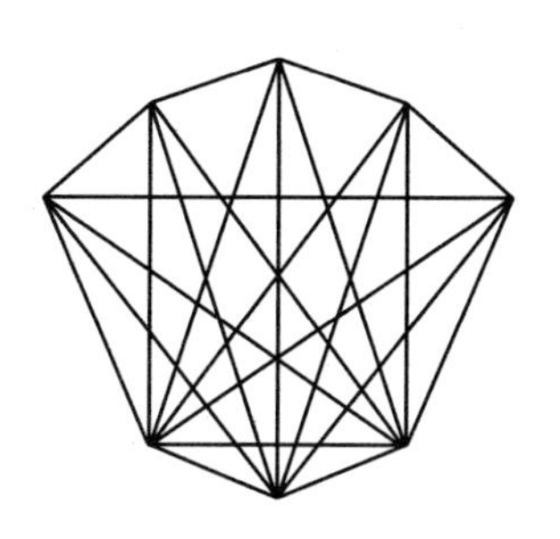

图 8　图 G_3+G_5

中更困难，并且对于给定的图 G_1 和 G_2，可能不容易找到一个在某种给定意义上的稀疏图 H，使 $H\rightarrow(G_1,G_2)$. 因此我们可能不会立即找到没有 K^6 的一个稀疏图 H，使 $H\rightarrow(K^3,K^3)$. 我们可以进一步提出下面的困难问题：存在 $\mathrm{cl}(H)=3$（故没有 K^4）且 $H\rightarrow(K^3,K^3)$ 的图 H 吗？注意，定理 1 并不能保证这样的图 H 存在. 为了结束这一节，我们仅陈述深刻的 Nešetřil 和洛特尔（Rödl）定理，它表明，对这类问题的回答是肯定的.

定理 9　给定 $G_1,G_2,\cdots,G_k$，存在图 H，使得 $\mathrm{cl}(H)=\max\limits_{1\leqslant i\leqslant k}\mathrm{cl}(G_i)$ 和 $H\rightarrow(G_1,G_2,\cdots,G_k)$.

§3　代数和几何中的拉姆塞定理

给定一个代数或几何的对象和这个对象的有限子集的一个类 $\mathfrak{P}$. 当我们用 k 种颜色对这些元素着色（即把这些元素划分成 k 类）时，是不是这些颜色类中总是至少有一个类包含 $\mathfrak{P}$ 的至少一个元素呢？在这一节中，我们对欧几里得空间、有限维向量空间、各种半群和属于更一般范畴的对象,讨论一些这种类型的问题.我们只证明一二个简单结果,因为一些较深刻结果的证明远远超出本书的范围,尽管那些命题本身是很容易理解的.

令 $\mathfrak{P}$ 是集 M 的有限子集的一个类.用前节中使用的记号 $M \to (\mathfrak{P})_k$ 表示在 M 的每个 k－着色中都存在单色集 $P \in \mathfrak{P}$,即当 $M = M_1 \cup M_2 \cup \cdots \cup M_k$ 时,对某个 $i \in [1,k] = \{1,2,\cdots,k\}$ 和某个 $P \in \mathfrak{P}$ 有 $P \subsetneqq M_i$.当讨论 $M \to (\mathfrak{P})_k$ 是否成立时,下列的紧致性定理能使我们用 M 的有限子集来代替 M.

定理 10 $M \to (\mathfrak{P})_k$ 当且仅当存在有限集 $X \subsetneqq M$,使 $X \to (\mathfrak{P})_k$.

证明 若 $M \not\to (\mathfrak{P})_k$,则对每个有限集 $X \subsetneqq M$,显然有 $X \not\to (\mathfrak{P})_k$.

M 的一个 k－着色是空间 $[1,k]^M$ 中的一个点;对于 $c \in [1,k]^M$ 和 $x \in M$,c 在分量 x 上的投影 $\pi_x(c)$ 就是 $c(x) \in [1,k] = \{1,2,\cdots,k\}$,$c(x)$ 是由 c 对 x 指定的颜色.我们几乎总是给 $[1,k]$ 以离散拓扑,而给 $[1,k]^M$ 以乘积拓扑.根据一般拓扑中熟知的 Tychonov 定理,空间 $[1,k]^M$ 是紧致的,因为它是紧致空间的乘积.

给定一个有限集 $X \subsetneqq M$,令 $N(X)$ 是所有这样着色的集,在这些着色中 X 不包含单色集 $P \in \mathfrak{P}$.若 $c \notin N(X)$,而 $d \in [1,k]^M$ 与 c 在 X 上相等(即 $d \mid X = c \mid X$),则 $d \notin N(X)$.因此,$[1,k]^M - N(X)$ 是开的,故 $N(X)$ 是闭的(实际上,$N(X)$ 是平凡既开又闭的).

现在,我们可以来证明必要性了.假设对每个有限集 $X \subsetneqq M$ 都有 $X \not\to (\mathfrak{P})_k$,这就表示对每个有限集 X 有 $N(X) \neq \varnothing$.因为 $N(X) \cap N(Y) \supsetneqq N(X \cup Y)$,闭

集系$\{N(X) \mid X \subsetneqq M$ 是有限的$\}$有有限交性质. $[1, k]^M$ 的紧致性蕴涵 $\bigcap_X N(X) \neq \varnothing$. 每个 $c \in \bigcap_X N(X)$ 是 M 的一个不包含单色集 $P \in \mathfrak{P}$ 的 $k-$着色.

令 L 是 n 维欧几里得空间 $\mathbf{R}^n$ 中点的一个有限集. 作为迄今使用的记号的另一个变形,$\mathbf{R}^n \to (L)_k$ 表示在 $\mathbf{R}^n$ 的每个 $k-$着色中都存在全等于 L 的单色 L'. 若对于每个 k 都存在这样的 n,使 $\mathbf{R}^n \to (L)_k$,则说 L 是一个拉姆塞集.

定理 11　令 P 是距离为 1 的一对点,则

$$\mathbf{R}^2 \to (P)_3$$

但

$$\mathbf{R}^2 \not\to (P)_7$$

证明　图 9 证明了第一个断言,理由如下:假设在此图的 7 个点的红－蓝－黄着色中,不存在单色的邻接点对. 不妨假设 x 是红的,则 y_1 和 z_1 是蓝的和黄的,故 x_1 是红的. 同样,x_2 是红的,但是,x_1 和 x_2 是邻接的.

图 10 说明了 $\mathbf{R}^2 \to (P)_7$ 不成立.

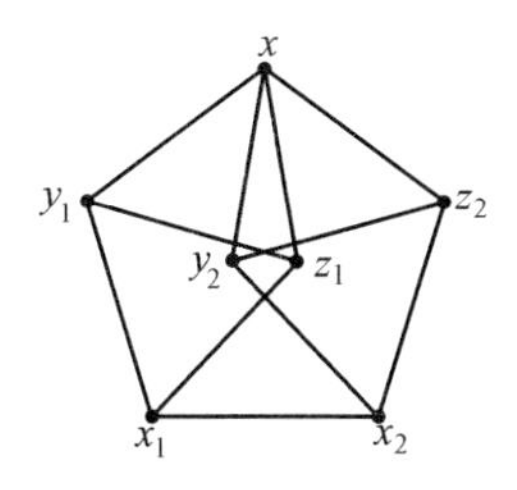

图 9　每对邻接点的距离均为 1

有趣的是,还不知道使 $\mathbf{R}^2 \to (P)_k$ 的 k 的最大值.

定理 12　令 Q^2 是单位正方形(的顶点集),则 $\mathbf{R}^6 \to (Q^2)_2$.

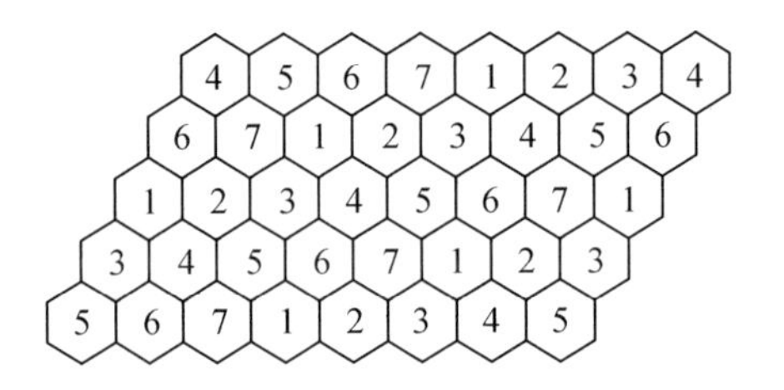

图 10　边长为 a 的一些六边形

$$\frac{1}{2} < a < \frac{4\sqrt{5}-5}{10}$$

证明　考虑 $\mathbf{R}^6$ 的一个红－蓝着色，特别是有 $\mathbf{R}^6$ 的下面的 15 个点的红－蓝着色：$x_{ij}=(x_{ij}^1,x_{ij}^2,\cdots,x_{ij}^6)$，$1\leqslant i<j\leqslant 6$，其中 $x_{ij}^k=0$ 除非 $k=i$ 或 $k=j$，而 $x_{ij}^i=x_{ij}^j=\dfrac{1}{\sqrt{2}}$. 考虑具有顶点集 $\{v_1,v_2,\cdots,v_6\}$ 的 K^6，并用 x_{ij} 的颜色对边 $v_iv_j(i<j)$ 着色. 因为 $r(C^4,C^4)=6$，依对称性，我们可以假设边 v_1v_2,v_2v_3,v_3v_4 全是红的. 容易验证点 x_{12},x_{23},x_{34} 和 x_{14} 构成一个单位正方形，而这个正方形当然是红的.

给定 $L_1\subsetneqq\mathbf{R}^{m_1}$ 和 $L_2\subsetneqq\mathbf{R}^{m_2}$，我们定义 $L_1\times L_2\subsetneqq\mathbf{R}^{m_1+m_2}$ 为

$$L_1\times L_2=\{(x_1,x_2,\cdots,x_{m_1+m_2})\mid(x_1,x_2,\cdots,x_{m_1})\in L_1,(x_{m_1+1},x_{m_1+2},\cdots,x_{m_1+m_2})\in L_2\}$$

定理 13　若 L_1 和 L_2 都是拉姆塞集，则 $L_1\times L_2$ 也是拉姆塞集.

证明　给定 k，存在 m，使 $\mathbf{R}^m\to(L_1)_k$. 因此，依紧致性定理，存在一个有限子集 $X\subsetneqq\mathbf{R}^m$，使 $X\to(L_1)_k$. 记 $l=k^{|X|}$. 因为 L_2 是拉姆塞集，存在 n，使 $\mathbf{R}^n\to(L_2)_l$. $\mathbf{R}^{m+n}=\mathbf{R}^m\times\mathbf{R}^n$ 的每个 k－着色限定一个 k－着色 $c:X\times\mathbf{R}^n\to[1,k]=\{1,2,\cdots,k\}$. 这给出 $\mathbf{R}^n$ 的用颜色

$[1,k]^X$ 的一个 $l=k^{|X|}-$ 着色：对 $y_0\in\mathbf{R}^n$，只要用 $f\in[1,k]^X$ 去对它着色即可，其中 f 是给出 $X\times\{y_0\}$ 的着色的一个函数：$f(y_0)=c(x,y_0)$. 在这个 $l-$ 着色中，存在一个单色的 $L_2\subsetneqq\mathbf{R}^n$，即 $L_2\subsetneqq\mathbf{R}^n$ 对于 $x\in X$ 和 $y_1,y_2\in L_2$，点 (x,y_1)，(x,y_2) 有同样的颜色(在原来的 $k-$ 着色中). 对 x 指定这一共同的颜色，我们得到 X 的一个 $k-$ 着色. 它有单色的 $L_1\subsetneqq X$，这就给出了一个单色的 $L_1\times L_2$.

在 $\mathbf{R}^n$ 中的一块砖是全等于

$$B=\{(\varepsilon_1a_1,\varepsilon_2a_2,\cdots,\varepsilon_na_n)\mid\varepsilon_i=0\text{ 或 }1\}$$

的一个集，此处 $a_i>0$. $\mathbf{R}^k$ 中的单位表明，$\mathbf{R}^k\rightarrow(\{0,1\})_k$，故每个 $2-$ 点集是拉姆塞集. 因此，定理 13 有下面的推论.

定理 14　一块砖的每个子集都是拉姆塞集.

如果一个集 $L\subsetneqq\mathbf{R}^m$ 可嵌入某个(任意维数和任意半径的) 环面上，就称 L 是球面的. 稍麻烦一些但可以证明，若一个集不是球面的，则它不是拉姆塞集. 更奇怪的是，尽管存在许多集(还有许多很简单的集，例如钝角三角形的三个顶点构成的集)，但它们不是砖的子集，然而它们之中的任何一个是不是拉姆塞集都还不清楚.

拉姆塞定理的下列很有意义的推广是由 Hales 和 Jewett 证明的.

定理 15　令 S 是一个可换无限半群，令 L 是 S 的一个有限子集，且令 $\mathfrak{P}=\{a+nL\mid a\in S,n\in\mathbf{N}\}$，此处 $nL=\{nx\mid x\in L\}$，则对每个 k 有

$$S\rightarrow(\mathfrak{P})_k$$

这个定理的证明难以在这里介绍，但是，我们陈述了这个定理，一方面，因为它是 Graham，Leeb 和 Rothschild

所证明的一些很一般的结果的基础，这些结果断言某些范畴是“拉姆塞”的；另一方面，因为我们将要证明这一定理的一个特殊情形.下一定理是 Rota 猜想的，它是关于拉姆塞范畴的那些结果的更精彩的推论之一.

定理 16　给定一个有限域 F 和两个自然数 n,k，存在这样一个自然数 N，使得当对 F 上的 N 维向量空间 F^N 用 k 种颜色着色时，F^N 包含一个单色的 n 维仿射子空间.

并且，给定一个有限域 F 和三个自然数 n,m 和 k，存在这样的 m，使得当 F^m 的 k 维子空间的集用 k 种颜色着色时，存在一个 n 维子空间，其中所有 k 维子空间有同样的颜色.

范·德·瓦尔登的经典定理(下面的定理 17)是定理 15 的一种特殊情形.此处我们介绍这个定理及由 Graham 和 Rothschild 给出的证明，因为这个证明反映了用于该理论中最深刻的结果的论证的风味.按惯例，把自然数集记作 $\mathbf{N}$，把集 $\{m,m+1,\cdots,n\}$ 记作 $[m,n]$.

定理 17　给定 $p,k\in\mathbf{N}$，存在这样的整数 $W(p,k)$，使在 $[1,W(p,k)]$ 的任何 k－着色中，都存在由 p 项组成的单色算术级数.

证明　令 l 和 m 是两个自然数.如果两个 m－元组 $(x_1,x_2,\cdots,x_m),(y_1,y_2,\cdots,y_m)\in[0,l]^{(m)}$ 一直到包含最后一次出现的 l 都是一致的，就称这两个 m－元组是 l－等价的；并约定任何两个不包含 l 的序列是等价的.我们把下面的陈述记作 $S(l,m)$：

给定 $k\in\mathbf{N}$，存在这样的 $W(l,m,k)$，对于每个函数

$$c:[1,W(l,m,k)]\to[1,k]$$

存在 $a,d_1,d_2,\cdots,d_m\in\mathbf{N}$，使

$$a+l\sum_{i=1}^{m}d_i\leqslant W(l,m,k)$$

且在$[0,l]^{(m)}$的每个$l-$等价类上

$$c(a+\sum_{i=1}^{m}x_id_i)$$

是常数.

注意范·德·瓦尔登定理就是断言$S(p,1)$，但是，对每个p成立的这个定理等价于对每个l和m，$S(l,m)$成立.我们将用归纳法，从平凡的断言$S(1,1)$开始，并通过两种不同的归纳步骤证明$S(l,m)$.

（ⅰ）若对某个$m\geqslant 1$，$S(l,m)$成立，则$S(l,m+1)$也成立.为了看清这一点，固定k，记$W=W(l,m,k)$，$W'=W(l,1,k^W)$和$W_j=[(j-1)W+1,jW]$，$1\leqslant j\leqslant W'$.令$c:[1,WW']\rightarrow[1,k]$是任意一个$k-$着色.这导出$[1,W]$的一个$k^W-$着色$c'$，它用描述$W_j$着色法的函数$f\in[1,k]^{[1,W]}$对$j\in[1,W]$着色：$f(w)=c((j-1)W+w)$，$1\leqslant w\leqslant W$（参看定理3的证明）.依据$W'$的选法，存在这样的$a'$和$d'$，$a'+ld'\leqslant W'$，使

$$c'(a')=c'(a'+d')=c'(a'+(l-1)d')$$

我们把$S(l,m)$应用于以c作为$k-$着色的区间$[(a'-1)W+1,a'W]$，则存在这样的$a,d_1,\cdots,d_m\in\mathbf{N}$，使

$$(a'-1)W+1\leqslant a\leqslant a+l\sum_{i=1}^{m}d_i\leqslant a'W$$

而$c(a+\sum_{i=1}^{m}x_id_i)$在各$l-$等价类上是常数.记$d_{m+1}=d'W$，则$a,d_1,\cdots,d_{m+1}$满足

$$a+l\sum_{i=1}^{m+1}d_i\leqslant WW'$$

而

$$c(a+\sum_{i=1}^{m}x_i d_i)$$

在$[0,l]^{(m+1)}$的每个$l-$等价类上是常数(图 11).

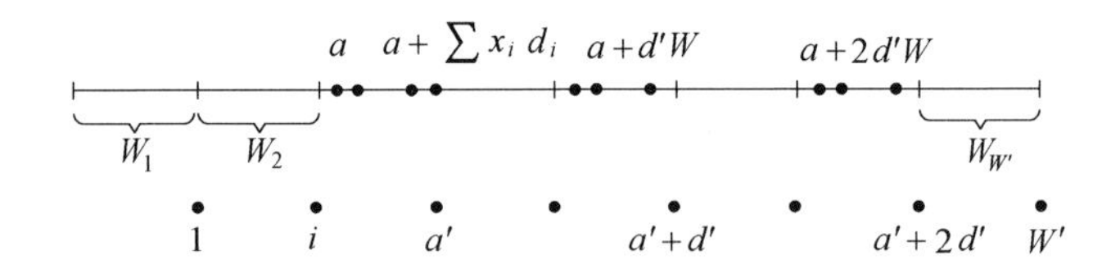

图 11　部分(ⅰ)的图解,对 $j\in[1,W']$ 着色告诉我们如何对 W_j 着色

(ⅱ)若对每个l,$S(l,m)$成立,则$S(l+1,m)$也成立.这几乎是抽屉原理直接的推论.因为令$c:[1,W(l,k,k)]\to[1,k]$是给定的,则存在这样的$a,d_1,\cdots,d_k\in\mathbf{N}$,使

$$a+l\sum_{i=1}^{k}d_i\leqslant W(l,k,k)$$

而$c(a+\sum_{i=1}^{k}x_i d_i)$在各$l-$等价类上是常数.各种颜色$c(a+\sum_{i=1}^{s}ld_i)(s=0,1,2,\cdots,k)$不能完全不同,故存在$s,t,0\leqslant s<t\leqslant k$,使

$$c(a+\sum_{i=1}^{s}ld_i)=c(a+\sum_{i=1}^{t}ld_i)$$

于是对$j\in[0,j]$,有

$$c((a+\sum_{i=1}^{s}ld_i)+j\sum_{i=s+1}^{t}d_i)$$

是常数.

因为$S(1,1)$是平凡的,依归纳假设,对于每个l和

$m, S(l,m)$ 成立.

范·德·瓦尔登定理有许多有趣而深刻的推广. 其中,拉多(Rado)确定了在 N 的每个用有限多种颜色的着色中,整系数线性方程组

$$\sum_{j=1}^{n} a_{ij} x_j = 0 \quad (i = 1, 2, \cdots, m)$$

什么时候有单色的解. 作为拉多定理和紧致性定理的一种特殊情形,我们得到下面的结果:给定整数 k 和 n,存在这样的 $N = N(k,n)$,使得若$[1,N]$被 k−着色,则存在一个由 n 个自然数组成的集 A,使 $\sum\limits_{a \in A} a \leqslant N$,且所有的和 $\sum\limits_{b \in B} b, \varnothing \neq B \subsetneqq A$,有同样的颜色. 在下一节的末尾,我们讨论这个结果对无限集的一个很好的推广.

§4 子 序 列

令$\{f_n\}$是空间 T 上一些函数的一个序列,则我们可以找到这样一个子序列$\{f_{n'}\}$,使下面两个结论之一成立.

(ⅰ) 若$\{f_{n'_i}\}$是$\{f_{n'}\}$的任意一个子序列,则对每个 $N \geqslant 1$,有 $\sup \left| \sum\limits_{i=1}^{N} f_{n'_i} \right| \geqslant \dfrac{1}{N}$.

(ⅱ) 若$\{f_{n'_i}\}$是$\{f_{n'}\}$的任意一个子序列,则对某个 $N \geqslant 1$,有 $\sup \left| \sum\limits_{i=1}^{N} f_{n'_i} \right| < \dfrac{1}{N}$.

关于函数序列的这个相当困难的断言,实际上是关于无穷集的一个拉姆塞型结果的一个直接推论.

通常 2^M 表示 M 的所有子集的集，$M^{(r)}$ 是 M 的所有 r－元组的集，$M^{(\omega)}$ 表示 M 的所有可数无限子集的集. $\mathbf{N}$ 是自然数集，而 $[1,n]=\{1,2,\cdots,n\}$. 一个类 $\mathfrak{F}\subsetneqq 2^{\mathbf{N}}$ 称为一个拉姆塞类，当且仅当存在这样的 $M\in\mathbf{N}^{(\omega)}$，使得或 $M^{(\omega)}\subsetneqq\mathfrak{F}$，或 $M^{(\omega)}\subsetneqq 2^{\mathbf{N}}-\mathfrak{F}$.

当然，$2^{\mathbf{N}}$ 可以等同于笛卡儿乘积 $\prod\limits_{n\in\mathbf{N}}T_n$，此处 $T_n=\{0,1\}$. 我们给 T_n 以离散拓扑和 $2^{\mathbf{N}}$ 以乘积拓扑. 在这个拓扑中，$2^{\mathbf{N}}$ 是一个紧致的豪斯道夫(Hausdorff) 空间. 属于 Galvin 和 Prikry 的一个定理的一种弱形式表明，$2^{\mathbf{N}}$ 的每个开子集都是拉姆塞集(显而易见，这个结果蕴涵上述关于函数序列的断言). 为了证明这个结果，使用 Galvin 和 Prikry 引入的记号和术语是方便的. M,N,A 和 B 都是 $\mathbf{N}$ 的无限子集，X,Y 都是 $\mathbf{N}$ 的有限子集. $X<a$ 表示对于每个 $x\in X$，有 $x<a$；$X<M$ 表示对每个 $m\in M$，$X<m$. X 的一个 M－扩张是一个形如 $X\cup N$ 的集，此处 $X<N$ 且 $N\subsetneqq M$. 现在，我们取定一个类 $\mathfrak{F}\subseteq 2^{\mathbf{N}}$. 若 X 的每个 M－扩张都属于 $\mathfrak{F}$，则说 M 接受 X；若不存在接受 X 的 $N\subsetneqq M$，就说 M 拒绝 X.

引理 2　若 $\mathbf{N}$ 拒绝 $\varnothing$，则存在 $M\in\mathbf{N}^{(\omega)}$，$M$ 拒绝每个 $X\subsetneqq M$.

证明　首先注意，存在这样的 M_0，对每个 $X\subsetneqq M_0$，或被 M_0 接受，或被 M_0 拒绝. 事实上，记 $N_0=\mathbf{N}$，$a_0=1$. 假设我们已经确定了 $N_0\supsetneqq N_1\supsetneqq\cdots\supsetneqq N_k$ 和 $a_i\in N_i-N_{i+1}$，$0\leqslant i\leqslant k-1$. 取 $a_k\in N_k$，若 $N_k-\{a_k\}$ 拒绝 $\{a_0,a_1,\cdots,a_k\}$，则记 $N_{k+1}=N_k-\{a_k\}$；否则，令 N_{k+1} 是 $N_k-\{a_k\}$ 的接受 $\{a_0,a_1,\cdots,a_k\}$ 的一个无限子集，则 $M_0=\{a_0,a_1,\cdots\}$ 就是本段所要求的子集.

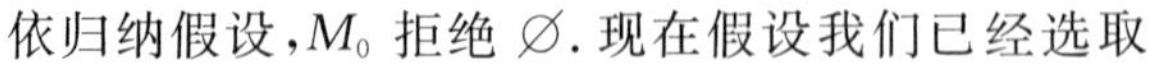
依归纳假设，M_0 拒绝 $\varnothing$. 现在假设我们已经选取

了 $b_0,b_1,\cdots,b_{k-1}$，使 M_0 拒绝每个 $X\subsetneq\{b_0,b_1,\cdots,b_{k-1}\}$. 则 M_0 不能接受无限多个形如 $X\cup\{c_j\}(j=1,2,\cdots)$ 的集，否则，$\{c_1,c_2,\cdots\}$ 接受 X. 因此，M_0 拒绝除有限多个形如 $X\cup\{c\}$ 之外的所有集. 因为对于 X 仅存在 2^k 种取法，有这样的 b_k，M_0 拒绝每个 $X\subsetneq\{b_0,b_1,\cdots,b_k\}$. 依据构造，集 $M=\{b_0,b_1,\cdots\}$ 有所要求的性质.

定理 18　$2^{\mathbf{N}}$ 的每个开子集都是拉姆塞集.

证明　令 $\mathfrak{F}\subsetneq 2^{\mathbf{N}}$ 是开的，并假设对于每个 $A\in\mathbf{N}^{(\omega)}$ 有 $A^{(\omega)}\not\subset\mathfrak{F}$，即 $\mathbf{N}$ 拒绝 $\varnothing$. 令 M 是由引理 2 保证其存在的集. 如果 $M^{(\omega)}\not\subset 2^{\mathbf{N}}-\mathfrak{F}$，令 $A\in M^{(\omega)}\cap\mathfrak{F}$. 因为 $\mathfrak{F}$ 是开的，它包含 A 的一个邻域，所以存在这样的整数 $a\in A$，使得若

$$B\cap\{1,2,\cdots,a\}=A\cap\{1,2,\cdots,a\}$$

则 $B\in\mathfrak{F}$. 但是，这蕴涵 M 接受 $A\cap\{1,2,\cdots,a\}$，与 M 的取法矛盾. 因此，$M^{(\omega)}\subsetneq 2^{\mathbf{N}}-\mathfrak{F}$，这就证明了 $\mathfrak{F}$ 是拉姆塞类.

用 $X^{(<\omega)}$ 表示 X 的所有有限子集的类. 一个类 $\mathfrak{F}_0\subsetneq\mathbf{N}^{(<\omega)}$ 称为稠密的，如果对于每个 $M\in\mathbf{N}^{(\omega)}$，$\mathfrak{F}_0\cap M^{(<\omega)}\neq\varnothing$. $\mathfrak{F}_0$ 称为稀疏的，如果 $\mathfrak{F}_0$ 中没有一个元素是另一个元素的初始段(也就是说，如果 $X<Y$ 蕴涵 $X\notin\mathfrak{F}_0$ 或 $X\cup Y\notin\mathfrak{F}_0$).

推论 1　令 $\mathfrak{F}_0\subsetneq\mathbf{N}^{(<\omega)}$ 是稠密的，则存在这样的 $M\in\mathbf{N}^{(\omega)}$，使每个 $A\subsetneq M$ 都有属于 $\mathfrak{F}_0$ 的初始段.

证明　令 $\mathfrak{F}=\{F\subsetneq\mathbf{N}\mid F$ 有属于 $\mathfrak{F}_0$ 的初始段$\}$，则 $\mathfrak{F}$ 是开的，故存在这样的 $M\in\mathbf{N}^{(\omega)}$，使得或 $M^{(\omega)}\subsetneq\mathfrak{F}$，或 $M^{(\omega)}\subsetneq 2^{\mathbf{N}}-\mathfrak{F}$. 第一种情形证明结束，而第二种情形不能成立，因为这蕴涵 $M^{(<\omega)}\cap\mathfrak{F}_0=\varnothing$.

这个推论能使我们导出对无限集的原来拉姆塞定理(定理 3)的一个推广.

推论 2 令 $\mathfrak{F}_0 \subsetneqq \mathbf{N}^{(<\omega)}$ 是稀疏的,则对 $\mathfrak{F}_0$ 的任意一个 k — 着色,都存在这样的无限集 $A \subsetneqq \mathbf{N}$,使 $\mathfrak{F}_0$ 的所有包含在 A 中的元素都有同样的颜色.

证明 只要对 $k=2$ 证明这一结果就够了. 考虑 $\mathfrak{F}_0$ 的一个红 — 蓝着色:$\mathfrak{F}_0 = \mathfrak{F}_{红} \cup \mathfrak{F}_{蓝}$. 如果 $\mathfrak{F}_{红}$ 是稠密的,则令 M 是由推论 1 保证的集. 对于每个 $F \in \mathfrak{F}_0 \cap 2^M$,存在具有初始段 F 的无限集 $N \subsetneqq M$. 因为 $\mathfrak{F}_0$ 是稀疏的,F 是 N 的属于 $\mathfrak{F}_0$ 的唯一的初始段. 因此 $F \in \mathfrak{F}_{红}$,故 $\mathfrak{F}_0$ 的包含在 M 中的每个元素都是红的.

另外,若 $\mathfrak{F}_{红}$ 不是稠密的,则对某个无限集 M,$2^M \cap \mathfrak{F}_{红} = \varnothing$. 因此 $2^M \cap \mathfrak{F}_0 \subsetneqq \mathfrak{F}_{蓝}$.

现在,我们转向前一节末尾曾许诺的关于单色和的结果. 这个很好的结果是由 Graham 和 Rothschild 猜想,由 Hindman 首先证明的,它与这一节中给出的结果不是很接近,但是,由 Glazer 给出的奇妙的证明揭示出一个可用于无限拉姆塞理论的富有成效的方法.

定理 19 对于 $\mathbf{N}$ 的任何一个 k — 着色,都存在这样的无限集 $A \subsetneqq \mathbf{N}$,使所有的和 $\sum_{x \in X} x$,$\varnothing \neq X \subsetneqq A$ 都有同样的颜色.

我们不准备给出详细的证明,仅对那些(至少是模模糊糊地)熟悉 $\mathbf{N}$ 上的超滤子,并知道所有超滤子的集 $\beta\mathbf{N}$ 是一个紧致拓扑空间(具有当然是离散拓扑的 $\mathbf{N}$ 的 Stone-Čech 紧致化)的读者给出证明的概要. Glazer 所给出的这个证明至少与定理本身一样绝妙,而且更加使人惊奇.

我们回忆一下,**N** 上的滤子 $\mathfrak{F}$ 是 **N** 的这样一个子集族:

(ⅰ)若 $A,B \in \mathfrak{F}$,则 $A \cap B \in \mathfrak{F}$;

(ⅱ)若$A \in \mathfrak{F}$ 和 $A \subsetneqq B$,则 $B \in \mathfrak{F}$;

(ⅲ)$\mathfrak{F} \neq 2^{\mathbf{N}}$,即 $\varnothing \notin \mathfrak{F}$.

佐思(Zorn)引理蕴涵:每个滤子包含在一个极大滤子中.一个极大滤子称为一个超滤子.若 $\mathfrak{U}$ 是一个超滤子,则对于每个 $A \subsetneqq \mathbf{N}$,或者 $A \in \mathfrak{U}$,或者 $\mathbf{N}-A \in \mathfrak{U}$.这蕴涵:每个超滤子在 $2^{\mathbf{N}}$ 上定义一个有限可加的 $0-1$ 测度 m,即

$$m(A)=\begin{cases}1,\text{如果 } A \in \mathfrak{U} \\ 0,\text{如果 } \mathbf{N}-A \in \mathfrak{U}\end{cases}$$

反之,$2^{\mathbf{N}}$ 上的每个有限可加的 $0-1$ 测度显然定义一个超滤子.若存在一个测度为 1 的有限集,则这个集的元素之一,比如说 a,也有测度 1,故

$$\mathfrak{U}=\{A \subsetneqq \mathbf{N} \mid a \in A\}$$

这样的超滤子称为主要的.并不是每个超滤子都是主要的:包含滤子 $\mathfrak{F}=\{A \subsetneqq \mathbf{N} \mid \mathbf{N}-A \text{ 是有限的}\}$ 的超滤子不是主要的.

从下列对定理 3 中情形 $r=2$ 的很简单的证明可以看出,在证明各种拉姆塞定理时哪些超滤子可能是有用的.令 $\mathfrak{U}$ 是一个非主要的超滤子,且令

$$\mathbf{N}^{(2)}=P_1 \cup P_2 \cup \cdots \cup P_k$$

对于 $n \in \mathbf{N}$,令

$$A_i^{(n)}=\{m \mid (n,m) \in P_i\}$$

则这些集 $A_1^{(n)},A_2^{(n)},\cdots,A_k^{(n)}$ 中恰有一个,比如说集 $A_{c(n)}^{(n)}$ 属于 $\mathfrak{U}$.现在,对于 $B_i=\{n \mid c(n)=i\}$,有

$$\mathbf{N}=B_1 \cup B_2 \cup \cdots \cup B_k$$

故这些集中也恰有一个，比如说 B_j 属于 $\mathfrak{U}$. 最后，取 $a_1 \in B_j$，$a_2 \in B_j \cap A_j^{(a_1)}$，$a_3 \in B_j \cap A_j^{(a_1)} \cap A_j^{(a_2)}$，等等. 对于 $A=\{a_1,a_2,\cdots\}$，我们有$A^{(2)} \subsetneqq P_j$.

最后，我们来说明 Glazer 的定理 19 的证明的概要. 我们在 $\beta\mathbf{N}$ 上定义加法

$$\mathfrak{U}+\mathfrak{B}=\{A \subsetneqq \mathbf{N} \mid \{n \in \mathbf{N} \mid A-n \in \mathfrak{U}\} \in \mathfrak{B}\}$$

此处 $\mathfrak{U},\mathfrak{B} \in \beta\mathbf{N}$ 和 $A-n=\{a-n \mid a \in A, a>n\}$.

通过一些努力便可验证，$\mathfrak{U}+\mathfrak{B}$ 确实是一个超滤子，而对于这个加法 $\beta\mathbf{N}$ 成为一个半群，并且，这个半群运算是右连续的，即对固定的 $\mathfrak{P} \in \beta\mathbf{N}$，由 $\mathfrak{U} \to \mathfrak{P}+\mathfrak{U}$ 给定的映射是连续的. 应用一种简短而又标准的拓扑论证，我们看出上述性质蕴涵 $\beta\mathbf{N}$ 有幂等元，即存在具有性质 $\mathfrak{P}+\mathfrak{P}=\mathfrak{P}$ 的元 $\mathfrak{P}$. 这个 $\mathfrak{P}$ 是非主要的，这是因为若$\{p\} \in \mathfrak{P}$，则$\{2p\} \in \mathfrak{P}+\mathfrak{P}$，故$\{p\} \notin \mathfrak{P}+\mathfrak{P}$.

现在令 $A \in \mathfrak{P}$，则依加法的定义有

$$A^*=\{n \in \mathbf{N} \mid A-n \in \mathfrak{P}\} \in \mathfrak{P}$$

这样，若 $a \in A \cap A^*$，则 $B=(A-a) \cap (A-\{a\}) \in \mathfrak{P}$(因为 $\mathfrak{P}$ 不是主要的，我们可以用 $A-\{a\}$ 来代替 A). 因此，对于每个 $A \in \mathfrak{P}$，存在 $a \in A$ 和 $B \subsetneqq A-\{a\}$，使得 $B \in \mathfrak{P}$ 和 $a+B \subsetneqq A$.

当然，这个超滤子与 $\mathbf{N}$ 的任何着色无关. 但是，正如任何一个非主要的超滤子能使我们用一种直接的方式找到单色的无限集，这个幂等的超滤子能使我们找到一个适当的无限集. 令 $\mathbf{N}=C_1 \cup C_2 \cup \cdots \cup C_k$ 是将 $\mathbf{N}$ 分解成各颜色类的一种分解. 这些颜色类中恰有一个，比如说 C_i，属于 $\mathfrak{P}$. 记 $A_1=C_i$. 选取 $a_1 \in A_1$ 和 $A_2 \in \mathfrak{P}$，$A_2 \subsetneqq A_1-\{a_1\}$，使$\{a_1\}+A_2 \subsetneqq A_1$. 然后选取 $a_2 \in A_2$ 和 $A_3 \in \mathfrak{P}$，$A_3 \subsetneqq A_2-\{a_2\}$，使$\{a_2\}+A_3 \subsetneqq$

A_2,等等.集 $A=\{a_1,a_2,\cdots\}$ 显然有要求的性质:每个无穷和 $\sum_{x\in X}x$,$X\subsetneqq A$ 有颜色 i.

最后应该强调,在这一节中所介绍的各无限的拉姆塞结果只构成整个理论的很小一部分:被称为划分学的无限集的拉姆塞理论是集论的一个基本的和优雅的分支,它有大量的文献.

划分学的基础大约是在二十多年以前由爱尔迪希和拉多奠定的,他们也引入了在本章中使用的箭头记号,用以表达有关大基数的断言.

练　习

1. 使用有限域上的 2 维向量空间来证明

$$r_k(C^4,C^4,\cdots,C^4)=k^2+O(k)$$

2. 考虑 $H_1=P^5$ 和 $H_2=K^{1,3}$,证明

$$r(H_1,H_2)\geqslant \min_{i=1,2} r(H_i,H_2)$$

不成立.

3. 令 H_p 和 H_q 分别是 p 和 q 阶图,且令 $\mathrm{cl}(\overline{H}_p)=i$,$\mathrm{cl}(\overline{H}_q)=j$,则存在仅依赖 p 和 q 的常数 C,使

$$\begin{aligned}&ps+qt-\min\{si,tj\}-2\leqslant\\&r(sH_p,tH_q)\leqslant\\&ps+qt-\min\{si,tj\}+C\end{aligned}$$

提示:找一个红 $K^{j(p-i)}$,比如说 R;一个蓝 $K^{i(q-j)}$,比如说 B,和另外的 ij 个顶点的集 N,使 $R-N$ 的各边是红的,而 $B-N$ 的各边是蓝的.参看定理 8 的证明.

4. 证明:集 $\{x_0,x_1,\cdots,x_l\}\subsetneqq\mathbf{R}^n$ 是非球面的当且

仅当对某个 c_i,有

$$\sum_{i=1}^{l} c_i(x_i - x_0) = 0 \text{ 和} \sum_{i=1}^{l} c_i(|x_i|^2 - |x_0|^2) = b \neq 0$$

5. 令 $b, c_1, \cdots, c_l \in \mathbf{R}^1, b \neq 0$,证明:存在这样的整数 k 和 $\mathbf{R}^1$ 的某个 k — 着色,使方程

$$\sum_{i=1}^{l} c_i(x_i - x_0) = b$$

不存在具有相同颜色的解 $x_0, x_1, \cdots, x_l$.

6. 证明:每个拉姆塞集是球面的.

7. 令 $f(n)$ 是具有下面性质的最小整数 N:只要 X 是平面上没有三点共线的 N 个点的一个集,X 就包含构成凸 n 边形的 n 个点. 证明:对于每个 $n \geqslant 4, f(n) \leqslant R^{(4)}(5, n)$,你能给出 $f(5)$ 的更好的界吗?

8. 令 S 是平面上的一个无限点集,证明:存在这样的无限集 A,使得或 A 包含在一条直线上,或 A 中没有三点共线.

9. 证明:$R_k(3, 3, \cdots, 3) \leqslant [\mathrm{e}k!] + 1$.

10. 证明:存在这样的自然数序列 $n_1 < n_2 < \cdots$,使得若 $r < i_1 < i_2 < \cdots < i_r$,则 $\sum_{j=1}^{r} n_{i_j}$ 有偶数个素因子当且仅当 r 有奇数个素因子.

11. 定义一个图,它有顶点集 $[1, N]^{(2)}$,联结 $a < b$ 与 $b < c$. 证明:这个图不包含三角形且它的色数同 N 一起趋向于无穷.

12. 令 $g_1(x), g_2(x), \cdots, g_n(x)$ 都是有界实函数,并令 $f(x)$ 是另一个实函数,令 ε 和 δ 都是正常数. 假设当 $f(x) - f(y) > \varepsilon$ 时,$\max_i \{g_i(x) - g_i(y)\} > \delta$. 证明:$f(x)$ 是有界的.

拉姆塞数

第3章

可以这样说，迄今人们对拉姆塞(函)数$R(p,q)$的了解非常之少，这并不是因为没有数学家去努力探索其奥秘，恰恰相反，虽有大量数学家不断进行探索但收效甚微. 拉姆塞数随着拉姆塞定理一同被发现，从一开始人们就试图搞清楚它的性质. 拉姆塞本人就给出了一个上界

$$R(p,p)\leqslant p!$$

并承认："我想，这个上界太高了". 几年后，爱尔迪希和塞克尔斯(G. Szekers)重新发现了拉姆塞定理，并给出了一个好一些的上界

$$R(p,p)\leqslant C(2p-2,p-1)$$

$$(\leqslant\frac{4^{p-1}}{\sqrt{p-1}})$$

这个上界保持了50年，直到1986年被捷克数学家洛特尔以及后来在1988年被丹麦数学家托玛松(A. Thomason)进一步改进为

$$R(p,p)\leqslant A\cdot C(2p-2,p-1)\cdot(p-1)^{-\frac{1}{3}}$$

其中 A 是正常数.

关于 $R(p,p)$ 上界的上述发展情况是我们开始时所说的那些话的一个具体方面. 还有其他方面的情况大致与此相仿,现分别概要介绍如下:

1. 几个精确值

到 1992 年为止已完全确定的拉姆塞数 $R(p,q)$ 一共只有 8 个. 因为不难证明 $R(p,q)=R(q,p)$,又当 $p=2$ 时有平凡值 $R(2,q)=q$,所以只考虑 $3\leqslant p\leqslant q$ 的情形. 这 8 个值和它们被确定的年份如下:

$R(3,3)=6$(年份不可考);

$R(3,4)=9$,$R(3,5)=14$,$R(4,4)=18$(1955 年);

$R(3,6)=18$(1966 年);

$R(3,7)=23$(1968 年);

$R(3,9)=36$(1982 年,同时证得 $R(3,8)=28$ 或 29);

$R(3,8)=28$(1990 年).

下面这个表 1 列出了到 1991 年 2 月为止当 $3\leqslant p\leqslant 6$,$3\leqslant q\leqslant 12$ 时 $R(p,q)$ 的已知值和最好的下界、上界(这是由罗彻斯特技术学院的拉德齐佐夫斯基(S. P. Radziszowski) 在 1991 年 2 月整理的,并由南京大学张克民教授补充而成的资料的一部分,在此向二位学者致谢).

表 1　部分拉姆塞数 $R(p,q)$ 的值和界

p \ q	3	4	5	6	7	8	9	10	11	12
3	6	9	14	18	23	28	36	40 43	46 51	51 60
4		18	25 27	34 43	49	53	69	72	77	86

续表 1

p \ q	3	4	5	6	7	8	9	10	11	12
5			43 53	58 94	76	94 245	370			
6				102 169	328	553	902			

下面我们通过具体求出 $R(3,4)=9$, $R(3,5)=14$ 和 $R(4,4)=18$ 来说明求 $R(p,q)$ 的常规模式. 现在人们普遍认为,如果不创造新的方法,即使借助于规模大且速度非常快的计算机也很难求得更多的 $R(p,q)$. 这个问题是对人类智慧的真正挑战.

当代著名数学家,同时也是拉姆塞理论近代发展的主要推动者之一的爱尔迪希对此有一个十分生动的描绘. 他在 1983 年召开的一次数学会议上致欢迎词时讲了下面这个他很喜欢讲的故事:

"假设一个妖精对我们说:'告诉我 $R(5,5)$ 的值,否则我就要毁灭人类.' 也许我们最好的策略是集中所有的计算机和计算机科学家来求这个值. 但如果妖精要问 $R(6,6)$,我们最好的选择也许是在他毁灭我们之前先动手干掉他."

定理 1　$R(3,4)=9$, $R(3,5)=14$, $R(4,4)=18$.

证明　(i) 先求它们的上界. 首先证 $R(3,4)\leqslant 9$. 为此只要证明对 K_9 的边做任意红、蓝染色后,或者含有红边的 K_3,或者含有蓝边的 K_4. 假设不然,则对 K_9 的任一取定的点 x,与 x 相连的红边个数小于或等于 3(为什么?),与 x 相连的蓝边个数小于或等于 5(为什么?). 因为在 K_9 中与 x 相连的边共有 8 条,故其中红边数为 3,蓝边数为 5,从而 K_9 中红边的总数为

$9\times\frac{3}{2}$,但后一数不是整数,所导致的矛盾说明了 $R(3,4)\leqslant 9$ 成立.

另外,利用不等式可得

$$R(3,5)\leqslant R(2,5)+R(3,4)\leqslant 5+9=14$$

$$R(4,4)\leqslant 2R(3,4)=18$$

(ⅱ)再求它们的下界.

为了证明 $R(p,q)>m$,我们必须构造一个有 m 点的图 G,使得 G 中既不含有 K_p(即没有 p 个两两有边相连的点),又不含有 q 个点的无关点集.现在通过这个途径来证明

$$R(3,4)>8, R(3,5)>13 \text{ 和 } R(4,4)>17$$

为此必须分别构造三个图 $G(3,4)$,$G(3,5)$ 和 $G(4,4)$,它们的点数分别是 8,13 和 17,而且分别既不含有 K_3,K_3 和 K_4,又不含有 4,5 和 4 个点的无关组.图 12 给出了具有所说性质的 $G(3,4)$,$G(3,5)$ 和 $G(4,4)$,而且它们都是循环图:所谓 n 个点的循环图,是指其点可以标记为 $0,1,\cdots,n-1$,同时有集合 $\{1,2,\cdots,n-1\}$ 的一个确定的子集 D,使得两点 i 和 j 有边相连的充分必要条件是 $|i-j|\in D$,把 D 叫作这个循环图的决定集,因为它完全决定了这个循环图的结构.我们所给出的循环图 $G(3,4)$,$G(3,5)$ 和 $G(4,4)$ 的决定集分别是 $\{1,4,7\}$,$\{1,5,8,12\}$ 和 $\{1,2,4,8,9,13,15,16\}$.

(ⅰ)中的上界和(ⅱ)中的下界合起来就得到了要求的三个精确值.

下面我们举一个例子来说明一下 $R(4,4)=18$ 的应用:

例 有 2 017 位工程师参与一个项目,某些工程

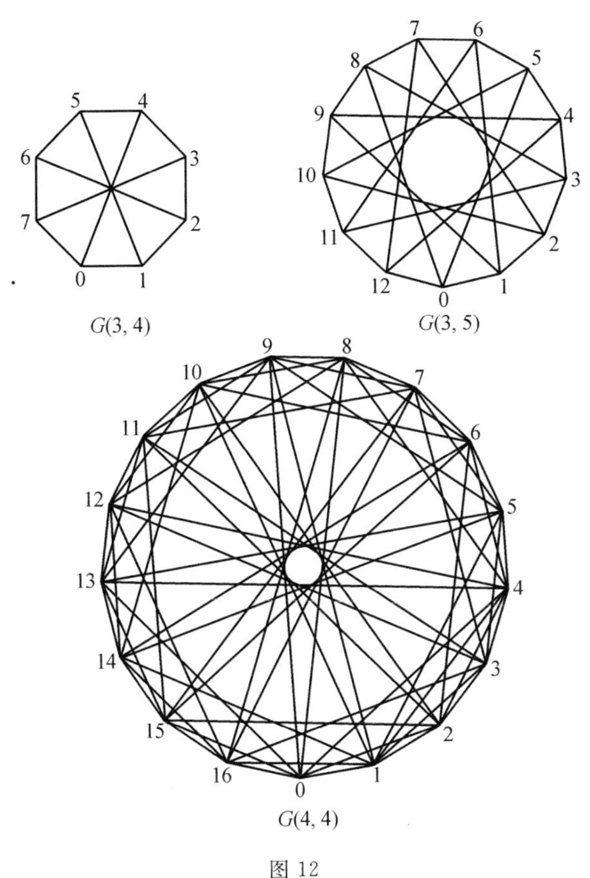

图 12

师之间用汉语或者英语进行了通话. 已知任意两位工程师之间至多只进行了一次通话;任意四位工程师之间发生的通话次数是偶数,且在这偶数次通话中:

(1) 汉语至少被使用了一次;

(2) 要么英语一次都没用到,要么使用英语的次数不少于使用汉语的次数.

证明:存在 673 位工程师,他们两两之间都使用汉

语进行了通话.　　（2017 年中国国家集训队测试二）

证明　对任意简单图 $G=(V,E)$，$\bar{G}$ 为 G 的（边集）补图；对任意 $W\subseteq V$，$G[W]$ 为 G 在 W 上的诱导子图.

现在开始考虑 $G=K_{2\,017}=(V,E)$ 的边的三染色，如果没有通话用 F 色，汉语用 H 色，英语用 Y 色. 三种颜色的边在 2 017 个点上的子图分别记为 G_F，G_H，G_Y.

由于任意 4 点间的 6 条边有偶数条为 H 或 Y 色，所以我们有：

(3) 对任意 $W\subseteq V$，$|W|=4$，$G_F[W]$ 包含奇数条边.

我们首先证明 F 色并没有出现. 大家都知道拉姆塞数 $R(4,4)=18$，(1) 表示 $\bar{G}_H$ 中没有 K_4，所以 G_H 中有大小为 $t\geqslant 4$ 的团. 设这个团的顶点集为 W，考虑 $V-W$ 中的任意顶点 u 以及 u 向 W 连的 t 条边. 如果其中至少有三条 F 色，设为 uv_1，uv_2，uv_3，则 $G_F[u,v_1,v_2,v_3]$ 恰好包含三条边，与(3) 矛盾；若其中有一条或两条 F 边，由于 $t\geqslant 4$，取两条非 F 的边 uv_1 和 uv_2，以及一条 F 边 uv，则 $G_F(u,v,v_1,v_2)$ 恰好包含一条边，也和(3) 矛盾. 所以，$V-W$ 到 W 之间的边全不是 F 色. 现在，若 G 中至少有一条 F 边 xy，取 W 中任两点 v_1，v_2，则 $G_F(x,y,v_1,v_2)$ 有恰好一条边，再次和(3) 矛盾. 所以我们得到 G 的边上只出现了 H 和 Y 两种颜色.

考虑 G_H 的连通分支数 c. 如果 $c\geqslant 4$，在 4 个连通分支中各取一点，G_H 在这四点上的诱导子图为空，和(1) 矛盾. 否则 G_H 必有一个连通分支的大小为 $s\geqslant\left\lceil\frac{2\,017}{3}\right\rceil=673$，设这个分支的顶点集为 U，下面证明 U

是一个团.

在 $G_H[U]$ 上再用一次 $R(4,4)=18$,所以 $G_H[U]$ 中的最大图 U' 大小至少为 4. 如果 $U'\neq U$,取 $x\in U-U'$ 使得 x 到 U' 至少有一条 H 边 xu. 由 U' 的最大性,x 到 U' 至少有一个 Y 边 xv. 再取 U' 中另一个点 w,$G[x,u,v,w]$ 中的 Y 边数为 1 或者 2,H 边数至少为 4,与(2) 矛盾.

2. $R(p,p)$ 和 $R(3,p)$ 的渐近性质

所谓渐近性质,就是研究当 p 趋向无穷时 $R(p,p)$ 和 $R(3,p)$ 的性质,因为求精确值面临目前难以克服的困难,人们转向研究渐近性质,而且取得了一定的进展.

先看 $R(3,p)$:从爱尔迪希 - 塞克尔斯上界

$$R(p,q)\leqslant C(p+q-2,p-1)$$

马上可以得到它的一个上界

$$R(3,p)\leqslant C(p+1,2)=\frac{1}{2}(p^2+p) \tag{1}$$

经过不复杂的讨论,这个上界可稍有改进

$$R(3,p)\leqslant \frac{1}{2}(p^2+3) \tag{2}$$

当 p 很小时,上界(2) 并不好,比如当 p 从 5 到 9 时,$R(3,p)$ 和 $\frac{1}{2}(p^2+3)$ 分别是

$$R(3,p)=14,18,23,28,36$$

$$\frac{1}{2}(p^2+3)=14,19,26,33,42$$

可以看出,当 p 增大时差距随之增大,所以可以设想上界 $\frac{1}{2}(p^2+3)$ 增长得太快,不能准确地反映 $R(3,$

p) 的渐近性质. 因此上界(2) 不断被改进, 目前最好的上界是三位匈牙利数学家 Ajtai, Komlós, Szemerédi 在 1980 年得到的

$$R(3,p) \leqslant \frac{2p^2}{\ln p} \quad (p \geqslant 15) \tag{3}$$

以及 1983 年其他人的改进

$$R(3,p+1) \leqslant \frac{p(p-1)^2}{[p\ln p]} - p + 2 \tag{4}$$

关于 $R(3,p)$ 的下界, 爱尔迪希在 1961 年证明

$$R(3,p) \geqslant \frac{Ep^2}{(\ln p)^2} \tag{5}$$

其中 E 是正常数. 注意下界(5) 和上界(3) 在"数量级"上相当接近, 它们联合起来已比较准确地反映出函数 $R(3,p)$ 当 p 趋向无穷时的状况.

应该指出, 下界(5) 并不是用我们在上文中所说的"构造性方法"得到的, 而是爱尔迪希用主要由他本人开创的"非构造性方法"—— 更具体些, 所谓"概率方法"—— 得到的. 这里不准备具体给出式(5) 的证明, 但为了对"非构造性方法"有所了解, 我们在下面结合介绍 $R(p,p)$ 的渐近性质, 通过证明爱尔迪希早在 1947 年就用"非构造性方法"得到的一个著名结果来初步阐明这种方法. 19 世纪的英国数学家西尔维斯特(J. Sylvester, 1814—1897) 说过: "现在没有一个数学家重视孤立的定理的发现, 除非它提供了某种线索, 暗示了不容置疑的新思想领域, 就像从某个未曾发现过的思想星球上飞来的陨石那样." 爱尔迪希的上述结果的证明方法就是这样的"陨石", 在它的启发下, 已逐渐形成一个生气勃勃、内容丰富深刻的数学分支: "组合数学中的概率方法".

关于 $R(p,p)$ 的渐近性质，我们先证明刚提到的爱尔迪希在1947年得到的下界. 不过这里证明的下界比爱尔迪希当年证明的略差些，这是因为我们只利用最初等的不等式导致的，证明的思想完全一致. 当然，我们完全避免使用任何概率论术语，只用"数数(shǔ shù)论证"的方式来证明这个著名结果.

定理2　当 $p \geqslant 3$ 时有 $R(p,p) > 2^{\frac{p}{2}}$.

证明　考察对 K_n 的边的所有 $2-$染色. 因为 K_n 共有 $C(n,2)=\frac{1}{2}n(n-1)$ 条边，而每条边可被染成两种颜色中的任何一种，所以一共有 $2^{C(n,2)}$ 种 $2-$染色. 在所有这么多 $2-$染色中，使得(染色后的)K_n 含有各边同色的 K_p 的 $2-$染色的个数至多有

$$C(n,p)\cdot 2\cdot 2^{C(n,2)-C(p,2)}$$

种. 上式中因子"$C(n,p)$"表示 K_n 中 K_p 的个数；因子"2"表示若 K_p 的各边同色，则可同为两种颜色中的任意一种(如"红边的 K_p"或"蓝边的 K_p")；最后一个因子表示，当某个 K_p 的各边都染成同色时，K_n 中其余 $C(n,2)-C(p,2)$ 条边可任意 $2-$染色.

根据上面这个数的意义，如果正整数 n 使得下述不等式

$$C(n,p)\cdot 2\cdot 2^{C(n,2)-C(p,2)} < 2^{C(n,2)} \tag{6}$$

成立，那么必定至少存在一种 K_n 的 $2-$染色，使得在这种染色下 K_n 中不含有各边同色的 K_p，从而按照拉姆塞数 $R(p,p)$ 的定义可知有 $R(p,p) > n$. 式(6)很容易化简成

$$C(n,p) < 2^{C(p,2)-1} \tag{7}$$

现在证明当 $n=2^{\frac{p}{2}}$ 时式(7)成立. 这是因为在式(7)中

用 $n=2^{\frac{p}{2}}$ 代入后，易知当 $p>4$ 时，有

$$C(n,p)<\frac{n^p}{2^{p-1}}=2^{\frac{p^2}{2}-p+1}=$$

$$2^{\frac{1}{2}p(p-1)-1}\cdot 2^{-\frac{p}{2}+2}<2^{C(p,2)-1}$$

而当 $p=3,4$ 时不难直接验证式(7)成立. 这就证明了 $R(p,p)>2^{\frac{p}{2}}$.

我们对定理 2 及其证明做两点补充说明.

(ⅰ) 定理的证明完全是“非构造性”的. 具体地说，证明中完全没有提供任何具体构造. 比方说，当 $p=20$ 时，定理断言 $R(20,20)>2^{10}=1\ 024$，但并没有具体给出有 1 024 个点的一个图 G，使得在 G 中既不含有 K_{10}，又没有 10 个点的无关组，而且也根本没有提供构造这种图 G 的任何线索. 可以想象，当 p 越来越大时，要想构造这种有 2^p 个点的图必然越来越难.

事实上迄今人们能具体构造出的既不含有 K_p，又没有 p 个点的无关组的图的点数(当 p 趋于无穷时)至多只能达到 p 的某个常数幂 p^m 那么多，从而用“构造性方法”至今还无法得到 $R(p,p)$ 的“指数级”下界 $(1+\varepsilon)^p$(对任一给定的 $\varepsilon>0$，当 p 充分大时)，这说明用“非构造性方法”往往能比较简洁地得到比用“构造性方法”好得多的下界.

(ⅱ) 在定理 2 的证明中，实际上我们已将问题化成解不等式的问题：只要有 n 使式(7)成立，则这个 n 就可以作为 $R(p,p)$ 的严格下界，我们给出的关于 $n=2^{\frac{p}{2}}$ 时式(7)一定成立的证明非常初等. 实际上利用斯

特林(Stirling)公式可以证明，当 p 适当大时有不等式[①]

$$C(n,p)<\frac{\left(\frac{en}{p}\right)^{p}}{2}\cdot p^{\frac{1}{2}}$$

把这个不等式用于(7)，即得更好一些的下界

$$R(p,p)>\frac{p}{e\sqrt{2}}\cdot 2^{\frac{p}{2}} \tag{8}$$

这个下界在爱尔迪希1947年的论文中已经得到，但直到1975年才得到改进，斯潘塞(Spencer)把(8)中的下界(在 p 充分大时，本节下面都做此理解)几乎提高了一倍，即证明有

$$R(p,p)>\left(\frac{\sqrt{2}}{e}+o(1)\right)\cdot p\cdot 2^{\frac{p}{2}} \tag{8'}$$

(8′)也是 $R(p,p)$ 目前所得到的最好的下界.

关于 $R(p,p)$ 的上界，在本章开始时就讲到，利用爱尔迪希－塞克尔斯上界可得到

$$R(p,p)\leqslant C(2p-2,p-1)\leqslant\frac{4^{p-1}}{\sqrt{p-1}} \tag{9}$$

这个上界保持了50年，目前最好的结果是1988年得到的

$$R(p,p)\leqslant A\cdot\frac{C(2p-2,p-1)}{(p-1)^{\frac{1}{3}}}\leqslant A\cdot\frac{4^{p-1}}{(p-1)^{\frac{5}{6}}} \tag{9'}$$

上界(9′)虽然比(9)有所改进，但两个上界的 p 次方根当 p 趋于无穷时的极限都是4. 同样，三个下界

---

① 以下的e表示自然对数的底，近似值为 $e\approx 2.718$.

(7)(8)(8′) 的 p 次方根当 p 趋于无穷时的极限就是 $\sqrt{2}$. 关于拉姆塞数的渐近性质的一个长期没有解答的基本问题是:

$\lim\limits_{p\to\infty}(R(p,p))^{\frac{1}{p}}$ 是否存在? 若此极限存在(可知极限值在 $\sqrt{2}$ 和 4 之间),则值是什么?

最后说几句话结束本章,拉姆塞定理肯定了(函)数 $R(p,q)$ 的存在性,但确定其具体值,或做定量描述却非常困难,这是与拉姆塞理论中每个定理相伴共生的现象,可以认为从某个方面反映了这个数学分支的一种统一的性质,读者往后会不断见到这种现象,并且会留下较深的印象.

拉姆塞数的性质*

第4章

§1　一些广义拉姆塞数

1983年,R. J. Gould,M. S. Jacobson证明了:对 $m \geqslant 4, T_m \neq K_{1,m-1}, 0 \leqslant t \leqslant \left[\frac{n-2}{2}\right]$ 有

$$R(T_m, K_n - tK_2) = (m-1)(n-t-1)+1$$

并给出 m, n 和 t 取何值才使得

$$R(K_{1,m}, K_n - tK_2) = m(n-t-1)+1$$

成立. 对于一些未解决的问题,海南师范学院的黄国泰教授1988年回答了这些问题.

设 K_P 为 P 阶完全图,以 a_1 和 a_2 两种颜色给 K_P 的边着色. 又设 E_i 为 K_P 中着 a_i 色的边集合,$G(E_i)$ 表示由 $E_i(i=1,2)$ 所生成的部分图. 如果有某种着色方法,使得对每一 $G(E_i)$ 均不包含子图 $G_i(i=1,$

---

* 黄国泰,《应用数学》,1988年,第1,2期.

2),那么称 K_P 为可(G_1,G_2)－着色图.

我们记

$$R(G_1,G_2) = \max\{P+1 \mid K_P \text{ 为可}(G_1,G_2)-\text{着色图}\}$$

并称 $R(G_1,G_2)$ 为关于图 G_1 和 G_2 的广义拉姆塞数.特别的,若 G_1 和 G_2 均是完全图,则称 $R(G_1,G_2)$ 为拉姆塞数.

自从 1977 年 Chvátal 在[1]中解决了

$$R(T_m,K_n)=(m-1)(n-1)+1 \tag{1}$$

以后,人们对这一结果的推广很感兴趣,而且,在这几年中获得了不少结果[2,3].1983 年,R. J. Gould 和 M. S. Jacobson 在[4]中证明了:

定理 1 若 $m\geqslant 3$,$n\geqslant 6$ 和 T_m 为 m 阶树,$K_n-tK_2\left(0\leqslant t\leqslant\left[\frac{n-2}{2}\right]\right)$ 为 n 阶完全图移去 t 条不相交的边所得的图,且当 $m\geqslant 4$ 时,$T_m\neq K_{1,m-1}$($K_{1,m-1}$ 为 m 阶星形图),则

$$R(T_m,K_n-tK_2)=(m-1)(n-t-1)+1 \tag{2}$$

然而,当 $m\geqslant 3$ 时,$R(K_{1,m},K_n-tK_2)$ 是多少? 和使得

$$R(K_{1,m},K_n-tK_2)=m(n-t-1)+1$$

成立的 m,n 和 t 应取何值,都是未解决的问题[4].

本节的主要任务是对第二个问题进行研究,给出了使 $R(K_{1,m},K_n-tK_2)=m(n-t-1)+1$ 成立的条件.因此,我们先叙述一些本节所需要的结果:

定理 2 若 $n\geqslant 5$,则

$$R(T_m,K_n-K_2)=(m-1)(n-2)+1$$

我们介绍一些本节所需要的记号和一些命题:

设 $V(K_P)$ 为图 K_P 的顶点的集合,对任意的 $v\in$

$V(K_P)$ 记

$$N_i(v)=\{u\in V(K_P)\mid 边(v,u)\in E_i\}\quad (i=1,2)$$

$$\widetilde{N}_i(v)=N_i(v)\cup\{v\}\quad (i=1,2)$$

$$d_i(v)=|N_i(v)|\quad (i=1,2)$$

若 G,H 是 K_P 的子图，且 $V(G)\cap V(H)=\varnothing$，我们记

$$E_i(G,H)=\{(v,u)\mid 边(v,u)\in E_i,\ 且\ v\in V(G),u\in V(H)\}\quad (i=1,2)$$

又设 $G\subseteq K_P$，以 $B_i(G)(\subseteq V(G))$ 表示满足下列条件的顶点集：

(1)$v\in B_i(G)$ 蕴涵 $N_i(u)\cap V(G)=\varnothing$；

(2)$v\in V(G),B_i(G)$，则 $N_i(v)\cap V(G)\neq\varnothing$.

设 $G\subseteq K_P$ 和 $S\subsetneqq V(K_P)$，又以 $G+S$ 和 $G-S$ 分别表示由顶点集 $V(G)\cup S$ 和 $V(G),S$ 生成的子图. 特别的，若 S 是单点集($S=\{v\}$)，则简单记作 $G+V$ 和 $G-V$.

由上述记号的定义，容易得到：

命题 1　设

$$G=K_n-tK_2\subseteq G(E_2),H=K_P-V(G)$$

若存在 $v_0\in V(H)$ 使得 $N_1(v_0)\cap V(G)=\varnothing$，则有

$$G+v_0=K_{n+1}-tK_2\subseteq G(E_2)$$

命题 2　设

$$G=K_n-tK_2\subseteq G(E_2),H=K_P-V(G)$$

若存在 $v_0\in V(H)$ 使得 $N_1(v_0)\cap V(G)=\{v\}$ 且 $v\in B_1(G)$，则有

$$G+v_0=K_{n+1}-(t+1)K_2\subseteq G(E_2)$$

命题 3　设

$$G=K_n-tK_2\subseteq G(E_2),H=K_P-V(G)$$

若存在 $v_0 \in V(H)$ 使得 $N_1(v_0) \cap V(G) = \{v\}$ 且 $v \notin B_1(G)$，则

$$(G - V) + v_0 = K_n - (t-1)K_2 \subseteq G(E_2)$$

称为换点法.

显然有

$$R(K_{1,m}, K_n - tK_2) \geqslant m(n-t-1)+1$$

所以，我们只需确定使 $R(K_{1,m}, K_n - tK_2) \leqslant m(n-t-1)+1$ 成立的 m, n 和 t 的值.

引理 1 若 m 为不小于 4 的偶数，则

$$R\left(K_{1,m}, K_n - \left[\frac{n-2}{2}\right]K_2\right) \leqslant m\left[\frac{n+1}{2}\right]+1 \quad (n \geqslant 5)$$

证明 我们只需证明：对任意偶数 $m \geqslant 4$ 和 $n \geqslant 3$ 有

$$R(K_{1,m}, K_{2n-1} - (n-2)K_2) \leqslant mn+1 \tag{3}$$

$$R(K_{1,m}, K_{2n} - (n-1)K_2) \leqslant mn+1 \tag{4}$$

用数学归纳法证. 首先证明：对偶数 $m=4$ 和 $n \geqslant 3$ 有式(3)(4)成立.

由定理 2，显然有

$$R(K_{1,4}, K_5 - K_2) \leqslant 13 \tag{5}$$

下证 K_{13} 也不是可$(K_{1,4}, K_6 - 2K_2)$－着色图.

对 K_{13} 的边任意着 a_1 和 a_2 色，由式(5)，或者 $K_{1,4} \subseteq G(E_1)$，或者 $K_5 - K_2 \subseteq G(E_2)$. 如果前者成立，得证；否则，对任意 $v \in V(K_{13})$ 有 $d_1(v) \leqslant 3$，且有 $K_5 - K_2 \subseteq G(E_2)$. 又由命题 1、命题 2 和命题 3，不妨设 G 是 K_{13} 的 5 阶完全子图且满足：

(1) $K_5 - K_2 \subseteq G \cap G(E_2)$；

(2) 设 $H = K_{13} - V(G)$，对任意 $v \in V(H)$ 有

$$|N_1(v) \cap V(G)| \geqslant 2$$

从而有

$$15 \geqslant |E_1(G,H)| \geqslant 16$$

矛盾. 这一矛盾导致存在 $v_0 \in V(H)$ 使得

$$|N_1(v_0) \cap V(G)| \leqslant 1$$

又由命题 1 和命题 2 有

$$K_6 - 2K_2 \subseteq (G + v_0) \cap G(E_2)$$

此时,我们已证明了:当 $m=4$ 和 $n=3$ 时,式(3)(4) 成立.

首先证明:对 $m=4$ 和 $n>3$ 有式(3)(4) 成立. 我们假设 $m=4$ 和所有小于 n、大于或等于 3 的 k 有

$$R(K_{1,4}, K_{2k-1} - (k-2)K_2) \leqslant 4k+1$$

$$R(K_{1,4}, K_{2k} - (k-1)K_2) \leqslant 4k+1$$

我们给 K_{4n+1} 的边着 a_1 和 a_2 色,且不妨设对任意的 $v \in V(K_{4n+1})$ 有 $d_1(v) \leqslant 3$. 取 $v_0 \in V(K_{4n+1})$,令 $H = K_{4n+1} - \widetilde{N}_1(v_0)$,则 H 是阶数不小于 $4(n-1)+1$ 的完全图. 由上段的假设有

$$K_{2n-2} - (n-2)K_2 \subseteq H \cap G(E_2)$$

又由命题 1 得

$$K_{2n-2} - (n-2) + v_0 = K_{2n-1} - (n-2)K_2 \subseteq G(E_2)$$

我们又证 K_{4n+1} 也不是可$(K_{1,4}, K_{2n}-(n-1)K_2)$—着色图. 给 K_{4n+1} 的边任意着 a_1 和 a_2 色,由上述结论,或者有 $K_{1,4} \subseteq G(E_1)$,或者有 $K_{2n-1}-(n-2)K_2 \subseteq G(E_2)$. 如果前者成立,则获证;否则,由命题 1、命题 2 和换点法,不妨设 G 是 $2n-1$ 阶的子图,满足

$$K_{2n-1} - (n-2)K_2 \subseteq G \cap G(E_2)$$

又令 $H = K_{4n+1} - V(G)$,且对任意 $v \in V(H)$ 有

$$|N_1(v) \cap V(G)| \geqslant 2$$

即对任意 $v \in V(H)$ 有

$$|N_1(v)\cap V(H)|\leqslant 1$$

因为 $|V(H)|=2n+2$,所以,必有

$$K_{2n}-(n-1)K_2\subseteq H\cap G(E_2)$$

其次证明:对任意偶数 $m\geqslant 6$ 和 $n=3$,式(3)(4)均成立.

由定理 2,显然有

$$R(K_{1,m},K_5-K_2)\leqslant 3m+1 \tag{6}$$

往证

$$R(K_{1,m},K_6-2K_2)\leqslant 3m+1$$

设 K_{3m+1} 的边着 a_1 和 a_2 色. 由式(6),不妨设对任意 $v\in V(K_{3m+1})$ 有 $d_1(v)\leqslant m-1$,且有 $K_5-K_2\subseteq G(E_2)$.

由命题 1、命题 2 和换点法,不妨设 G 是 K_{3m+1} 的 5 阶完全子图,满足

$$K_5-K_2\subseteq G\cap G(E_2)$$

令 $H=K_{3m+1}-V(G)$,那么对任意 $v\in V(H)$ 有

$$|N_1(v)\cap V(G)|\geqslant 2$$

此时有

$$6m-8\leqslant|E_1(G,H)|\leqslant 5m-5$$

因为 $m>4$,所以,$6m-8\leqslant 5m-5$ 是不可能的. 从而,必有 $v_0\in V(H)$ 使得

$$|N_1(v_0)\cap V(G)|\leqslant 1$$

由命题 1 和命题 2 得

$$K_6-2K_2\subseteq G(E_2)$$

最后证明:对任意的偶数 $m>4$ 和 $n>3$,式(3)(4)成立.

假设对任意小于 m 的偶数和小于 n 的数,式(3)(4)成立.

若给 K_{nm+1} 的边着 a_1 和 a_2 色，且不妨设对任意 $v \in V(K_{mn+1})$ 有 $d_1(v) \leqslant m-1$，于是取 $v_0 \in V(K_{mn+1})$，则 $H = K_{mn+1} - \widetilde{N}_1(v_0)$ 是阶数不小于 $n(m-1)+1$ 的完全图. 由上段假定，有

$$K_{2n-2}-(n-2)K_2 \subseteq H \cap G(E_2)$$

由命题 1，我们获得

$$(K_{2n-2}-(n-2)K_2)+v_0 =$$
$$K_{2n-1}-(n-2)K_2 \subseteq G(E_2)$$

往证 K_{nm+1} 也是不可$(K_{1,m}, K_{2n}-(n-1)K_2)$—着色图. 设 K_{mn+1} 的边着 a_1 和 a_2 色，且对任意 $v \in V(K_{mn+1})$ 有 $d_1(v) \leqslant m-1$，由上段结论知

$$K_{2n-1}-(n-2)K_2 \subseteq G(E_2)$$

由命题 1、命题 2 和换点法，我们不妨设 G 是 K_{mn+1} 的 $2n-1$ 阶的完全子图，满足

$$K_{2n-1}-(n-2)K_2 \subseteq G \cap G(E_2)$$

和对任意 $v \in V(H)(H = K_{mn+1} - V(G))$ 有

$$|N_1(v) \cap V(G)| \geqslant 2$$

H 是阶数为$(m-2)n+2$ 的完全图. 由归纳假设，或者

$$K_{1,m-2} \subseteq H \cap G(E_1)$$

或者

$$K_{2n}-(n-1)K_2 \subseteq H \cap G(E_2)$$

若前者成立，且设 v_0 是 a_1 色的 $K_{1,m-2}$ 的中心点，由 $v_0 \in V(H)$ 有

$$|N_1(v_0) \cap V(G)| \geqslant 2$$

所以有 $K_{1,m} \subseteq G(E_1)$，故获证；否则

$$K_{2n}-(n-1)K_2 \subseteq G(E_2)$$

故引理 1 证毕.

定理 3 若 m 为不小于 4 的偶数，$n \geqslant 5$ 和 $0 \leqslant t \leqslant \left[\frac{n-2}{2}\right]$，则

$$R(K_{1,m}, K_n - tK_2) = m(n-t-1)+1$$

证明 由引理 2，我们只需证明：对任意偶数 $m \geqslant 4$，$n \geqslant 3$ 有

$$R(K_{1,m}, K_{2n-1} - tK_2) \leqslant m(2n-t-2)+1 \quad (0 \leqslant t \leqslant n-3) \tag{7}$$

$$R(K_{1,m}, K_{2n} - tK_2) \leqslant m(2n-t-1)+1 \quad (0 \leqslant t \leqslant n-2) \tag{8}$$

由式(1) 和定理 2，显然有

$$R(K_{2,m}, K_n) \leqslant m(n-1)+1$$

$$R(K_{1,m}, K_n - K_2) \leqslant m(n-2)+1$$

利用数学归纳法，类似引理 1 的证明，不难获得式(7)(8). 故定理 3 获证.

定理 4 若 m 为奇数，且 $n \leqslant m$，则

$$R(K_{1,m}, K_{2n-1} - (n-2)K_2) = mn+1$$

证明 显然

$$R(K_{1,m}, K_{2n-1} - (n-2)K_2) \geqslant mn+1$$

于是，只考虑

$$R(K_{1,m}, K_{2n-1} - (n-2)K_2) \leqslant mn+1$$

即可.

显见，对所有奇数 m，都有

$$R(K_{1,m}, K_3) \leqslant 2m+1$$

假设对任意的奇数 m 和 n，$n \leqslant m$，有

$$R(K_{1,m}, K_{2(n-1)-1} - (n-3)K_2) \leqslant m(n-1)+1$$

往证：$R(K_{1,m}, K_{2n-1} - (n-2)K_2) \leqslant mn+1$.

对 K_{nm+1} 的边任意着 a_1 和 a_2 色，不妨设对任意的

$v \in V(K_{nm+1})$ 有 $d_1(v) \leqslant m-1$. 由上述的假设,不难知道,存在 $2(n-1)$ 阶子图 G,使得

$$K_{2(n-1)} - (n-3)K_2 \subseteq G \cap G(E_2)$$

记

$$H = K_{nm+1} - V(G)$$

由命题 1、命题 2 和命题 3,不妨设对任意 $v \in V(H)$ 有

$$|N_2(v) \cap V(G)| \geqslant 2$$

但是,有

$$|E_2(G,E)| \leqslant 2(n-1)(m-1)$$

$$|E_2(G,H)| \geqslant 2(n(m-2)+3)$$

发生矛盾,此矛盾导致存在 $2n-1$ 阶子图 G',使得

$$K_{2n-1} - (n-2)K_2 \subseteq G \cap G(E_2)$$

所以,定理 4 证毕.

§2　关于拉姆塞数 $r^*(C_m^{(\geqslant)}, P_n)$ *

求拉姆塞数的问题是图论中一个相当重要且难度较大的问题,并一直未获彻底解决. 武汉大学的毛永红教授 1989 年定义拉姆塞数 $r^*(C_m^{(\geqslant)}, P_n)$ 为满足下述条件的最小整数:任何 $r^*(C_m^{(\geqslant)}, P_n)$ 阶简单图必含点数至少为 m 的圈 $C_m^{(\geqslant)}$,或其补图含 P_n. 本节求出了 $r^*(C_m^{(\geqslant)}, P_n)$ 的精确值为

* 毛永红,《数学杂志》,1989 年,第 9 卷,第 1 期.

$$r^*(C_m^{(\geqslant)},P_n)=$$
$$\begin{cases}\left[\dfrac{m+1}{2}\right]+n-1, m\leqslant n-1\\ m-1+\dfrac{n}{2}, n\text{ 为偶数}, m\geqslant n\\ m-1+\dfrac{n+1}{2}, n\text{ 为奇数}, m=n\\ m-1+\dfrac{n-1}{2}, n\text{ 为奇数}, m\geqslant n+1\end{cases}$$

设 G_1,G_2 是给定的两个图，拉姆塞数 $r(G_1,G_2)$ 是指满足下述条件的最小自然数 n：任意 n 阶图 G 中有子图 G_1，或其补图 $\bar{G}$ 中有子图 G_2.

以下拉姆塞数已确定

$$r(P_m,P)=m+\left[\frac{n}{2}\right]-1\quad(m\geqslant n\geqslant 2)$$

$$r(T_m,K_n)=$$
$$(m-1)(n-1)+1\quad(T_m\text{ 表示含 } m \text{ 个点的树})$$

根据后一公式得

$$r(P_m,K_n)=(m-1)(n-1)+1$$

毛永红教授给出如下拉姆塞数的计算.

定义 1 $r^*(C_m^{(\geqslant)},P_n)$ 是满足下述条件的最小整数：任何 $r^*(C_m^{(\geqslant)},P_n)$ 阶简单图必含点数至少为 m 的圈，或其补图含 P_n.

命题 4 数 $r^*(C_m^{(\geqslant)},P_n)$ 存在.

定理 5

$$r^*(C_m^{(\geqslant)},P_n)=\left[\frac{m+1}{2}\right]+n-1\quad(m\leqslant n-1)$$

定理 6

$$r^*(C_m^{(\geqslant)},P_n)=\begin{cases}m-1+\dfrac{n}{2}, n\text{ 为偶数}, m\geqslant n\\ m-1+\dfrac{n+1}{2}, n\text{ 为奇数}, m=n\\ m-1+\dfrac{n-1}{2}, n\text{ 为奇数}, m\geqslant n+1\end{cases}$$

为证明定理 5 和定理 6，我们首先证明如下两个引理.

引理 2　设 G 中最长路为 $P_s=u_su_1u_2\cdots u_{s-1}$，$P_s$ 外有 t 点，$s>1,t>1$，则 $\bar{G}$ 中有圈 C_{2m}，其中 $m=\min\left\{t,\left[\frac{s}{2}\right]+1\right\}$.

证明　当 $t=2$ 时，引理显然成立，故以下设 $t\geqslant 3$. P_s 以外的点用 v_j 表示.

首先指出一个事实：对 P_s 中任意相邻两点 u_i 和 u_{i+1}，P_s 外任意三点 v_1,v_2 和 v_3，因在 G 中每个 v_j 向 u_i 和 u_{i+1} 至多引一条边，故 v_1,v_2 和 v_3 向 u_i 和 u_{i+1} 至多引三条边，则 $\bar{G}$ 中 v_1,v_2 和 v_3 向 u_i 和 u_{i+1} 至少引三条边. 所以断言：$\bar{G}$ 中 u_i,u_{i+1} 至少有一点向 v_1,v_2,v_3 引两条边.

现在用归纳法证明. 对

$$i\leqslant\min\left\{t-2,\left[\frac{s-2}{2}\right]\right\}$$

以下两者之一必发生：或者图 13 在 $\bar{G}$ 中有一条长 $2i$ 的路 Q_i，它涉及 $u_1,u_2,\cdots,u_{2i}$ 中 i 个点；或者图 14 在 $\bar{G}$ 中有两条路 Q'_j,Q''_j，总长 $2i$，它们涉及 $u_1,u_2,\cdots,u_{2i}$ 中 i 个点.

$i=1$，取 u_1,u_2 及 P_s 外三点 v_1,v_2,v_3. 由上述事实，图 13 必发生. 设对 i，图 13、图 14 之一已发生. 分图

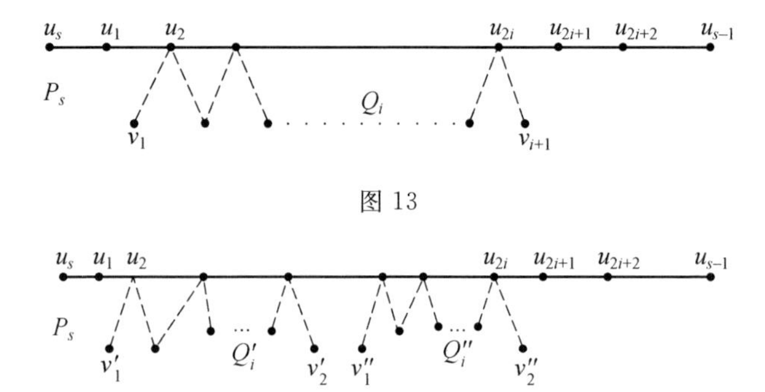

图 13

图 14

13、图 14 两种情况证明：对 $i+1$，图 13、图 14 之一必发生，记住

$$i+1 \leqslant \min\left\{t-2,\left[\frac{s-2}{2}\right]\right\}$$

因此 P_s 上有点 u_{2i+1} 和 u_{2i+2} 皆不为 u_{s-1}.

若对 i，图 13 发生，则在 P_s 及已形成的 $\overline{G}$ 中长 $2i$ 的路 Q_i 之外至少还有两点 v_{i+2}, v_{i+3}（因 $i+1 \leqslant t-2$）. 取 Q_i 的端点 v_{i+1}，利用证明开始时说的事实，$\overline{G}$ 中 u_{2i+1}, u_{2i+2} 至少一点到 $v_{i+1}, v_{i+2}, v_{i+3}$ 有两条线. 若这两条线中端点涉及 v_{i+1}，则对 $i+1$，图 13 发生；否则，对 $i+1$，图 14 发生.

若对 i，图 14 发生，则在 P_s 及已形成的 $\overline{G}$ 中的路 Q'_i, Q''_i 之外至少还有一点 v_{i+1}. 分别取 Q'_i, Q''_i 的端点 v'_1, v''_2，则 $\overline{G}$ 中 u_{2i+1}, u_{2i+2} 至少一点到 v'_2, v''_2, v_{i+2} 有两条线. 若这两条线的另外端点是 v'_2, v''_2，则对 $i+1$，图 13 发生；否则对 $i+1$，图 14 发生.

在上述结论中，取 $i=\min\left\{t-2,\left[\frac{s-2}{2}\right]\right\}$. 若图 13 发生，则在 P_s 及 Q_i 外至少还有一点 v_{i+2}，然后，在 $\overline{G}$

中取线 $v_1u_s, u_sv_{i+2}, v_{i+2}u_{s-1}, u_{s-1}v_{i+1}$；若图 14 发生，则在 $\bar{G}$ 中取线 $v'_1u_s, u_sv''_1, v''_2u_{s-1}, u_{s-1}v''_2$. 这样，就形成圈 $C_{2(i+2)}$，且

$$i+2=\min\left\{t-2,\left[\frac{s-2}{2}\right]\right\}+2=\min\left\{t,\left[\frac{s}{2}\right]+1\right\}$$

引理 2 得证.

推论 1　设 G 中的最长路为 P_s，P_s 外有 t 点，若 $s\leqslant 2k, t\geqslant k$，则 $\bar{G}$ 中有圈 $C_l, l\geqslant s$.

引理 3　设 G 中有最大圈 $C_s=u_1\cdots u_su_1$，C_s 外有 t 点，则：

（ⅰ）当 $s\geqslant 2k-1, t\geqslant k$ 时，$\bar{G}$ 中有路 P_{2k}；

（ⅱ）当 $s\geqslant 2k, t\geqslant k+1$，或 $s\geqslant 2k+1, t\geqslant k$ 时，$\bar{G}$ 中有路 P_{2k+1}.

证明　首先指出如下事实：对 C_s 上任意相邻两点 u_1, u_2，C_s 外任意两点 v_1, v_2，$\bar{G}$ 中下列三种情形必居其一：(1)u_1 与 v_1，u_1 与 v_2 邻接；(2)u_2 与 v_1，u_2 与 v_2 邻接；(3)u_1 与 v_1，v_1 与 v_2，v_2 与 u_2 邻接.

（ⅰ）$s\geqslant 2k-1, t\geqslant k$.

由于 G 中最大圈与 G 中最长路在引理 2 的证明过程中的作用相类似，因此，这里与引理 2 的证明一样可以分为如下两种情形：

(a) 得 $\bar{G}$ 中一条长 $2k-4$ 的路 $P_{2k-3}=v_1\cdots v_{k-1}$，这涉及 $u_1, u_2, \cdots, u_{2k-4}$ 中的 $k-2$ 个点且 C_s 及 P_{2k-3} 外至少还余一点 v_k，如图 15 所示.

(b) 得 $\bar{G}$ 中两条路 $P'=v'_1\cdots v'_2$，$P''=v''_1\cdots v''_2$，总长 $2k-4$，它涉及 $u_1, u_2, \cdots, u_{2k-4}$ 中的 $k-2$ 个点，如图 16 所示.

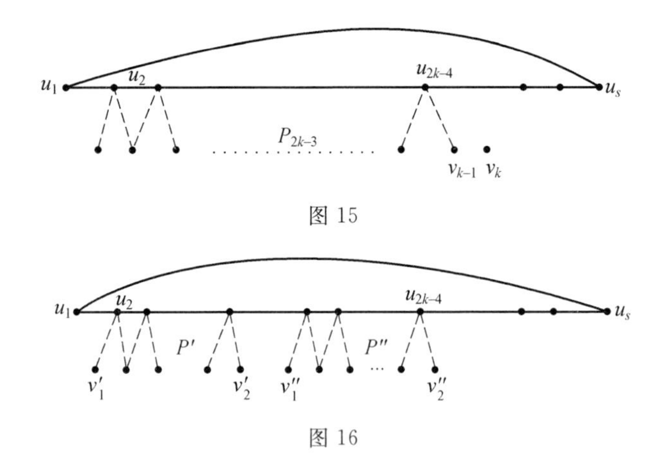

图 15

图 16

在(a) 和(b) 两种情形中，C_s 上都至少有$(2k-1)-(2k-5)=4$ 个相邻点(这是因为 u_1 和 u_{2k-4} 中总会有一点不在 P,P',P'' 上)，不妨设 u_{s-3},u_{s-2},u_{s-1} 和 u_s 不在 P,P',P'' 上.

(a) 由上述事实，利用 u_{s-3},u_{s-2} 及 u_{k-1},v_k 就可将 P 延长两边，再由 v_1 与 u_{s-1},u_s 之一不邻接即得长为 $2k-1$ 的路 P_{2k}.

(b) 由上述事实，利用 u_{s-3},u_{s-2} 及 v'_2,v''_1，或得 $\overline{G}$ 中一条长为 $2k-2$ 的路 $P_{2k-1}=v'_1\cdots v''_2$，此时由 v'_1 向 u_{s-1},u_s 引 $\overline{G}$ 中一条边即得 P_{2k}；或得 $\overline{G}$ 中一条长为 $2k-3$ 的路 $P_{2k-2}=v'_1\cdots v'_2v''_1\cdots v''_2$，此时由 v'_1,v''_2 向 u_{s-3}，u_{s-2} 及 u_{s-1},u_s 各引一条 $\overline{G}$ 中的边即得 P_{2k}.

(ⅱ) 对 $s\geqslant 2k,t\geqslant k+1$，其结论的证明方法类似于(ⅰ)，对 $s\geqslant 2k+1,t\geqslant k$，也分为(a) 和(b) 两种情形，只是此时 C_s 上至少有$(2k+1)-(2k-5)=6$ 个相邻点，不妨设为 $u^{(i)}$，$i=1,2,3,4,5,6$，不在 P,P' 和 P'' 上. 下面在(a) 和(b) 两种情形下分别构作 $\overline{G}$ 中的路

P_{2k+1}.

(a) 取 $u^{(3)}$, $u^{(2)}$ 及 v_{k-1}, v_k 构作 $\overline{G}$ 中的边，则或得一条长 $2k-2$ 的路 $P_{2k-1}=v_1\cdots v_k$，此时由 v_1, v_k 分别向 $u^{(1)}$, $u^{(2)}$ 及 $u^{(5)}$, $u^{(6)}$ 各引一条 $\overline{G}$ 中的边即得 $\overline{G}$ 中的路 P_{2k+1}；或得 $\overline{G}$ 中的边 $u^{(2)}v_{k-1}$, $v_{k-1}v_k$, $v_ku^{(4)}$. v_k 和 $u^{(3)}$ 邻接（否则 $u^{(3)}$ 同时与 v_k, v_{k-1} 不邻接，化为上述情形），则 v_k 与 $u^{(2)}$ 不邻接，从而 v_1 与 $u^{(2)}$ 邻接，v_k 与 $u^{(4)}$ 不邻接，从而 v_1 与 $u^{(4)}$ 邻接（否则 $u^{(2)}$, $u^{(4)}$ 同时与 v_1, v_k 不邻接）. 考察 u_3 与 u_5 的邻接情况，若 $u^{(3)}$, $u^{(5)}$ 邻接，则得 G 中长为 $s+1$ 的圈

$$C_s=u^{(1)}u^{(2)}v_1u^{(4)}u^{(3)}u^{(5)}u^{(6)}\cdots u_s\cdots u^{(1)}$$

与题设 C_s 为最大圈矛盾. 因此，$u^{(3)}$ 与 $u^{(5)}$ 不邻接，则得 $\overline{G}$ 中长为 $2k$ 的路 $P_{2k+1}=u^{(5)}u^{(3)}v_{k-1}\cdots v_1v_ku^{(2)}$（$v_1$, v_k 不邻接与 v_{k-1}, v_k 不邻接的理由相类似）.

(b) 与(a)的后半部分证明完全类似.

推论 2　设 G 中最大圈为 C_s，C_s 外有 t 点，若 $s\leqslant 2k-1$，$t\geqslant k$，则 $\overline{G}$ 中有路 P_r，$r=s+1$.

在以上两个引理的基础上，下面依次证明定理 5 和定理 6.

定理 5 的证明　为证明叙述方便起见，我们将定理 5 改写成：

(1) $r^*(C_{2k}^{(\geqslant)}, P_n)=n+k-1\,(n\geqslant 2k+1)$；

(2) $r^*(C_{2k-1}^{(\geqslant)}, P_n)=n+k-1\,(n\geqslant 2k)$.

(1) 由反例 $G=\overline{(K_{k-1}\cup K_{n-1})}$，$K_{k-1}$ 与 K_{n-1} 不相交，$n+k-2$ 阶简单图 G 不含 $C_{2k}^{(\geqslant)}$ 且 $\overline{G}$ 不含 P_n 即知

$$r^*(C_{2k}^{(\geqslant)}, P_n)\geqslant n+k-1$$

下证 $r^*(C_{2k}^{(\geqslant)}, P_n)\leqslant n+k-1$，这只需证：对任何 $n+k-1$ 阶简单图 G，若 G 不含 $C_{2k}^{(\geqslant)}$，则 $\overline{G}$ 必含 P_r. 若 G 不

含 $C_{2k}^{(\geqslant)}$，则 G 中有最大圈 C_s，或 $s=0$，或 $2\leqslant s\leqslant 2k-1$. 当 $s=0$，即 G 不含圈时，若 $\overline{G}$ 不含 P_n，则 $\overline{G}$ 中最长路为 P_t，$1\leqslant t\leqslant n-1$，于是由此可作出 G 中的一个圈，与 $s=0$ 矛盾，所以此时 $\overline{G}$ 必含 P_n. 当 $2\leqslant s\leqslant 2k-1$ 时

$$C_s\text{ 外的点数}\geqslant(n+k-1)-(2k-1)=$$
$$n-k\geqslant k+1$$

由推论 2 可得 $\overline{G}$ 中有路 P_{s+1}. 若 $\overline{G}$ 不含 P_n，则 $s+1\leqslant n-1$，于是 $\overline{G}$ 中有最长路 P_t，$s+1\leqslant t\leqslant n-1$，从而 P_t 外至少有 $(n+k-1)-(n-1)=k$ 点. 若 $2k+1\leqslant t\leqslant n-1$，则由引理 2 易知：$G$ 中有圈 C_{2k}，$2k>2k-1\geqslant s$；若 $s+1\leqslant t\leqslant 2k$，则由推论 1 可得 G 中有圈 C_l，$l\geqslant t\geqslant s+1>s$，此均与 C_s 为 G 中的最大圈矛盾，故 $\overline{G}$ 必含 P_n.

(2) 的证明类似于(1)，从略.

定理 6 的证明　将定理 6 的结论改写成：

(1)$r^*(C_m^{(\geqslant)},P_{2k})=m+k-1(m\geqslant 2k)$；

(2)$r^*(C_{2k+1}^{(\geqslant)},P_{2k+1})=3k+1$；

(3)$r^*(C_m^{(\geqslant)},P_{2k+1})=m+k-1(m\geqslant 2k+2)$.

(1) 首先 $r^*(C_m^{(\geqslant)},P_{2k})\geqslant m+k-1(m\geqslant 2k)$. 反例：$G(=K_{k-1}\cup K_{m-1})$，$K_{k-1}$ 与 K_{m-1} 不相交，则 $m-k-2$ 阶简单图 G 不含 $C_m^{(\geqslant)}$，且 $\overline{G}$ 不含 P_{2k}. 为证明 $r^*(C_m^{(\geqslant)},P_{2k})\leqslant m+k-1$，只需证：对任何 $m+k-1$ 阶简单图 G，若 G 不含 P_{2k}，则 $\overline{G}$ 必含 $C_m^{(\geqslant)}$. 证明如下：若 G 不含 P_{2k}，则 G 中有最长路 P_s，$s\leqslant 2k-1$，且 P_s 外至少有 $(m+k-1)-(2k-1)=m-k>k$ 点，由推论 1 可得 $\overline{G}$ 中有圈 C_t，$t\geqslant s$. 若 $\overline{G}$ 不含 $C_m^{(\geqslant)}$，则 $s\leqslant t\leqslant m-1$，设 $\overline{G}$ 中最大圈为 $C_{t'}$，则 $s\leqslant t\leqslant t'\leqslant m-1$. 分三种情况讨论：①$s\leqslant t'\leqslant 2k-1$，则 $C_{t'}$ 外至少有 $(m+$

$k-1)-(2k-1)=m-k\geqslant k$ 点，由推论 2 可得 G 中有 $P_{t'}$，$t'+1\geqslant t+1\geqslant s+1>s$；②$2k\leqslant t'\leqslant m-2$，则 C_t 外至少有 $(m+k-1)-(m-2)=k+1$ 点，由引理 3 可得 G 中有 P_{2k+1}，$2k+1>2k-1\geqslant s$；③$t'=m-1\geqslant 2k-1$，$C_{t'}$ 外至少有 $(m+k-1)-(m-1)=k$ 点，由引理 3 可得 G 中有 P_{2k}，$2k>2k-1\geqslant s$. 此均与 P_s 是 G 中最长路矛盾，故 $\overline{G}$ 必含 $C_m^{(\geqslant)}$.

(2) 首先 $r^*(C_{2k+1}^{(\geqslant)},P_{2k+1})\geqslant 3k+1$. 反例：$G=\overline{(K_k\cup K_{2k})}$，$K_k$ 与 K_{2k} 不相交，则 $3k$ 阶简单图 G 不含 $C_{2k+1}^{(\geqslant)}$，且 $\overline{G}$ 不含 P_{2k+1}. 对任何 $3k+1$ 阶简单图 G，若 G 不含 P_{2k+1}，则 G 中有最长路 P_s，$s\leqslant 2k$. 若 $\overline{G}$ 不含 $C_{2k+1}^{(\geqslant)}$，设 $\overline{G}$ 中最大圈为 $C_{t'}$，则类似于(1) 可得：$s\leqslant t'\leqslant 2k$. ①$s\leqslant t'\leqslant 2k-1$，类似于(1) 得：$G$ 中有 P_r，$r>s$；②$t'=2k$，则 $C_{t'}$ 外有 $3k+1-2k=k+1$ 点，由引理 3 得 G 中有 P_{2k+1}，$2k+1\geqslant s$. 此均与 P_s 是 G 中最长路矛盾，故 $\overline{G}$ 必含 $C_m^{(\geqslant)}$，于是，$r^*(C_{2k+1}^{(\geqslant)},P_{2k+1})\leqslant 3k+1$，综合而得结论(2).

(3) 首先 $r^*(C_m^{(\geqslant)},P_{2k+1})\geqslant m+k-1(m\geqslant 2k+2)$. 反例：$G=(K_{k-1}\cup K_{m-1})$，$K_{k-1}$ 与 K_{m-1} 不相交，则 $m+k-2$ 阶简单图 G 不含 $C_m^{(\geqslant)}$，且 $\overline{G}$ 不含 P_{2k+1}. 对任何 $m+k-1$ 阶简单图 G，若 G 不含 P_{2k+1}，则 G 中有最长路 P_s，$s\leqslant 2k$；若 $\overline{G}$ 不含 $C_m^{(\geqslant)}$，设 $\overline{G}$ 中最大圈为 $C_{t'}$，则类似于(1) 可得：$s\leqslant t'\leqslant m-1$. 分三种情形讨论：①$s\leqslant t'\leqslant 2k-1$，类似于(1) 可推得 G 中有路 P_r，$r>s$；②$2k\leqslant t'\leqslant m-2$，则 $C_{t'}$ 外至少有 $(m+k-1)-(m-2)=k+1$ 点，由引理 3 可得 G 中有路 P_{2k+1}，$2k+1>2k\geqslant s$；③ 若 $t'=m-1\geqslant 2k+1$，则 $C_{t'}$ 外有 $(m+k-1)-(m-1)=k$ 点，由引理 3，G 中有路 P_{2k+1}，$2k+

$1 > s$. 此均与 P_s 为 G 中最长路矛盾，故 $\bar{G}$ 必含 $C_m^{(\geqslant)}$，从而

$$r^*(C_m^{(\geqslant)}, P_{2k+1}) \leqslant m + k - 1 \quad (m \geqslant 2k+2)$$

所以结论(3)成立.

§3　拉姆塞数的若干新性质及其研究*

拉姆塞数 $N(q_1, q_2, \cdots, q_n; t)$ 是组合数学中很有意义的一类数，华中理工大学计算机系的宋恩民教授1993年经过研究，得到了以下结果，利用这些结果能导出一些拉姆塞数的新下界.

本节所用代表数的符号均表示任意正整数.

定理 7　若 $q_0, q_1, \cdots, q_n \geqslant t \geqslant 2$，则

$$N(q_0 + q_1 - 1, q_2, q_3, \cdots, q_n; t) \geqslant$$
$$N(q_0, q_2, q_3, \cdots, q_n; t) + N(q_1, q_2, \cdots, q_n; t) - 1$$

定理 8　若 $p_1, p_2, \cdots, p_n, q_1, q_2, \cdots, q_n \geqslant t - 1 \geqslant 1$，则

$$N(p_1 q_1 + 1, p_2 q_2 + 1, \cdots, p_n q_n + 1; t) >$$
$$[N(p_1 + 1, p_2 + 1, \cdots, p_n + 1; t) - 1] \cdot$$
$$[N(q_1 + 1, q_2 + 1, \cdots, q_n + 1; t) - 1]$$

定理 9　若 $p_0, p_1, \cdots, p_n \geqslant t \geqslant 3$，则

$$N((p_0 - 1)(p_1 - 1) + 1, p_2, p_3, \cdots, p_n; t) >$$
$$[N(p_0, p_2, p_3, \cdots, p_n; t) - 1] \cdot$$
$$[N(p_1, p_2, \cdots, p_n; t) - 1]$$

---

* 宋恩民，《应用数学》，1993年，第2期；1994年，第7卷，第2期.

定理 10 若 $n,q_1,q_2,\cdots,q_n>t\geqslant 3$,则

$$N(q_1,q_2,\cdots,q_n;t)>$$
$$N(q_1-1,q_2,q_3,\cdots,q_n;t)+$$
$$N(q_1,q_2-1,q_3,q_4,\cdots,q_n;t)+\cdots+$$
$$N(q_1,q_2,\cdots,q_{n-1},q_n-1;t)-n$$

定理 11 若 $q_1,q_2,\cdots,q_n>2$,则

$$N(q_1,q_2,\cdots,q_n;2)\geqslant$$
$$1.5^{\left[\frac{n}{2}\right]}(q_1-1)(q_2-1)\cdots(q_n-1)$$

定理 12 若 $n\geqslant 2,4\geqslant t\geqslant 3,p_1,p_2,\cdots,p_n,q_1,q_2,\cdots,q_n\geqslant t-1$,则

$$N(p_1+q_1,p_2+q_2,\cdots,p_n+q_n;t)>$$
$$[N(p_1,p_2,\cdots,p_n;t)-1]\cdot$$
$$[N(q_1,q_2,\cdots,q_n;t)-1]$$

定理 13 若 $q_1,q_2>t\geqslant 3$,则

$$N(q_1,q_2;t)\geqslant$$
$$N(q_1-1,q_2;t)+N(q_1,q_2-1;t)-1$$

若 $q_1,q_2>t+1>4$,则

$$N(q_1,q_2;t)\geqslant 2N(q_1-1,q_2;t)-1$$

定理 14 若 $q_1\geqslant 5,q_2\geqslant 7$,则

$$N(q_1,q_2;4)>$$
$$(q_1-1)\cdot[N(q_1-1,q_2;4)-1]$$

本节的结果在很多情况下比文献[5,6]的结论要好.这些结论可直接用来推导拉姆塞数的下界公式,也可用来改进已有的拉姆塞数的下界结果.本节中定理的证明思路,还能用于研究其他的图论和组合数学问题.

设 S 为任意一个集合.称 S 的任意 t 个元素构成的子集为 S 的 t 重组;称由 S 的全部 t 重组构成的集合类为 S 的 t 重组类,记为 $S^{(t)}$;称从 $S^{(t)}$ 到 $\{1,2,\cdots,k\}$ 的映

射为对 $S^{(t)}$ 的 k 着色(以下简称为着色). 对于 $S^{(t)}$ 的任意一个元素 u,若 C 是对 $S^{(t)}$ 的着色,则称 $C(u)$ 为 u 在 C 下的颜色;对于 S 的任意一个子集 X,若 $X^{(t)}$ 的所有元素(均为 S 的 t 重组) 在着色 C 下的颜色都是 j,则称该集合 X 在 C 下是 t 阶 j 色团.

拉姆塞数 $N(k_1,k_2,\cdots,k_m;t)$ 是满足如下条件的最小的正整数 n:对于 n 元集合 S 的 t 重组类 $S^{(t)}$ 的任意一种着色 C,都必存在一个指标 $i(1\leqslant i\leqslant m)$,使得 S 有一个 k_i 元子集在 C 下是 t 阶 i 色团.

若对 $S^{(t)}$ 的着色 C 使得对所有的指标 $i(i=1,2,\cdots,m)$,S 的任何一个 k_i 元子集在 C 下都不是 i 色团,则称 C 为 S 的 t 阶$(k_1,k_2,\cdots,k_m)$ 着色.

本节的有关符号和概念遵循文献[5 ~ 7].

根据定义,以下引理显然成立.

引理 4 若 $N(k_1,k_2,\cdots,k_m;t)>n$,则存在 n 元集合的 t 阶$(k_1,k_2,\cdots,k_m)$ 着色.

引理 5 若存在 n 元集合的 t 阶$(k_1,k_2,\cdots,k_m)$ 着色,则 $N(k_1,k_2,\cdots,k_m;t)>n$.

在以上两个引理的基础上,下面我们来证明定理 7 和定理 8.

定理 7 的证明 考虑两个互不相交的集合 S_0 和 S_1,其中

$$|S_0|=N(q_0,q_2,q_3,\cdots,q_n;t)-1$$
$$|S_1|=N(q_1,q_2,\cdots,q_n;t)-1$$

由引理 4 知,存在 S_0 的 t 阶$(q_0,q_2,q_3,\cdots,q_n)$ 着色 C_0 和 S_1 的$(q_1,q_2,\cdots,q_n)$ 着色 C_1. 令 $S=S_0\cup S_1$,则

$$|S|=N(q_0,q_2,q_3,\cdots,q_n;t)+N(q_1,q_2,\cdots,q_n;t)-2$$

如下构造一个对 $S^{(t)}$ 的着色 C 为

$$C(u)=\begin{cases}C_0(u),\text{若 } u\in S_0^{(t)}\\ C_1(u),\text{若 } u\in S_1^{(t)}\\ 1,\text{若 } u\in S^{(t)},u\notin S_0^{(t)},u\notin S_1^{(t)}\end{cases}$$

以下往证 C 是 S 的 t 阶 $(q_0+q_1-1,q_2,q_3,\cdots,q_n)$ 着色. 对于任意一个指标 $i(1\leqslant i\leqslant n)$,分两种情况考虑:

(1) 若 $i=1$,则设 X 是 S 的任意一个 q_0+q_1-1 元子集,再分两种情况考虑:

(a) $|X\cap S_0|\geqslant q_0$. 由于 C_0 是 S_0 的 $(q_0,q_2,q_3,\cdots,q_n)$ 着色,故存在 $u,u\in(X\cap S_0)^{(t)},C_0(u)\neq 1$,这时有 $C(u)=C_0(u)\neq 1$,故 X 在 C 下不是 i 色团.

(b) $|X\cap S_1|\geqslant q_1$. 与情况(a)类似可证 X 在 C 下不是 i 色团.

(2) 若 $i>1$,则设 X 是 S 的任意一个 q_i 元子集,再分三种情况考虑:

(a) 若 $X\subseteq S_0$,则 X 在 C_0 下不是 i 色团,由 C 的构造知 X 在 C 下也不是 i 色团.

(b) 若 $X\subseteq S_1$,则 X 在 C_1 下不是 i 色团,从而 X 在 C 下也不是 i 色团.

(c) 若 $X\cap S_0\neq\varnothing,X\cap S_1\neq\varnothing$,则存在 $u,u\in X^{(t)},u\notin S_0^{(t)},u\notin S_1^{(t)}$,从而有 $C(u)=1\neq i$,即 X 在 C 下不是 i 色团.

综上所述知,C 为 S 的 t 阶 $(q_0+q_1-1,q_2,q_3,\cdots,q_n)$ 着色,所以

$$\begin{aligned}&N(q_0+q_1-1,q_2,q_3,\cdots,q_n;t)\geqslant\\&|S|+1=\\&N(q_0,q_2,q_3,\cdots,q_n;t)+\\&N(q_1,q_2,\cdots,q_n;t)-1\end{aligned}$$

定理8的证明 设S_0和S_1是两个互不相交的集合

$$S_0=\{a_1,a_2,\cdots,a_k\},S_1=\{b_1,b_2,\cdots,b_m\}$$
$$k=N(p_1+1,p_2+1,\cdots,p_n+1;t)-1$$
$$m=N(q_1+1,q_2+1,\cdots,q_n+1;t)-1$$

设C_0是S_0的t阶$(p_1+1,p_2+1,\cdots,p_n+1)$着色，$C_1$是$S_1$的$t$阶$(q_1+1,q_2+1,\cdots,q_n+1)$着色.

令$S=\{d_{ij}\mid i=1,2,\cdots,k;j=1,2,\cdots,m\}$. 如下构造对$S^{(t)}$的$n$着色$C$为

$$C(\{d_{i_1j_1},d_{i_2j_2},\cdots,d_{i_tj_t}\})=\begin{cases}C_0(\{a_{i_1},a_{i_2},\cdots,a_{i_t}\}),\text{若 } i_1,i_2,\cdots,i_t\text{ 互不相同}\\C_1(\{b_{j_1},b_{j_2},\cdots,b_{j_t}\}),\text{若 } i_1,i_2,\cdots,i_t\text{ 全相同}\\1,\text{其他}\end{cases}$$

将S的元素按下标排成一个矩阵如下

$$\mathbf{A}=\begin{pmatrix}d_{11}&d_{12}&\cdots&d_{1m}\\d_{21}&d_{22}&\cdots&d_{2m}\\\vdots&\vdots&&\vdots\\d_{k1}&d_{k2}&\cdots&d_{km}\end{pmatrix}$$

对于任意一个指标$i(1\leqslant i\leqslant n)$，设$X$是$S$的任意一个$p_iq_i+1$元子集. 分两种情况往证$X$在$C$下不是$i$色团.

(1)X含有$\mathbf{A}$中某一行的q_i+1个元素. 不妨设

$$\{d_{rj_1},d_{rj_2},\cdots,d_{rj_L}\}\subseteq X$$

其中$L=q_i+1$. 由于C_1是S_1的t阶$(q_1+1,q_2+1,\cdots,q_n+1)$着色，故$\{b_{j_1},b_{j_2},\cdots,b_{j_L}\}$在$C$下不是$i$色团，由$C$的构造易知，$\{b_{rj_1},b_{rj_2},\cdots,b_{rj_L}\}$在$C$下也就不是$i$色团，从而$X$在$C$下也不是$i$色团.

(2)X 含有 $\mathbf{A}$ 中 p_i+1 行的元素. 不妨设

$$\{d_{i_1j_1},d_{i_2j_2},\cdots,d_{i_Lj_L}\}\subseteq X$$

其中 $L=p_i+1$, $i_1,i_2,\cdots,i_L$ 互不相同. 由于 C_0 是 S_0 的 t 阶 $(p_1+1,p_2+1,\cdots,p_n+1)$ 着色, 故 $\{a_{i_1},a_{i_2},\cdots,a_{i_L}\}$ 在 C_0 下不是 i 色团, 故 $\{d_{i_1j_1},d_{i_2j_2},\cdots,d_{i_Lj_L}\}$ 在 C 下不是 i 色团, 从而 X 在 C 下不是 i 色团.

综上两种情况知, X 在 C 下不是 i 色团. 由 X 及 i 的任意性知, C 是 S 的 t 阶 $(p_1q_1+1,p_2q_2+1,\cdots,p_nq_n+1)$ 着色, 故

$$N(p_1q_1+1,p_2q_2+1,\cdots,p_nq_n+1;t)>$$
$$|S|=[N(p_1+1,p_2+1,\cdots,p_n+1;t)-1]\cdot$$
$$[N(q_1+1,q_2+1,\cdots,q_n+1;t)-1]$$

定理15　设 S 是一个有 $N(p_1,p_2,\cdots,p_n;t)-1$ 个元素的集合, C 是 S 的 t 阶 $(p_1,p_2,\cdots,p_n)$ 着色, 则对于 S 的任意一个元素 a 以及任意一个指标 $i(1\leqslant i\leqslant n)$, 必有 S 的 p_i-1 元子集 X, $a\in X$ 并且 X 在 C 下是 i 色团.

证明　设 $b\notin S$, 令 $S_1=S\cup\{b\}$. 定义对 $S_1^{(t)}$ 的 n 着色 C_1 为

$$C_1(u)=\begin{cases}C(u),若\ b\notin u\\ C((u-\{b\})\cup\{a\}),若\ b\in u,a\notin u\\ i,若\ a\in u,b\in u\end{cases}$$

因 $|S_1|=|S|+1=N(p_1,p_2,\cdots,p_n;t)$, 故 C_1 不会是 S_1 的 t 阶 $(p_1,p_2,\cdots,p_n)$ 着色. 因此存在一个指标 $j(1\leqslant j\leqslant n)$, 并且存在一个 S_1 的 p_j 元子集 Y, Y 在 C_1 下是 j 色团. 以下往证 $a,b\in Y$, $j=i$:

若 $b\notin Y$, 则 Y 在 C 下不是 j 色团, 从而 Y 在 C_1 下也不是 j 色团. 因此必有 $b\in Y$.

若 $a\notin Y$, 则因定义 C_1 时已使得 a,b 的着色状态

相互对称，故 Y 在 C_1 下不是 j 色团. 因此必有 $a \in Y$.

若 $a,b \in Y, j \neq i$，则因包含 a 和 b 的 t 重组在 C_1 下的颜色为 i，故 Y 在 C_1 下不是 j 色团. 因此必有 $j=i$.

综上知必有 $a,b \in Y, j=i$.

令 $X=Y-\{b\}$，则

$$|X|=|Y|-1=p_j-1, X \subseteq S, a \in X$$

由于 Y 在 C_1 下是 i 色团，易知 X 在 C 下是 i 色团.

定理 16 设 S 是一个有 $N(p_1,p_2,\cdots,p_n;2)-1$ 个元素的集合，C 是 S 的 2 阶 $(p_1,p_2,\cdots,p_n)$ 着色，则对于任意一个指标 $i(1 \leqslant i \leqslant n)$，必有 $p_1+p_2+\cdots+p_n-p_i-n+1$ 个 S 的互不相交的 p_i-1 元子集，它们在 C 下都是 i 色团.

证明 将 S 划分成互不相交的子集 $F_1, F_2,\cdots,F_m,S_0$，其中 $|F_1|=|F_2|=\cdots=|F_m|=p_i-1$，$F_1,F_2,\cdots,F_m$ 均在 C 下为 i 色团，S_0 中不存在 p_i-1 元的子集在 C 下是 i 色团. 以下往证 $m \geqslant p_1+p_2+\cdots+p_n-p_i-n+1$.

设 $a \notin S$，令 $S_1=S \cup \{a\}$，定义对 $S_1^{(t)}$ 的 n 着色 C_1 为

$$C_1(u)=\begin{cases} C(u), 若\ a \notin u \\ i, 若\ a \in u, u-\{a\} \subseteq S_0 \\ j(1 \leqslant j < i), 若\ a \in u, u-\{a\} \subseteq \\ \qquad F_L \cup F_{L+1} \cup \cdots \cup F_{L+p_j-2} \\ k(i < k \leqslant n), 若\ a \in u, u-\{a\} \subseteq \\ \qquad F_H \cup F_{H+1} \cup \cdots \cup F_{H+p_k-2} \end{cases}$$

其中

$$L=p_1+p_2+\cdots+p_{j-1}-j+2$$
$$H=p_1+p_2+\cdots+p_{k-1}-p_i-k+3$$

类似于定理 7,8,15 的证明,可以证明:若

$$m < p_1 + p_2 + \cdots + p_n - p_i - n + 1$$

则 C_1 是 S_1 的 2 阶$(p_1, p_2, \cdots, p_n)$着色. 而

$$|S_1| = |S| + 1 = N(p_1, p_2, \cdots, p_n; 2)$$

由拉姆塞数的定义知,应不存在 S_1 的 2 阶$(p_1, p_2, \cdots, p_n)$着色,这与以上结论矛盾. 由此反证得

$$m \geqslant p_1 + p_2 + \cdots + p_n - p_i - n + 1$$

从而本定理得证.

定理 9 的证明　设

$$S_0 = \{a_1, a_2, \cdots, a_k\}, S_1 = \{b_1, b_2, \cdots, b_m\}$$

其中

$$k = N(p_0, p_2, p_3, \cdots, p_n; t) - 1$$

$$m = N(p_1, p_2, \cdots, p_n; t) - 1$$

$$S_0 \cap S_1 = \varnothing$$

设 C_0 是 S_0 的 t 阶$(p_0, p_2, p_3, \cdots, p_n)$着色,$C_1$ 是 S_1 的 t 阶$(p_1, p_2, \cdots, p_n)$着色.

令 $S = \{d_{ij} \mid i = 1, 2, \cdots, k; j = 1, 2, \cdots, m\}$. 定义对 $S^{(t)}$ 的 n 着色 C 为

$$C(\{d_{i_1j_1}, d_{i_2j_2}, \cdots, d_{i_tj_t}\}) = \begin{cases} C_0(\{a_{i_1}, a_{i_2}, \cdots, a_{i_t}\}), \text{若 } i_1, i_2, \cdots, i_t \text{ 互不相同} \\ C_1(\{b_{j_1}, b_{j_2}, \cdots, b_{j_t}\}), \text{若 } i_1, i_2, \cdots, i_t \text{ 都相同} \\ 1, \text{其他} \end{cases}$$

类似于定理 7,8,15 的证明,可以证明 C 是 S 的 t 阶$((p_0 - 1)(p_1 - 1) + 1, p_2, p_3, \cdots, p_n)$着色. 故

$$N((p_0 - 1)(p_1 - 1) + 1, p_2, p_3, \cdots, p_n; t) > |S| = [N(p_0, p_2, p_3, \cdots, p_n; t) - 1] \cdot [N(p_1, p_2, \cdots, p_n; t) - 1]$$

定理 17　若 $n \geqslant 2, p_1, p_2, q_1, q_2 \geqslant 2, q_3, q_4, \cdots,$

$q_n \geqslant 3$,则

$$N(p_1+q_1,p_2+q_2,q_3,q_4,\cdots,q_n;3)>$$
$$[N(q_1+1,q_2+1,q_3,q_4,\cdots,q_n;3)-1]\cdot$$
$$[N(p_1+1,p_2+1,q_3,q_4,\cdots,q_n;3)-1]$$

证明 设

$$S_0=\{a_1,a_2,\cdots,a_k\},S_1=\{b_1,b_2,\cdots,b_m\}$$

其中

$$k=N(q_1+1,q_2+1,q_3,q_4,\cdots,q_n;3)-1$$
$$m=N(p_1+1,p_2+1,q_3,q_4,\cdots,q_n;3)-1$$
$$S_0\cap S_1=\varnothing$$

设 C_0 是 S_0 的 3 阶$(q_1+1,q_2+1,q_3,q_4,\cdots,q_n)$着色,$C_1$ 是 S_1 的 3 阶$(p_1+1,p_2+1,q_3,q_4,\cdots,q_n)$着色.

令 $S=\{d_{ij}\mid i=1,2,\cdots,k;j=1,2,\cdots,m\}$. 定义对 $S^{(3)}$ 的 n 着色 C 为

$$C(\{d_{i_1j_1},d_{i_2j_2},d_{i_3j_3}\})=$$
$$\begin{cases}C_0(\{a_{i_1},a_{i_2},a_{i_3}\}),\text{若 } i_1,i_2,i_3 \text{ 互不相同}\\C_1(\{b_{j_1},b_{j_2},b_{j_3}\}),\text{若 } i_1,i_2,i_3 \text{ 都相同}\\1,\text{若 } i_1=i_2>i_3\\2,\text{若 } i_1=i_2<i_3\end{cases}$$

以下往证 C 是 S 的 3 阶$(p_1+q_1,p_2+q_2,q_3,q_4,\cdots,q_n)$着色.

将 S 的元素按下标排列成定理 8 的证明中的矩阵 $\boldsymbol{A}$ 的形式(在此称为矩阵 $\boldsymbol{B}$).

(1) 设 X 是 S 的任意一个 p_1+q_1 元子集,分两种情况证明 X 在 C 下不是 3 阶 1 色团:

(a) X 含有 $\boldsymbol{B}$ 中某一行的 p_1+1 个元素,或者 X 含有 $\boldsymbol{B}$ 中 q_1+1 行的元素. 类似于定理 8 的证明,可证明 X 在 C 下不是 3 阶 1 色团.

(b) X 含有 $\boldsymbol{B}$ 中至少两行、每行至少两个元素. 不妨设 $\{d_{rj_1}, d_{rj_2}, d_{hj_3}, d_{hj_4}\} \subseteq X$，其中 $r > h$. 因 $C(\{d_{hj_3}, d_{hj_4}, d_{rj_2}\}) = 2$，故 X 在 C 下不是 3 阶 1 色团.

综上两种情况知，X 在 C 下不是 3 阶 1 色团.

(2) 设 X 是 S 的任意一个 $p_2 + q_2$ 元子集. 类似于 (1) 可证明 X 在 C 下不是 3 阶 2 色团.

(3) 设 $i(3 \leqslant i \leqslant n)$ 是任意一个下标，X 是 S 的任意一个 q_i 元子集，分两种情况证明 X 在 C 下不是 3 阶 i 色团.

(a) X 含有 $\boldsymbol{B}$ 中某一行的 q_i 个元素，或者 X 含有 $\boldsymbol{B}$ 中 q_i 行的元素. 类似于定理 8 的证明，可证明 X 在 C 下不是 3 阶 i 色团.

(b) X 含有 $\boldsymbol{B}$ 中至少两行的元素，含其中一行至少两个元素. 不妨设 $\{d_{rj_1}, d_{rj_2}, d_{hj_3}\} \subseteq X$，其中 $r \neq h$. 因 $C(\{d_{rj_1}, d_{rj_2}, d_{hj_3}\}) < 3 \leqslant i$，故 X 在 C 下不是 3 阶 i 色团.

综上两种情况知，X 在 C 下不是 3 阶 i 色团.

综上 (1)(2)(3) 知，C 为 S 的 3 阶 $(p_1 + q_1, p_2 + q_2, q_3, q_4, \cdots, q_n)$ 着色. 因此

$$N(p_1 + q_1, p_2 + q_2, q_3, q_4, \cdots, q_n; 3) >$$
$$|S| = [N(q_1 + 1, q_2 + 1, q_3, q_4, \cdots, q_n; 3) - 1] \cdot$$
$$[N(p_1 + 1, p_2 + 1, q_3, q_4, \cdots, q_n; 3) - 1]$$

定理 18　若 $n \geqslant 2, q_2 > 4, p_1, q_1, q_3, q_4, \cdots, q_n \geqslant 4$，则

$$N(p_1 + q_1, q_2, q_3, \cdots, q_n; 4) >$$
$$[N(q_1 + 1, q_2, q_3, \cdots, q_n; 4) - 1] \cdot$$
$$[N(p_1 + 1, q_2, q_3, \cdots, q_n; 4) - 1]$$

证明　设

$$S_0 = \{a_1, a_2, \cdots, a_k\}, S_1 = \{b_1, b_2, \cdots, b_m\}$$

其中

$$k=N(q_1+1,q_2,q_3,\cdots,q_n;4)-1$$
$$m=N(p_1+1,q_2,q_3,\cdots,q_n;4)-1$$
$$S_0\cap S_1=\varnothing$$

设 C_0 是 S_0 的 4 阶 $(q_1+1,q_2,q_3,\cdots,q_n)$ 着色，C_1 是 S_1 的 4 阶 $(p_1+1,q_2,q_3,\cdots,q_n)$ 着色.

令 $S=\{d_{ij}\mid i=1,2,\cdots,k;j=1,2,\cdots,m\}$. 定义对 $S^{(4)}$ 的 n 着色 C 为

$$C(\{d_{i_1j_1},d_{i_2j_2},d_{i_3j_3},d_{i_4j_4}\})=\begin{cases}C_0(\{a_{i_1},a_{i_2},a_{i_3},a_{i_4}\}),\text{若 } i_1,i_2,i_3,i_4 \text{ 互不相同}\\C_1(\{b_{j_1},b_{j_2},b_{j_3},b_{j_4}\}),\text{若 } i_1=i_2=i_3=i_4\\1,\text{若 } i_1=i_2=i_3\neq i_4\\2,\text{若 } i_1=i_2\neq i_3=i_4\\1,\text{若 } i_1=i_2\neq i_3\neq i_4,i_1\neq i_4\end{cases}$$

类似于定理 17 的证明，可以证明 C 是 S 的 4 阶 $(p_1+q_1,q_2,q_3,\cdots,q_n)$ 着色，于是

$$N(p_1+q_1,q_2,q_3,\cdots,q_n;4)>$$
$$|S|=[N(p_1+1,q_2,q_3,\cdots,q_n;4)-1]\cdot$$
$$[N(q_1+1,q_2,q_3,\cdots,q_n;4)-1]$$

定理 19 若 $t=3,5,7,9,\cdots,q_1,q_2>t$，则

$$N(q_1,q_2;t)\geqslant N(q_1-1,q_2;t)+N(q_1,q_2-1;t)-1$$

证明 设

$$S_0=\{a_1,a_2,\cdots,a_k\},S_1=\{b_1,b_2,\cdots,b_m\}$$

其中

$$k=N(q_1-1,q_2;t)-1$$
$$m=N(q_1,q_2-1;t)-1$$
$$S_0\cap S_1=\varnothing$$

设 C_0 是 S_0 的 t 阶 (q_1-1,q_2) 着色，C_1 是 S_1 的 t 阶 (q_1,q_2-1) 着色.

令 $S=S_0\cup S_1$，定义对 $S^{(t)}$ 的2着色 C 为

$$C(u)=\begin{cases}C_0(u),\text{若 } u\subseteq S_0\\ C_1(u),\text{若 } u\subseteq S_1\\ 1,\text{若 } |u\cap S_1|=1,3,5,\cdots\\ 2,\text{若 } |u\cap S_0|=1,3,5,\cdots\end{cases}$$

类似于定理7的证明，可证明 C 是 S 的 t 阶 (q_1,q_2) 着色，故

$$N(q_1,q_2;t)\geqslant |S|+1=$$
$$N(q_1-1,q_2;t)+N(q_1,q_2-1;t)-1$$

定理20　若 $t=4,6,8,\cdots,q_1,q_2>t$，则

$$N(q_1,q_2;t)\geqslant 2N(q_1-1,q_2;t)-1$$

证明　设

$$S_0=\{a_1,a_2,\cdots,a_k\},S_1=\{b_1,b_2,\cdots,b_k\}$$

其中

$$k=N(q_1-1,q_2;t)-1$$
$$S_0\cap S_1=\varnothing$$

设 C_0,C_1 分别是 S_0,S_1 的 t 阶 (q_1-1,q_2) 着色.

令 $S=S_0\cup S_1$，定义对 $S^{(t)}$ 的2着色 C 为

$$C(u)=\begin{cases}C_0(u),\text{若 } u\subseteq S_0\\ C_1(u),\text{若 } u\subseteq S_1\\ 1,\text{若 } |u\cap S_1|=1,3,5,\cdots\\ 2,\text{若 } |u\cap S_0|=2,4,6,\cdots\end{cases}$$

类似于定理7的证明，可证明 C 是 S 的 t 阶 (q_1,q_2) 着色，故

$$N(q_1,q_2;t)\geqslant |S|+1=2N(q_1-1,q_2;t)-1$$

定理21　若 $q_1,q_2>t+1>4$，则

$$N(q_1,q_2;t)\geqslant 2N(q_1-1,q_2;t)-1$$

证明 设

$$S_0=\{a_1,a_2,\cdots,a_k\},S_1=\{b_1,b_2,\cdots,b_k\}$$

其中

$$k=N(q_1-1,q_2;t)-1$$

$$S_0\cap S_1=\varnothing$$

设 C_0,C_1 分别是 S_0,S_1 的 t 阶 (q_1-1,q_2) 着色.

令 $S=S_0\cup S_1$,定义对 $S^{(t)}$ 的 2 着色 C 为

$$C(u)=\begin{cases}C_0(u),\text{若 } u\subseteq S_0\\ C_1(u),\text{若 } u\subseteq S_1\\ 1,\text{若 } |u\cap S_0|<\dfrac{k}{2},|u\cap S_0|=1,3,5,\cdots\\ 1,\text{若 } |u\cap S_1|<\dfrac{k}{2},|u\cap S_1|=1,3,5,\cdots\\ 2,\text{其他}\end{cases}$$

类似于定理 7 的证明,可证明 C 是 S 的 t 阶 (q_1,q_2) 着色,故

$$N(q_1,q_2;t)\geqslant|S|+1=2N(q_1-1,q_2;t)-1$$

本节给出的结论,均可用来推导拉姆塞数的下界公式,也可用来改进已有的下界结果.

§4 奇圈对轮的拉姆塞数*

用两种颜色,比如红和蓝,给完全图 K_n 的边着色.

---

* 周怀鲁,《数学杂志》,1994 年,第 15 卷,第 1 期.

设 R 和 B 分别是 K_n 的以所有着红色的边为边集和以所有着蓝色的边为边集的生成子图，那么 R 和 B 称为 K_n 的一个分解. 记为 $K_n=R\oplus B$. 图 G_1 和 G_2 的拉姆塞数，记为 $R(G_1,G_2)$，是一个最小的正整数 n，它使得 K_n 的任意一个分解 $K_n=R\oplus B$ 有 $R\supseteq G_1$ 或者 $B\supseteq G_2$. 这里符号 $G\supseteq H$ 表示图 G 包含子图 H. 本节 C_n 和 W_m 分别表示长为 n 的圈和 m 条幅的轮，$G\vee F$ 表示不相交图 G 和 F 的联图，$V(G)$，$\delta(G)$，$\Delta(G)$ 分别表示图 G 的顶点集、最小度和最大度. $N_G(v)$ 表示图 G 中与点 v 相邻的顶点集，而点 v 在 G 中的度数 $d_G(v)=|N_G(v)|$. 设 $S\subseteq V(G)$，$G[S]$ 表示 G 中由 S 生成的子图. 上海第一仪表电子工业学校的周怀鲁老师 1995 年确定了奇圈对轮和广义轮的一些拉姆塞数. 下面是我们的主要结果.

定理 22　设 n 为奇数，$m\geqslant 5n-7$，那么 $R(C_n,W_m)=2m+1$.

证明　已经知道 $R(C_3,W_m)=2m+1$[2]. 因此，只要就 $n\geqslant 5$ 的情况证之. 因为 $K_{m,m}\supseteq C_n$，其补不包含 W_m，所以 $R(C_n,W_m)\geqslant 2m+1$. 设 $K_{2m+1}=R\oplus B$ 是 K_{2m+1} 的任一分解，那么有如下两个事实.

事实 1　若 $B\supseteq W_m$，$\delta(R)\geqslant m-n+1$，则 $R\supseteq C_n$.

证明　首先，注意到 R 中任意 4 个点的集 $\{v_1,v_2,v_3,v_4\}$ 中必有两点，比如 v_i 和 v_j，满足

$$|N_R(v_i)\cap N_R(v_j)|\geqslant n-1$$

否则

$$|V(R)|\geqslant 4(m-n+1)-\binom{4}{2}(n-2)>2m+1$$

其次，注意到R中存在一个4个点的点集，其中任意两点都由一条长$2j-1$的路所连. 这里$j\in\left\{i,i+1,\cdots,\frac{n-1}{2}\right\}$，$1\leqslant i\leqslant\frac{n-1}{2}$. 对不同的点对，$j$值可能不同. 这是因为$B\supseteq W_m$，所以$R\supseteq C_3$. 设$x_1x_2x_3$是$R$中的$C_3$. 由$\delta(R)\geqslant m-n+1$，可设$x_4\in N_R(x_3)/\{x_1,x_2\}$. 显然，$\{x_1,x_2,x_3,x_4\}$是所求的点集.

设$S=\{x_1,x_2,x_3,x_4\}$是R中4个点的点集，且具有尽可能大的i，使得S中任意两点都由一条长$2j-1$的路所连，这里$j\in\left\{i,i+1,\cdots,\frac{n-1}{2}\right\}$，$1\leqslant i\leqslant\frac{n-1}{2}$. 对$S$中的不同点对，$j$值可能不同. 由前面的说明，可知$S$中必有两点，比如$x_1,x_2$，满足

$$|N_R(x_1)\cap N_R(x_2)|\geqslant n-1$$

由点集S的选择，可知R中存在一条长$2j-1$的(x_1,x_2)路，记为$P=x_1y_1y_2\cdots y_{2j-2}x_2$. 考虑两种情况.

情况1 $j=\frac{n-1}{2}$. 因为

$$|N_R(x_1)\cap N_R(x_2)|\geqslant n-1$$

所以

$$(N_R(x_1)\cap N_R(x_2))/V(P)\neq\varnothing$$

因而$R\supseteq C_n$.

情况2 $j<\frac{n-1}{2}$. 这时

$$|(N_R(x_1)\cap N_R(x_2))/V(P)|\geqslant n-1-(2j-2)\geqslant 4$$

因此，$(N_R(x_1)\cap N_R(x_2))/V(P)$中有4个点的点集$S'$，且$S'$中任意两点$u,v$都由一条长$2j+1$的路

$ux_1y_1y_2\cdots y_{2j-2}x_2v$ 所连，这与点集 S 的选择矛盾.

以下设 $v\in V(B)$，$d_B(v)=\Delta(B)$.

事实 2　若 $B\not\supseteq W_m$，$R\not\supseteq C_n$，则 $B[N_B(v)]$ 是 2 连通的.

于是，如果 $R\not\supseteq C_n$，$B\not\supseteq W_m$，那么由事实 1 可得 $d_B(v)\geqslant m+n$. 由事实 2 可知 $B[N_B(v)]$ 是 2 连通的. 进而通过证明一个引理：若奇数 $n\geqslant 5$，整数 $m\geqslant 4n-10$，2 连通图 G 的补图不包含 C_n，且 $|V(B)|\geqslant m+n$，则 $G\supseteq C_m$. 推知 $B[N_B(v)]\supseteq C_m$，即 $B\supseteq W_m$. 这与假设矛盾.

定理 23　设 n 为奇数

$$m>\begin{cases}8,\text{当 } n=3\\ \dfrac{1}{14}(201n-45),\text{当 } n=5,7\\ \dfrac{1}{8}(117n-45),\text{当 } n\geqslant 9\end{cases}$$

那么 $R(C_n,K_2\vee C_m)=2m+3$.

定理 24　设 n 为不小于 5 的奇数，$m>69n-10$，则 $R(C_n,K_3\vee C_m)=2m+5$.

§5　拉姆塞数的一个性质*

拉姆塞定理是组合数学中的重要定理. 自英国数学家拉姆塞在文献[8]中证明了拉姆塞定理以来，发现了许多与拉姆塞定理有某种内在共性的定理，这些

---

* 曹子宁，朱梧槚，《数学研究与评论》，2002 年，第 22 卷，第 1 期.

定理涉及组合论、代数学、几何学等许多领域，如 Hales-Jewett 定理、范・德・瓦尔登定理、舒尔(Schur)定理，以及欧氏拉姆塞理论，这些结果构成了拉姆塞理论(文献[9,10]). 对拉姆塞数的研究是拉姆塞理论中重要的领域，关于拉姆塞数的估计及在一些具体参数下的值有许多结果，如

$$R(a,b)\leqslant\frac{(a+b-2)!}{(a-1)!\ (b-1)!}$$

当 $a\geqslant 3$ 时

$$R(a,a)>2^{\frac{a}{2}}$$

$$R(3,5)=14, R(4,4)=18, R(3,7)=23$$

等等，但给出拉姆塞数的具体表达式一直是拉姆塞理论中未解决的问题. 由递归论可知，存在不能表示为递归函数的自然数集上的函数. 因此，一个自然的问题是：$R(a,b)$ 是否可表示为递归函数？或进一步，是否可表示为初等函数(有关定义见文献[11])？清华大学计算机系的曹子宁，南京航空航天大学计算机系的朱梧槚两位教授 2002 年应用递归论中的编码方法肯定地回答了这一问题.

首先，设无向简单图 G 有 m 个节点，用 $1,2,\cdots,m$ 给这 m 个节点依次编号(本节所讨论的图都是无自环，无重边的无向简单图，以下不再说明).

定义 2 无向简单图 G 中的边 (V_i,V_j) 的编码

$$\langle i,j\rangle=\left[\sum_{k=1}^{i-1}(m-k)+(j-i)\right]$$

其中，(1) m 为图 G 的节点数；(2) i 是节点 V_i 的编号，j 是节点 V_j 的编号；(3) 因无向简单图中边 (V_i,V_j) 即为边 (V_j,V_i)，故边 (V_i,V_j) 和边 (V_j,V_i) 的编码均为

$\langle i,j\rangle$，这里规定 $j>i$.

定义 3　无向简单图 G 的编码为满足以下条件的最小自然数 n：$(V_i,V_j)\in G\Leftrightarrow p_{\langle i,j\rangle}\mid n$（其中 p_k 为第 k 个素数，$m\mid n$ 表示 n 可被 m 整除）.

定义 4　定义自然数集合上的二元谓词 SG 如下：对任意自然数 m,n，$SG(n,m)\Leftrightarrow n\mid \prod_{i=1}^{m!/[(m-2)!\,2!]} p_i$.

定义 5　定义自然数集合上的三元谓词 GK 如下：对任意自然数 m,n,a，有

$$GK(m,n,a)\Leftrightarrow \exists k\leqslant \prod_{i=1}^{m} p_i\Big(\sum_{i=1}^{m}\chi(p_i\mid k)= a\wedge \forall_{i,j\leqslant m}((((k)_i\geqslant 1)\wedge ((k)_j\geqslant 1)\wedge(i<j))\rightarrow p_{\langle i,j\rangle}\mid n)\Big)$$

其中，若 p_i 整除 k，则 $\chi(p_i\mid k)=1$，否则 $\chi(p_i\mid k)=0$；$(k)_i$ 为 k 的分解式中 p_i 的指数.

定义 6　定义自然数集合上的三元谓词 GC 如下：对任意自然数 m,n,a，有

$$GC(m,n,a)\Leftrightarrow \exists k\leqslant \prod_{i=1}^{m} p_i\Big(\sum_{i=1}^{m}\chi(p_i\mid k)= a\wedge \forall_{i,j\leqslant m}((((k)_i\geqslant 1)\wedge ((k)_j\geqslant 1)\wedge(i<j))\rightarrow \neg(p_{\langle i,j\rangle}\mid n))\Big)$$

定义 7　定义自然数集合上的三元谓词 RN 如下：对任意自然数 a,b,m，有

$$RN(a,b,m)=\forall n\leqslant \prod_{i=1}^{m!/[(m-2)!\,2!]} p_i[SG(n,m)\rightarrow GK(m,n,a)\vee GC(m,n,b)]$$

定义 8　定义自然数集合上的二元函数 R' 如下：

对任意自然数 a,b，有

$$R'(a,b)=\mu m_{m\leqslant(a+b-2)!/[(a-1)!(b-1)!]}RN(a,b,m)$$

(μ 摹状词的定义见文献[11]).

引理 6 函数 $\langle i,j\rangle$ 是集合 $\{(i,j)\mid 1\leqslant i,j\leqslant m$ 且 $i<j\}$ 到集合 $\{1,2,\cdots,C_m^2\}$ 的一个一一映射.

证明 由函数 $\langle i,j\rangle$ 的定义易证.

引理 7 完全图 K_m 的任一子图 G 的编码均存在.

证明 由本节定义的编码过程易知对 K_m 的任一子图 G 均有编码.

引理 8 完全图 K_m 的子图 G 的编码不超过 $\prod_{i=1}^{m!/[(m-2)!2!]} p_i$.

证明 易证.

引理 9 若 n 是完全图 K_m 的子图的编码，则 $SG(n,m)$ 成立；反之，若 $SG(n,m)$ 成立，则存在 K_m 的某一子图 G，使 n 为图 G 的编码.

证明 可证完全图 K_m 的编码为 $\prod_{i=1}^{m!/[(m-2)!2!]} p_i$，由定义 3、定义 4 易证结论成立.

引理 10 $GK(m,n,a)\Leftrightarrow$ 若 n 是完全图 K_m 的子图 G 的编码，则 G 中含有 K_a.

证明 必要性. 若 $GK(m,n,a)$ 成立，且 n 是完全图 K_m 的子图 G 的编码，则由定义 5，有 $k\leqslant\prod_{i=1}^{m}p_i$，使 $\sum_{i=1}^{m}\chi(p_i\mid k)=a$，且对任何不超过 m 的 i,j，有

$$((((k)_i\geqslant 1)\wedge((k)_j\geqslant 1)\wedge(i<j))\rightarrow p_{\langle i,j\rangle}\mid n)$$

因 $\sum_{i=1}^{m}\chi(p_i\mid k)=a$，故 k 在 $p_1,p_2,\cdots,p_m$ 中恰有 a 个

素数 $p_{1'},p_{2'},\cdots,p_{a'}$ 作为因子，故

$$((k)_{1'}\geqslant 1)\land\cdots\land(k)_{a'}\geqslant 1$$

又因对任何不超过 m 的 i,j，有

$$((((k)_i\geqslant 1)\land((k)_j\geqslant 1)\land(i<j))\rightarrow p_{\langle i,j\rangle}\mid n)$$

故对所有 $i',j'\in\{1',2',\cdots,a'\}$ 且 $i'<j'$，有 $p_{\langle i',j'\rangle}\mid n$. 又因 n 为 G 的编码，故由定义 3，对所有 $i',j'\in\{1',2',\cdots,a'\}$ 且 $i'<j'$，有 $(V_{i'},V_{j'})\in G$，从而 G 中含有 K_a.

充分性. 设 n 是完全图 K_m 的子图 G 的编码，且 G 中含有 K_a. 令 G 中所含子图 K_a 的顶点编号为 $1',2',\cdots,a'$. 取 $k=p_{1'}\times p_{2'}\times\cdots\times p_{a'}$. 显然

$$k\leqslant\prod_{i=1}^{m}p_i,\sum_{i=1}^{m}\chi(p_i\mid k)=a$$

且若 $(k)_i\geqslant 1$，则 i 必为 $1',2',\cdots,a'$ 中之一. 又因 K_a 为 G 的子图，故对所有 $i',j'\in\{1',2',\cdots,a'\}$ 且 $i'<j'$，有 $(V_{i'},V_{j'})\in G$，故对所有 $i',j'\in\{1',2',\cdots,a'\}$ 且 $i'<j'$，有 $p_{\langle i',j'\rangle}\mid n$，从而

$$\forall_{i,j\leqslant m}((((k)_i\geqslant 1)\land((k)_j\geqslant 1)\land(i<j))\rightarrow p_{\langle i,j\rangle}\mid n)$$

由定义，$GK(m,n,a)$ 成立.

引理 11　$GC(m,n,b)\Leftrightarrow$ 若 n 是完全图 K_m 的子图 G 的编码，则 K_m-G 中含有 K_b.

证明　类似引理 10.

引理 12　$RN(a,b,m)\Leftrightarrow$ 对完全图 K_m 进行任何划分，对于划分得到的子图 G，或者 G 含有 K_a，或者 K_m-G 含有 K_b，两者必居其一.

证明　必要性. 若 $RN(a,b,m)$ 成立，由引理 8 知，K_m 的子图 G 的编码不超过 $\prod_{i=1}^{m!/[(m-2)!2!]}p_i$. 对 K_m 的

任一子图 G，由引理 9，若 n 是 G 的编码，则有 $SG(n,m)$ 成立，又由定义 7 及假设 $RN(a,b,m)$ 成立，则有 $GK(m,n,a) \vee GC(m,n,b)$，故由引理 10、引理 11，或者 G 含有 K_a，或者 $K_m - G$ 含有 K_b，两者必居其一.

充分性. 若对 K_m 的任何划分所得的子图 G，或者 G 含有 K_a，或者 $K_m - G$ 含有 K_b，两者必居其一. 由引理 8 知，K_m 的子图 G 的编码不超过 $\prod_{i=1}^{m!/[(m-2)!2!]} p_i$. 故对任一不超过 $\prod_{i=1}^{m!/[(m-2)!2!]} p_i$ 的 n，若 $SG(n,m)$ 成立，则由引理 9，存在 K_m 的某一子图 G，使 n 为图 G 的编码. 又因前面所述：对 K_m 的子图 G，或者 G 含有 K_a，或者 $K_m - G$ 含有 K_b. 故由引理 10、引理 11 知，$GK(m,n,a) \vee GC(m,n,b)$ 成立，故

$$\forall n \leqslant \prod_{i=1}^{m!/[(m-2)!2!]} p_i [SG(n,m) \rightarrow GK(m,n,a) \vee GC(m,n,b)]$$

从而 $RN(a,b,m)$ 成立.

定理 25 $R'(a,b) = R(a,b)$.

证明 因拉姆塞数

$$R(a,b) \leqslant \frac{(a+b-2)!}{(a-1)!(b-1)!}$$

由定义 8、引理 12 及拉姆塞数的定义可知，$R'(a,b)$ 存在且等于 $R(a,b)$.

定理 25 给出了拉姆塞数 $R(a,b)$ 的表达式 $R'(a,b)$. 其中 $R'(a,b)$ 中含有的有界量词、逻辑连接符、有界 μ 摹状词和有关数论函数、数论谓词可用递归论中的方法转换为相应的初等函数表达式，定理 26 说明了这一点.

定理 26　$R(a,b)$ 是初等函数，即 $R(a,b)$ 可由本原函数及 e_1+e_2，$|e_1-e_2|$，$e_1\cdot e_2$，$\left[\frac{e_1}{e_2}\right]$ 出发，经过有限次叠置及叠加“$\sum_{i=1}^{n}$”，叠乘“$\prod_{i=1}^{n}$”所作成.

证明　检查 $R'(a,b)$ 的构成，可知在 $R'(a,b)$ 的构成过程中使用的有界量词、逻辑连接符、有界 μ 摹状词和有关数论函数、数论谓词均可转换为相应的初等函数（有关方法见文献[11]），故 $R'(a,b)$ 是初等函数. 由定理 25，$R'(a,b)=R(a,b)$，故 $R(a,b)$ 也是初等函数.

引理 13　若函数 $f(x_1,x_2,\cdots,x_n)$ 由本原函数及 e_1+e_2，$|e_1-e_2|$，$e_1\cdot e_2$，$\left[\frac{e_1}{e_2}\right]$ 出发，经有限次叠置及叠加“$\sum_{i=1}^{n}$”所作成，则必有 $K_1,K_2,\cdots,K_n,K$ 使

$$f(x_1,x_2,\cdots,x_n)\leqslant x_1^{K_1}\times x_2^{K_2}\times\cdots\times x_n^{K_n}+K$$

证明　对函数 $f(x_1,x_2,\cdots,x_n)$ 的构成过程进行归纳即可证明.

定理 27　$R(a,b)$ 不能由本原函数及 e_1+e_2，$|e_1-e_2|$，$e_1\cdot e_2$，$\left[\frac{e_1}{e_2}\right]$ 出发，经有限次叠置及叠加“$\sum_{i=1}^{n}$”所作成.

证明　因为 $a\geqslant 3$ 时 $R(a,a)>2^{\frac{a}{2}}$，假设 $R(a,b)$ 可由本原函数及 e_1+e_2，$|e_1-e_2|$，$e_1\cdot e_2$，$\left[\frac{e_1}{e_2}\right]$ 出发，经有限次叠置及叠加“$\sum_{i=1}^{n}$”所作成，则由引理 13 知，有

K_1, K_2, K,使

$$R(a,b) \leqslant a^{K_1} \times b^{K_2} + K$$

故

$$R(a,a) \leqslant a^{K_1+K_2} + K$$

但 $R(a,a) > 2^{\frac{a}{2}}$,故有 N 使当 $a > n$ 时

$$2^{\frac{a}{2}} > a^{K_1+K_2} + K$$

从而 $R(a,a) > R(a,a)$,矛盾. 故 $R(a,b)$ 不能由本原函数及 $e_1 + e_2$, $|e_1 - e_2|$, $e_1 \cdot e_2$, $\left[\frac{e_1}{e_2}\right]$ 出发,经有限次叠置及叠加“$\sum_{i=1}^{n}$”所作成.

本节将递归论中的编码方法应用于拉姆塞数的研究,证明了拉姆塞数 $R(a,b)$ 是初等函数,还给出了 $R(a,b)$ 的一个表达式,但用本节的方法所得到的表达式比较烦琐,如何给出拉姆塞数的一个简洁的表达式,还有待于进一步研究.

第5章 拉姆塞数的下界问题

§1 关于拉姆塞数 $R(l,t)$ 的下界问题*

拉姆塞数是组合数学的基本内容之一,也是图论研究的一个重要问题.但在一般情况下,确定拉姆塞数还是一个尚未解决的难题.因此对其上下界进行估值就显得必要了.

爱尔迪希和格林伍德(Greenwood)(1955)等提出了计算 $R(l,t)$ 的上界的递推公式:$R(l,t)\leqslant R(l,t-1)+R(l-1,t)$[12] $(l,t\geqslant 2)$;阿尔伯特(Abbott)(1972)给出特殊的下界公式:$R(2^n+1,2^n+1)\geqslant 5^n+1$;爱尔迪希和斯宾塞(Speneer)(1974)给出 $R(l,t)$ 的下界公式:$R(l,t)\geqslant 2^{\frac{m}{2}}$ $(m=\min\{l,t\})$;文献[13]引入随机图的概念得到 $R(l,t)$ 的下界:$R(l,t)>\exp\left\{\dfrac{(l-1)(t-1)}{2(l+t)}\right\}$. 华中师范学院的李为政

* 李为政,《华中师院学报》,1982年,第4期.

教授1982年给出计算$R(l,t)$的下界的递推公式:$R(l,s+t-1)\geqslant R(l,s)+R(l,t)-1\ (l\geqslant 3,s,t\geqslant 2)$.

这里只讨论简单无向图,所用符号和术语见[12]和其他图论专著.图$G=(V(G),E(G))$,$V(G)$表示G的顶点集,$E(G)$表示G的边集.$G_{G\setminus S}$表示从G中去掉顶点集S以及与S相连的各边所得到的子图.若$S_G\subseteq V(G)$是G的独立集,且不存在G的独立集S,使得$|S|>|S_G|$,则称S_G为G的最大独立集.以后若不加说明,我们总是用S_G表示G的最大独立集,用P_G表示G的最大点团.

对任意给定的正整数l和t,都存在一个最小正整数$R(l,t)$,使得所有$R(l,t)$个顶点上的图都含$l-$点团或者含$t-$独立集.数$R(l,t)$称为拉姆塞数.

定义1 设H,Q是简单图,$G=H\cup Q$表示:$V(G)=V(H)\cup V(Q)$,$E(G)=E(H)\cup E(Q)$,我们称这样的G为H与Q的和图.

定义2 设G是简单图,$|V(G)|=n$,S_0是G的最大独立集,S_i是$G_{V\setminus B}(i=1,2,\cdots,l)$的最大独立集(这里$B=\bigcup\limits_{t=0}^{i-1}S_t$),且满足条件

$$S_i\cap S_j=\varnothing\quad (i\neq j)$$

$$\left|\bigcup_{i=0}^{l}S_i\right|=n$$

则称$S_i(i=0,1,\cdots,l)$为G的顶点集$V(G)$的一个分划.

假定H,Q是简单图,$G=H\cup Q$,$S_i(i=0,1,2,\cdots,k)$是$V(H)$的分划,$L_j(j=0,1,2,\cdots,h)$是$V(Q)$的分划.现对S_i和L_j的顶点之间按以下规定进行连线,并设这些连线的集合为M:

(1) 若 $x_i, x_j \in S_i, y_i, y_j \in L_j$，则 $(x_i, y_i), (x_j, y_j) \in M$；

(2) 若 $x_i \in S_i, x_j \in S_j, y_j \in L_j$，且 x_i 与 $x_j (i \neq j)$ 不相邻，则 $(x_i, y_j), (x_j, y_j) \in M$（或者 $x_i \in S_i, y_i \in L_i, y_j \in L_j$，且 y_i 与 $y_j (i \neq j)$ 不相邻，则 $(x_i, y_i), (x_i, y_j) \in M$），使得 M 覆盖 H（或 Q）的所有顶点. 我们称这样的 M 为 H 与 Q 的分划覆盖集（边覆盖）.

定义3　设 H, Q 是简单图，$G = H \cup Q$，M 是 H 与 Q 的分划覆盖集，令 $G' = (V(G'), E(G'))$，这里 $V(G') = V(G), E(G') = E(G) \cup M$，我们称图 G' 为 G 的分划连接图.

下面先讨论和图及分划连接图的简单性质.

引理1　设 H, Q 是简单图，G 是 H 与 Q 的和图，则

$$|S_G| = |S_H| + |S_Q|, |P_G| = \max\{|P_H|, |P_Q|\}$$

证明　因 S_H, S_Q 分别是 H 与 Q 的最大独立集，显然 $S_H \cap S_Q = \varnothing$，令 $T_G = S_H \cup S_Q$，则 T_G 是 G 的独立集. 若 $|T_G| < |S_G|$，则必存在点 $v \in V(G)$，使得 $T_G \cup \{v\}$ 是 G 的独立集. 因

$$V(G) = V(H) \cup V(Q), V(H) \cap V(Q) = \varnothing$$

不妨假定 $v \in V(H)$，于是 $S_H \cup \{v\}$ 是 H 的独立集，此与 S_H 是 H 的最大独立集的假设矛盾. 故有

$$|T_G| = |S_G| = |S_H \cup S_Q|$$

因为 $S_H \cap S_Q = \varnothing$，所以

$$|S_G| = |S_H| + |S_Q|$$

又因 H（或 Q）的任一点团都是 G 的点团，且 G 的任一点团必是 H（或 Q）的点团，所以有

$$|P_G|=\max\{|P_H|,|P_Q|\}$$

证毕.

引理 2　设 H,Q 是简单图,$G=H\cup Q$,G' 是 G 的分划连接图,则

$$|S_{G'}|\leqslant|S_H|+|S_Q|$$

证明　根据引理 1,有

$$|S_G|=|S_H|+|S_Q|$$

若 $|S_{G'}|>|S_G|$,不失一般性,我们假定 $S_G\subsetneqq S_{G'}$,于是至少存在一点 $v\in S_{G'}$,而 $v\notin S_G$. 但 S_G 是 G 的最大独立集,所以在 S_G 中至少有一个与 v 相邻的顶点 a,由此推出:$a\in S_{G'}$,$v\in S_{G'}$,且 a 与 v 相邻,此为矛盾. 故引理得证.

设 G 是简单图,$G_0=(V(G_0),E(G_0))$,这里

$$V(G_0)=V(G),E(G_0)=E(G)\cup F$$

$$F=\{(x,y)\mid x,y\in V(G),\text{且 } x \text{ 与 } y \text{ 不相邻}\}$$

我们称 G_0 为 G 的加边图.

引理 3　设 G 是简单图,G_0 是 G 的加边图. 若任意两边 $e_1,e_2\in F$(或 $E(G)$)和任意边 $e\in E(G)$(或 F)不构成三角形,则 $|P_{G_0}|=|P_G|$.

证明　因 G_0 是在 G 中增加了若干新边所得到的图,所以 G 的点团必是 G_0 的点团,于是有 $|P_G|\leqslant|P_{G_0}|$. 设 $P_G=(v_1,v_2,\cdots,v_l)$,若 $|P_G|<|P_{G_0}|$,则必存在点 $v\in P_{G_0}$,且 $v\notin P_G$,使得 v 与 $v_i(i=1,2,\cdots,l)$ 相邻. 因为 P_G 是点团,所以三点:$v,v_i,v_j(i\neq j,1\leqslant i,j\leqslant l)$ 必构成三角形. 令 $e_1=(v,v_i)$,$e_2=(v_i,v_j)$,$e_3=(v,v_j)$,于是三边 e_1,e_2,e_3 构成三角形,且其中至少有一边 $e_1\in F$(或 $e_3\in F$). 此与题设矛盾,故得 $|P_{G_0}|=|P_G|$.

目前已知的拉姆塞数 $R(l,t)$ 如表2所示.

表2　部分拉姆塞数 $R(l,t)$ 的值和界

l \ t	3	4	5	6	7	8	9
3	6	9	14	18	23	27/30	36/37
4		18	28	44	66		
5			55	94	156		
6				178	322		
7					626		

下面我们进一步研究数 $R(l,t)$ 的下界.

定理1　设 $l\geqslant 3,s,t\geqslant 2$ 为整数,则

$$R(l,s+t-1)\geqslant R(l,s)+R(l,t)-1 \qquad (1)$$

证明　设 H 是顶点个数为 $R(l,s)-1$ 的简单图,按 $R(l,s)$ 的定义,H 不含 l—点团,也不含 s—独立集,同样,令 Q 是顶点个数为 $R(l,t)-1$ 的连接图,则 Q 不含 l—点团,也不含 t—独立集.现令 $G=H\cup Q$,且假定 G' 是 G 的分划连接图.以下分两步进行证明.

首先,G' 不含 l—点团,按分划连接图的连线规定,对任意三边:$e_1,e_2,e(e_1,e_2\in M,e\in E(G))$ 一定不会构成三角形.(注意,若 $e_1,e_2\in E(G),e\in M$,则 e_1,e_2,e 自然不会构成三角形.)根据引理3,有 $|P_{G'}|=|P_G|$.但是 G 是 H 与 Q 的和图,且 H,Q 都不含 l—点团,根据引理1,G 不含 l—点团,即 G' 也不含 l—点团.

其次,G' 不含 $(s+t-1)$—独立集.设 $S_{G'}$ 是 G' 的最大独立集,根据引理2,有

$$|S_{G'}|\leqslant|S_H|+|S_Q| \qquad (2)$$

但已知 $|S_H|<s$,$|S_Q|<t$,于是由(2)推出

$$|S_{G'}| < s+t-1 \tag{3}$$

这就证明了 G' 既不含 l－点团，也不含 $(s+t-1)$－独立集．因为

$$|V(G')| = |V(G)| = R(l,s)+R(l,t)-2$$

所以

$$R(l,s+t-1) \geqslant R(l,s)+R(l,t)-1$$

证毕．

下面我们进一步推出 $R(l,t)$ 的下界直接依赖于 l 和 t：

定理 2 设 $l \geqslant 3, t \geqslant 2$ 为整数，则

$$R(l,t) \geqslant lt-(l+t)+2 \tag{4}$$

证明 根据定理 1，有

$$R(l,t) \geqslant R(l,t-1)+R(l,2)-1 = R(l,t-1)+(l-1)$$

$$R(l,t) \geqslant R(l,t-2)+2(l-1)$$

$$\vdots$$

$$R(l,t) \geqslant R(l,t-k)+k(l-1)$$

令 $k=t-2$，代入上式即得

$$R(l,t) \geqslant lt-(l+t)+2$$

证毕．

注意，定理 2 的主要优点在于：$R(l,t)$ 的下界直接依赖于 l 和 t，而与其他的 $R(l,k)(0<k<t)$ 无关．但当 l,t 较大时，我们尽量采用公式(1) 而避免采用(4)．这是因为(4) 是由(1) 逐项递推得来的，而每递推一次，差距就加大一次．

推论 设 $l=3, t \geqslant 2$ 为整数，则

$$R(3,t) \geqslant 2t-1 \tag{5}$$

证明 将 $l=3$ 代入(4) 即得

$$R(3,t) \geqslant 3t-(3+t)+2=2t-1$$

最后,我们用定理1的结果与前面提到的下界公式对不太大的 l,t 做一简单比较.

例如,求 $R(5,5)$ 的下界,我们已知 $R(5,5)=55$. 用定理1的结果求得 $R(5,5)$ 的下界为

$$R(5,5) \geqslant R(5,4)+R(5,2)-1=28+5-1=32$$

用阿尔伯特的公式得到 $R(5,5)$ 的下界为

$$R(5,5)=R(2^2+1,2^2+1) \geqslant 5^2+1=26$$

用公式:$R(l,t) \geqslant 2^{\frac{m}{2}}$,得到 $R(5,5)$ 的下界为

$$R(5,5) \geqslant 2^{\frac{5}{2}} \approx 5.7$$

而用文献[13]中的公式

$$R(l,t) > \exp\left\{\frac{(l-1)(t-1)}{2(l+t)}\right\}$$

得到 $R(5,5)$ 的下界为

$$R(5,5) > e^{\frac{4}{5}} \approx 2.2$$

§2　拉姆塞数 $R(p,q;4)$ 的性质和新下界*

华中理工计算机科学与工程系的宋恩民教授1995年针对拉姆塞数 $R(p,q;4)$ 进行了研究,得出了三个有关拉姆塞数性质的结论,从而求得了一些新的下界结果,这些结果比现有文献中的相应结果要好.

设 S 为任意一个集合,称 S 的任意四个元素构成的子集为 S 的四重组;称由 S 的全部四重组组成的集

---

* 宋恩民,《华中理工大学学报》,1995年,第23卷,增刊(Ⅰ).

合类为 S 的四重组类，记为 $S^{(4)}$. 对 $S^{(4)}$ 的红蓝两色着色(以下简称为着色)是一个从 $S^{(4)}$ 到{红色，蓝色}的映射，即 $C:S^{(4)} \to$ {红色，蓝色}.

对于 S 的任意一个四重组 u，称 $C(u)$ 为 u 在 C 下的颜色. 对于 S 的任意一个子集 X，若 $X^{(4)}$ 的所有元素(均为 S 的四重组)在着色 C 下都是红色的，则称 $X^{(4)}$ 在 C 下是红色团；若 $X^{(4)}$ 的所有元素在 C 下都是蓝色的，则称 $X^{(4)}$ 在 C 下是蓝色团.

拉姆塞数 $R(p,q;4)$ 是最小的正整数 n，满足对 n 元集合 S 的四重组类的任意着色，都必存在 S 的一个 p 元子集的四重组类是红色团，或都存在 S 的一个 q 元子集的四重组类是蓝色团.

由定义知，以下引理成立.

引理 4 对于 $R(p,q;4)-1$ 元的集合 S，必存在对 $S^{(4)}$ 的一种着色，使得 S 的任意一个 p 元子集的四重组类不是红色团，并且使得 S 的任意一个 q 元子集的四重组类不是蓝色团.

不妨用 $(p,q;4)-$ 着色记引理 4 中所述的那种对 $S^{(4)}$ 的着色，即它使得 S 的任意一个 p 元子集的四重组类不是红色团，也使得 S 的任意一个 q 元子集的四重组类不是蓝色团.

引理 5 对于 k 元集合 S，若存在对 $S^{(4)}$ 的一种 $(p,q;4)-$ 着色，则 $R(p,q;4)>k$.

引理 6 $R(p,q;4)=R(q,p;4)$.

为叙述方便，用 $\overline{S}$ 记集合 S 的任意一个元素；用 $\overline{S}_1\overline{S}_2\overline{S}_3\overline{S}_4$ 记由集合 S_1,S_2,S_3,S_4 中各取任意一个元素构成的四重组；用 $\overline{S}_1\overline{S}_1\overline{S}_1\overline{S}_2$ 记由集合 S_1 中任意三个元素与集合 S_2 中任意一个元素所构成的四重组；依

此类推.

本节中的有关术语和记号遵循文献[14～17].

定理 3　对于任意大于 4 的整数 p 和 q，有

$$R(p,q;4)\geqslant 2R(p-1,q;4)-1$$

证明　设 X 和 Y 为两个互不相交的、各含有 $R(p-1,q;4)-1$ 个元素的集合，设 $S=X\cup Y$，则

$$|S|=2R(p-1,q;4)-2$$

以下通过构造一个对 $S^{(4)}$ 的 $(p,q;4)-$ 着色 C 来证明本定理.

由引理 4 知，分别存在对 $X^{(4)}$ 和 $Y^{(4)}$ 的 $(p-1,q;4)-$ 着色. 不妨设 C_X 和 C_Y 分别为对 $X^{(4)}$ 和 $Y^{(4)}$ 的 $(p-1,q;4)-$ 着色.

首先让 C 对 $X^{(4)}$ 的着色与 C_X 相同，让 C 对 $Y^{(4)}$ 的着色与 C_Y 相同，从而使 C 对 $X^{(4)}$ 和 $Y^{(4)}$ 是 $(p-1,q;4)-$ 着色. 再让 C 对 $X^{(4)}$ 和 $Y^{(4)}$ 之外的四重组如下着色

$$C(\overline{XXXY})=\text{红色}$$
$$C(\overline{XXYY})=\text{蓝色}$$
$$C(\overline{XYYY})=\text{红色}$$

以下证明上面所构造的着色 C 是对 $S^{(4)}$ 的 $(p,q;4)-$ 着色.

(1) 往证在着色 C 下，对于 S 的任意一个 p 元子集 A，$A^{(4)}$ 不是红色团. 分两种情况考虑.

(a) 若 A 分别含有 X 和 Y 中各至少两个元素，则 $A^{(4)}$ 必定含有形如 $\overline{XXYY}$ 的四重组 u，由 C 的构造知：$C(u)=$ 蓝色，故 $A^{(4)}$ 在 C 下不是红色团.

(b) 若 A 含有 X 或 Y 中至少 $p-1$ 个元素，则不妨设 $|A\cap X|\geqslant p-1$（$|A\cap Y|\geqslant p-1$ 时类似). 由

于 C 是对 $X^{(4)}$ 的 $(p-1,q;4)$ — 着色，故 $(A\cap X)^{(4)}$ 在 C 下不是红色团，从而 $A^{(4)}$ 在 C 下亦不是红色团.

(2) 往证在着色 C 下，对于 S 的任意一个 q 元子集 B，$B^{(4)}$ 不是蓝色团. 分两种情况考虑.

(a) 若 $B\subseteq X$ 或 $B\subseteq Y$，则因 C 是对 $X^{(4)}$ 和 $Y^{(4)}$ 的 $(p-1,q;4)$ — 着色，故 $B^{(4)}$ 在 C 下不是蓝色团.

(b) 若 $B\cap X\neq\varnothing$，$B\cap Y\neq\varnothing$，则由 $q>4$ 知：$|B\cap X|\geqslant 3$ 或 $|B\cap Y|\geqslant 3$. 不妨设 $|B\cap X|\geqslant 3$（$|B\cap Y|\geqslant 3$ 时类似），则 $B^{(4)}$ 中必定含有形如 $\overline{XXXY}$ 的四重组 v，由 C 的构造知：$C(v)=$ 红色，故 $B^{(4)}$ 在 C 下不是蓝色团.

综上可知：C 是对 $S^{(4)}$ 的 $(p,q;4)$ — 着色. 再由引理 5 知

$$R(p,q;4)>|S|=2R(p-1,q;4)-2$$

即

$$R(p,q;4)\geqslant 2R(p-1,q;4)-1$$

定理 4 设 p 和 q 为整数且 $p\geqslant 5$，$q\geqslant 7$，则

$$R(p,q;4)\geqslant (p-1)[R(p-1,q;4)-1]+1$$

证明 设 $S_1,S_2,\cdots,S_{p-1}$ 为两两不相交的、各含有 $R(p-1,q;4)-1$ 个元素的集合，设

$$S=S_1\cup S_2\cup\cdots\cup S_{p-1}$$

则

$$|S|=(p-1)[R(p-1,q;4)-1]$$

以下通过构造一个对 $S^{(4)}$ 的 $(p,q;4)$ — 着色 C 来证明本定理.

由引理 4 知，分别存在对 $S_1^{(4)},S_2^{(4)},\cdots,S_{p-1}^{(4)}$ 的 $(p-1,q;4)$ — 着色. 不妨设 C_i 为对 $S_i^{(4)}$ 的 $(p-1,q;4)$ — 着色 $(i=1,2,\cdots,p-1)$.

首先让 C 对 $S_i^{(4)}$ 的着色与 C_i 相同($i=1,2,\cdots,p-1$)，即让 C 是对 $S_1^{(4)},S_2^{(4)},\cdots,S_{p-1}^{(4)}$ 的($p-1,q;4$)－着色.

再对于任意 4 个互不相同的、不大于 $p-1$ 的正整数 i,j,k,l，让 C 为

$$C(\overline{S}_i\overline{S}_j\overline{S}_k\overline{S}_l)=\text{红色}$$

$$C(\overline{S}_i\overline{S}_i\overline{S}_j\overline{S}_k)=\text{蓝色}$$

$$C(\overline{S}_i\overline{S}_i\overline{S}_j\overline{S}_j)=\text{蓝色}$$

$$C(\overline{S}_i\overline{S}_i\overline{S}_i\overline{S}_j)=\text{红色}$$

以下证明上面所构造的着色 C 是对 $S^{(4)}$ 的($p,q;4$)－着色.

(1) 往证在着色 C 下，对于 S 的任意一个 p 元子集 A，$A^{(4)}$ 不是红色团. 分两种情况考虑.

(a) A 中至少有 $p-1$ 个元素属于 $S_1,S_2,\cdots,S_{p-1}$ 中的某一个集合. 不妨设

$$|A\cap S_i|\geqslant p-1\quad(1\leqslant i\leqslant p-1)$$

由于 C 对 $S^{(4)}$ 是($p-1,q;4$)－着色，故 $(A\cap S_i)^{(4)}$ 在 C 下不是红色团，从而 $A^{(4)}$ 在 C 下不是红色团.

(b) A 中元素属于 $S_1,S_2,\cdots,S_{p-1}$ 中任意一个集合的都不多于 $p-2$ 个. 由于 $|A|=p$，故 A 中至少有两个元素属于某 $S_i(1\leqslant i\leqslant p-1)$，且 A 中至少有两个元素不属于该集合 S_i，因此 $A^{(4)}$ 中必有一个四重组 u 形如 $\overline{S}_i\overline{S}_i\overline{S}_j\overline{S}_j$(对于某个不同于 i 的整数 j) 或形如 $\overline{S}_i\overline{S}_i\overline{S}_j\overline{S}_k$(对于某两个不同于 i 的整数 j,k)，由 C 的构造知：$C(v)=$蓝色，故 $A^{(4)}$ 在 C 下不是红色团.

(2) 往证在 C 下，对于 S 的任意一个 q 元子集 B，$B^{(4)}$ 不是蓝色团. 分三种情况考虑.

(a) B 是 $S_1,S_2,\cdots,S_{p-1}$ 中某集合的子集. 不妨设

$B \subseteq S_i(1 \leqslant i \leqslant p-1)$. 由于 C 对 S_i 是 $(p-1,q;4)-$着色,故 $B^{(4)}$ 在 C 下不是蓝色团.

(b)B 不是 $S_1,S_2,\cdots,S_{p-1}$ 中任意一个集合的子集,且 B 中至少有三个元素属于某集合 $S_i(1 \leqslant i \leqslant p-1)$. 对于某个不同于 i 的整数 j,B 必有形如 $\overline{S}_i\overline{S}_i\overline{S}_i\overline{S}_j$ 的四重组 v,由 C 的构造知:$C(v)=$红色,从而 $B^{(4)}$ 在 C 下不是蓝色团.

(c)B 中元素属于 $S_1,S_2,\cdots,S_{p-1}$ 中任意一个集合的元素不多于两个. 由于 $|B|=q \geqslant 7$,故 B 至少与 $S_1,S_2,\cdots,S_{p-1}$ 中的 4 个集合的交不为空. 不妨设 B 与 S_i,S_j,S_k,S_l 的交不空,则 $B^{(4)}$ 必含有形如 $\overline{S}_i\overline{S}_j\overline{S}_k\overline{S}_l$ 的四重组 d,再由 C 的构造知:$C(d)=$红色,故 $B^{(4)}$ 在 C 下不是蓝色团.

综上可知:C 是对 $S^{(4)}$ 的 $(p,q;4)-$着色. 再由引理 5 知

$$R(p,q;4) > |S| = (p-1)[R(p-1,q;4)-1]$$

从而有

$$R(p,q;4) \geqslant (p-1)[R(p-1,q;4)-1]+1$$

定理 5　设 p 和 q 为整数,且 $p \geqslant 5, q \geqslant 9$,则

$$R(p,q;4) \geqslant$$

$$[R(p-1,q;4)-1][R(p,\lceil \frac{q}{2} \rceil;4)-1]+1$$

证明　设

$$X=\{x_1,x_2,\cdots,x_m\}, Y_i=\{y_{i_1},y_{i_2},\cdots,y_{i_n}\}$$
$$(i=1,2,\cdots,m)$$

其中

$$m=R(p,\lceil \frac{q}{2} \rceil;4)-1$$

$$n=R(p-1,q;4)-1$$

设 $S=Y_1\cup Y_2\cup\cdots\cup Y_m$，则

$$|X|=R(p,\lceil \frac{q}{2}\rceil;4)-1$$

$$|Y_i|=R(p-1,q;4)-1$$

$$|S|=[R(p-1,q;4)-1][R(p,\lceil \frac{q}{2}\rceil;4)-1]$$

以下构造一个对 $S^{(4)}$ 的 $(p,q;4)$ — 着色来证明本定理.

由引理4知，存在对 $X^{(4)}$ 的 $(p,\lceil \frac{q}{2}\rceil;4)$ — 着色 C_x 和对 $Y_i^{(4)}$ 的 $(p-1,q;4)$ — 着色 $C_i(i=1,2,\cdots,m)$. 如下构造对 $S^{(4)}$ 的着色 C.

对于任意4个互不相同且不大于 m 的正整数 i,j,k,l，让 C 为：

若 $u\in Y_i^{(4)}$，则

$$C(u)=C_i(u)$$

$$C(\bar{Y}_i\bar{Y}_j\bar{Y}_k\bar{Y}_l)=C_x(\{x_i,x_j,x_k,x_l\})$$

$$C(\bar{Y}_i\bar{Y}_i\bar{Y}_i\bar{Y}_j)=\text{红色}$$

$$C(\bar{Y}_i\bar{Y}_i\bar{Y}_j\bar{Y}_j)=\text{蓝色}$$

$$C(\bar{Y}_i\bar{Y}_i\bar{Y}_j\bar{Y}_k)=\text{蓝色}$$

以下证明上面所构造的 C 是对 $S^{(4)}$ 的 $(p,q;4)$ — 着色.

(1) 设 A 是 S 的任意一个 p 元子集. 分三种情况考虑：

(a) 对于某 i，$|A\cap Y_i|\geqslant p-1$. 由于 C_i 是对 $Y_i^{(4)}$ 的 $(p-1,q;4)$ — 着色，故 $A\cap Y_i$ 在 C_i 下不是红色团，从而 $A\cap Y_i$ 在 C 下不是红色团，故 A 在 C 下不是红色团.

(b) 对于某 p 个整数 $i_1,i_2,\cdots,i_p$，$A\cap Y_{i_1}\neq\varnothing$，

$A\cap Y_{i_2}\neq\varnothing,\cdots,A\cap Y_{i_p}\neq\varnothing$. 由于 C_x 对 $X^{(4)}$ 是 $(p,\lceil\frac{q}{2}\rceil;4)$ — 着色，故 $\{x_{i_1},x_{i_2},\cdots,x_{i_p}\}$ 在 C_x 下不是红色团，从而 A 在 C 下不是红色团.

(c) 存在整数 i 和 A 中元素 $u_1,u_2,u_3,u_4,u_1\in Y_i$，$u_2\in Y_i,u_3\notin Y_i,u_4\notin Y_i$. 由 C 的构造知：$C(\{u_1,u_2,u_3,u_4\})=$ 蓝色，从而 A 在 C 下不是红色团.

综上(a) ~ (c) 知，A 在 C 下不是红色团.

(2) 设 B 是 S 的任一 q 元子集. 分三种情况考虑：

(a) 对于某 $i,B\subseteq Y_i$. 由于 C_i 对 $Y^{(4)}$ 是 $(p-1,q;4)$ — 着色，故 B 在 C_i 下不是蓝色团，从而 B 在 C 下不是蓝色团.

(b) 存在某 i，$|B\cap Y_i|\geqslant 3,B\not\subseteq Y_i$. 不妨设 $u_1,u_2,u_3\in B\cap Y_i,v\in B,v\notin Y_i$，则有 $C(\{u_1,u_2,u_3,v\})=$ 红色，故 B 在 C 下不是蓝色团.

(c) 存在 $\lceil\frac{q}{2}\rceil$ 个整数 $i_1,i_2,\cdots,i_{\lceil\frac{q}{2}\rceil}$，$B\cap Y_{i_1}\neq\varnothing,B\cap Y_{i_2}\neq\varnothing,\cdots,B\cap Y_{i_{\lceil\frac{q}{2}\rceil}}\neq\varnothing$. 由于 C_x 对 $X^{(4)}$ 是 $(p,\lceil\frac{q}{2}\rceil;4)$ — 着色，故 $\{x_{i_1},x_{i_2},\cdots,x_{i_{\lceil\frac{q}{2}\rceil}}\}$ 在 C_x 下不是蓝色团，从而 B 在 C 下不是蓝色团.

综上三点知，B 在 C 下不是蓝色团.

由上知，C 是对 S 的 $(p,q;4)$ — 着色，从而本定理成立.

利用定理 3,4,5，结合文献[6] 中的结果 $R(5,5;4)>18$ 和 $R(7,7;4)>4\ 096$，可立即得出表 3 所列出的 $R(p,q;4)$ 的新下界结果.

表 3　$R(p,q;4)$ 的新下界结果

p	q	$n(<R(p,q;4))$	
		本节	文献[6]
5	5		18
5	6	36	24
5	7	72	29
5	8	144	36
5	9	288	44
6	6	72	46
6	7	360	75
6	8	720	111
6	9	10 368	154
7	7		4 096
7	8	28 672	4 206
7	9	746 496	4 361
8	8	200 704	8 414
8	9	107 495 424	12 775

§3　三阶拉姆塞数的性质和下界*

湖南财经学院信息系的黄大明教授，华中理工大学计算机系的宋恩民教授 1996 年得出了三个关于三

* 黄大明，宋恩民，《应用数学》，1996 年，第 9 卷，第 1 期.

阶拉姆塞数性质的结论，由这三个结论直接导出了若干三阶拉姆塞数的下界结果.

设 S 为任意一个集合，称 S 的任意 3 个元素构成的子集为 S 的 3 重组；称由 S 的全部 3 重组构成的集合类为 S 的 3 重组类，记为 $S^{(3)}$；称从 $S^{(3)}$ 到 $\{1,2,\cdots,k\}$ 的映射为对 $S^{(3)}$ 的 k 着色（以下简称为着色）. 对于 $S^{(3)}$ 的任意一个元素 u，若 C 是对 $S^{(3)}$ 的着色，则称 $C(u)$ 为 u 在 C 下的颜色；对于 S 的任意一个子集 X，若 $X^{(3)}$ 的所有元素在着色 C 下的颜色都是 j，则称该集合 X 在 C 下是 3 阶 j 色团.

三阶拉姆塞数 $N(k_1,k_2,\cdots,k_m;3)$ 是满足如下条件的最小整数 n：对于 n 元素集合 S 的 3 重组类 $S^{(3)}$ 的任意一种着色 C，都必存在一个指标 $i(1\leqslant i\leqslant m)$，使得 S 有一个 k_i 元子集在 C 下是 3 阶 i 色团. 记 $N(k_1,k_2,\cdots,k_m;3)-1$ 为 $h^{(3)}(k_1,k_2,\cdots,k_m)$.

若对 $S^{(3)}$ 的着色 C 使得对所有的指标 $i(i=1,2,\cdots,m)$，S 的任何一个 k_i 元子集在 C 下都不是 i 色团，则称 C 为 S 的 3 阶 $(k_1,k_2,\cdots,k_m)$ 着色.

本节所用代表数的字母均表示正整数，有关术语和记号遵循文献[16,17]，且不考虑拉姆塞数中变量值小于 3 的平凡情况.

1. 三阶拉姆塞数的性质

根据定义，以下引理显然成立.

引理 7

$$h^{(3)}(k_1,k_2,\cdots,k_m)=h^{(3)}(k'_1,k'_2,\cdots,k'_m)$$

其中(3)$=k'_1,k'_2,\cdots,k'_m$ 是 $k_1,k_2,\cdots,k_m$ 的任意一个排列.

引理 8

$$h^{(3)}(k_1,k_2,\cdots,k_m,3)=h^{(3)}(k_1,k_2,\cdots,k_m)$$

引理 9　　$h^{(3)}(k)=k-1$

引理 10　$h^{(3)}(k_1,k_2,\cdots,k_m)\geqslant n$ 当且仅当存在 n 元集合的 3 阶 $(k_1,k_2,\cdots,k_m)$ 着色.

定理 6　若 $p_1,p_2,\cdots,p_m\geqslant 3$,则

$$\begin{aligned}&h^{(3)}(p_1+q_1,p_2+q_2,p_3,p_4,\cdots,p_m)\geqslant\\&h^{(3)}(p_1,p_2+q_2,p_3,p_4,\cdots,p_m)+\\&h^{(3)}(p_1+q_1,p_2,p_3,\cdots,p_m)+\\&h^{(3)}(p_1,p_2,\cdots,p_m)\cdot\\&[h^{(3)}(q_1+2,q_2+2,p_3,p_4,\cdots,p_m)-2]\end{aligned}$$

证明　令

$$t_0=h^{(3)}(q_1+2,q_2+2,p_3,p_4,\cdots,p_m)$$

$$t_1=h^{(3)}(p_1,p_2+q_2,p_3,p_4,\cdots,p_m)$$

$$t_2=h^{(3)}(p_1+q_1,p_2,p_3,\cdots,p_m)$$

$$t_3=h^{(3)}(p_1,p_2,p_3,p_4,\cdots,p_m)$$

考虑 t_0 个互不相交的集合 $S_1,S_2,\cdots,S_{t_0}$,其中 $|S_1|=t_1$,$|S_{t_0}|=t_2$,$|S_i|=t_3(i=2,3,\cdots,t_0-1)$. 由引理 10 知,对集合 S_1 存在 3 阶 $(p_1,p_2+q_2,p_3,p_4,\cdots,p_m)$ 着色 C_1,对集合 S_{t_0} 存在 3 阶 $(p_1+q_1,p_2,p_3,\cdots,p_m)$ 着色 C_{t_0},对集合 $S_2,S_3,\cdots,S_{t_0-1}$ 分别存在 3 阶 $(p_1,p_2,\cdots,p_m)$ 着色 $C_2,C_3,\cdots,C_{t_0-1}$,对集合类 $\{S_1,S_2,\cdots,S_{t_0}\}$ 存在 3 阶 $(q_1+2,q_2+2,p_3,p_4,\cdots,p_m)$ 着色 C_0. 令 $S=S_1\cup S_2\cup\cdots\cup S_{t_0}$,则 $|S|=t_1+t_2+t_3(t_0-2)$.

如下构造对 $S^{(3)}$ 的着色 C

$$C(\{a,b,c\})=\begin{cases}C_i(\{a,b,c\}),\text{若}\{a,b,c\}\subsetneqq S_i\\ 1,\text{若 }a,b,c\text{ 三个元素中有两个属于 }S_i,\\ \quad\text{一个属于 }S_j,\text{且 }i<j\\ 2,\text{若 }a,b,c\text{ 三个元素中有两个属于 }S_i,\\ \quad\text{一个属于 }S_j,\text{且 }i>j\\ C_0(\{S_i,S_j,S_k\}),\text{若 }a,b,c\text{ 三个元素}\\ \qquad\qquad\text{分别属于三个集合 }S_i,S_j,S_k\end{cases}$$

以下分三步证明 C 是 S 的 3 阶$(p_1+q_1,p_2+q_2,p_3,p_4,\cdots,p_m)$着色.

(1) 往证 S 的任意一个 p_1+q_1 元子集 X 在 C 下都不是 1 色团. 分 4 种情况考虑 X 与 $S_1,S_2,\cdots,S_{t_0}$ 的关系.

(a) X 分别与 q_1+2 个集合的交非空. 不妨设 X 与 $S_1,S_2,\cdots,S_{q_1+2}$ 的交非空. 由于 C_0 是对 $\{S_1,S_2,\cdots,S_{t_0}\}$ 的 3 阶$(q_1+2,q_2+2,p_3,p_4,\cdots,p_m)$着色,故$\{S_1,S_2,S_{q_1+2}\}$ 在 C_0 下不是 3 阶 1 色团,从而 X 在 C 下不是 3 阶 1 色团.

(b) X 分别含两个子集中的各两个元素. 不妨设 $a,b,c,d\in X,a,b\in S_i,c,d\in S_j,i<j$. 由 C 的构造知,$C(\{a,c,d\})=2$. 故 X 在 C 下不是 3 阶 1 色团.

(c) $|X\cap S_{t_0}|\geqslant 2$. 若 $X\leqslant S_{t_0}$,则 X 在 C_{t_0} 下不是 1 色团,从而 X 在 C 下不是 1 色团;若 $X\not\subseteq S_{t_0}$,不妨设 $a,b,c\in X,a,b\in S_{t_0},C\in S_i(i<t_0)$,则 $C(\{a,b,c\})=2$,从而 X 在 C 下不是 1 色团.

(d) 对于某 i,$|X\cap S_i|\geqslant p_1$. 若 $i=t_0$,则同情况(c);若 $i\neq t_0$,则 $X\cap S_i$ 在 C_i 下不是 1 色团,从而 $X\cap S_i$ 在 C 下不是 1 色团,故 X 在 C 下不是 1 色团.

综上所证，知 X 在 C 下不是 1 色团.

(2) 往证 S 的任意一个 p_2+q_2 元子集 Y 在 C 下都不是 2 色团. 证明过程类似于(1).

(3) 往证 S 的任意一个 p_i 元子集 Q 在 C 下都不是 j 色团，其中 $j=3,4,\cdots,m$. 分三种情况考虑.

(a) 对于某 i，$Q\subsetneqq S_i$. 因为 Q 在 C_i 下不是 j 色团，所以 Q 在 C 下不是 j 色团.

(b) 对于某 i，$|Q\cap S_i|\geqslant 2$，$Q\not\subseteq S_i$. 不妨设 $a,b,c\in Q$，$a,b\in S_i$，$C\in S_k(i\neq k)$，则有 $C(\{a,b,c\})<3\leqslant j$，故 Q 在 C 下不是 j 色团.

(c)Q 分别与 p_j 个集合的交非空. 不妨设 X 与 S_1，$S_2,\cdots,S_{p_j}$ 的交非空. 由于 $\{S_1,S_2,\cdots,S_{p_j}\}$ 在 C_0 下不是 j 色团，故 Q 在 C 下不是 j 色团. 综上所证知 Q 在 C 下不是 j 色团.

推论 1

$$h^{(3)}(p+1,q+1)\geqslant h^{(3)}(p,q+1)+h^{(3)}(p+1,q)$$

推论 2

$$\begin{aligned}&h^{(3)}(p+1,q+1,r_1,r_2,\cdots,r_m)\geqslant\\&h^{(3)}(p,q+1,r_1,r_2,\cdots,r_m)+\\&h^{(3)}(p+1,q,r_1,r_2,\cdots,r_m)+\\&h^{(3)}(p,q,r_1,r_2,\cdots,r_m)\cdot\\&(h^{(3)}(r_1,r_2,\cdots,r_m)-2)\end{aligned}$$

2. 三阶拉姆塞数的下界

文献[16] 给出了拉姆塞数 $N(5,4;3)$ 的下界值，即 $N(5,4;3)\geqslant 24$，并介绍了结论 $N(4,4;3)\geqslant 13$ 和 $N(5,5;3)\geqslant 47$. 据此，由定理 6 和推论 1，2，可得出以下结论.

结论 1　$N(4,6;3)\geqslant 29$.

证明

$$N(4,6;3)\geqslant [N(3,6;3)-1]+[N(4,5;3)-1]+1\geqslant 5+23+1=29$$

结论 2 $N(5,6;3)\geqslant 77.$

证明 与结论 1 类似.

结论 3 $N(6,6;3)\geqslant 177.$

证明

$$h^{(3)}(6,6)\geqslant h^{(3)}(4,6)+h^{(3)}(6,4)+h^{(3)}(4,4)[h^{(3)}(4,4)-2]\geqslant 28+28+12\cdot(12-2)=176$$

故

$$N(6,6;3)=h^{(3)}(6,6)+1\geqslant 177$$

结论 4 $N(4,4,4;3)\geqslant 28.$

证明

$$h^{(3)}(4,4,4)\geqslant h^{(3)}(3,4,4)+h^{(3)}(4,3,4)+h^{(3)}(3,3,4)\cdot[h^{(3)}(3,3,4)-2]=h^{(3)}(4,4)+h^{(3)}(4,4)+3\cdot(3-2)\geqslant 12+12+3=27$$

故

$$N(4,4,4;3)=h^{(3)}(4,4,4)+1\geqslant 28$$

结论 5 $N(4,4,4,4;3)\geqslant 175.$

证明

$$h^{(3)}(4,4,4,4)\geqslant h^{(3)}(3,4,4,4)+h^{(3)}(4,3,4,4)+h^{(3)}(3,3,4,4)\cdot[h^{(3)}(3,3,4,4)-2]=$$

$$h^{(3)}(4,4,4)+h^{(3)}(4,4,4)+$$
$$h^{(3)}(4,4)\cdot[h^{(3)}(4,4)-2]\geqslant$$
$$27+27+12\cdot(12-2)=174$$

故

$$N(4,4,4,4;3)\geqslant 175$$

§4　关于拉姆塞数下界的部分结果*

武汉理工大学理学院的刘富贵教授 2002 年以为得到了拉姆塞数下界的一个计算公式

$$R(l,s+t-2)\geqslant R(l,s)+R(l,t)-1$$

式中 $l,s,t\geqslant 3$,并认为用此公式算得的拉姆塞数的下界比用其他公式算得的下界好.

确定拉姆塞数,目前还是一个尚未解决的问题,在已有的公式中,确定拉姆塞数 $R(l,t)$ 的上界的计算公式比较好,但确定其下界的计算公式都不理想,算得的结果与真正的拉姆塞数的差距比较大,因此,寻求一个与真正拉姆塞数差距不大的下界的计算公式就显得十分重要了.

目前,确定拉姆塞数下界已有的公式是

$$R(2^n+1,2^n+1)\geqslant 5^n+1$$

$$R(l,t)\geqslant 2^{\frac{m}{2}}\quad (m=\min\{l,t\})$$

$$R(l,t)>\exp\left\{\frac{(l-1)(t-1)}{2(l+t)}\right\}$$

$$R(l,s+t-1)\geqslant R(l,s)+R(l,t)-1$$

* 刘富贵,《数学的实践与认识》,2002 年,第 32 卷,第 1 期.

$$(l \geqslant 3, s, t \geqslant 2)$$

受李为政教授的启发，刘富贵教授提出如下拉姆塞数的下界公式

$$R(l, s+t-2) \geqslant R(l, s) + R(l, t) - 1$$
$$(l, s, t \geqslant 3)$$

本节所讨论的图都是简单无向图，记为 $G = (V(G), E(G))$，其中 $V(G)$ 表示 G 的顶点集，$E(G)$ 表示 G 的边集，S_G 表示 G 的最大独立点集，P_G 表示 G 的最大点团.

设 H 和 Q 是简单图，令

$$G = H \cup Q$$
$$V(G) = V(H) \cup V(Q)$$
$$E(G) = E(H) \cup E(Q)$$

称 G 为 H 与 Q 的和图. 若 S_H 与 S_Q 唯一，下面对 G 的顶点集 $V(H)$ 与 $V(Q)$ 之间分三步按如下规定进行连线：

(1) 对任意的 $u \in S_H$，对任意的 $v \in S_Q$，将 u 与 v 连线，显然任两边连线与任一条边 $e \in E(G)$ 不能构成三角形；

(2) 将 S_H 与 $V(Q) - S_Q$ 顶点间按不构成三角形进行连线；

(3) 将 $V(H) - S_H$ 与 $V(Q)$ 顶点间按不构成三角形进行连线.

令上述三步中所有这些连线的集合为 M，并令 $G' = (V(G'), E(G'))$，式中 $V(G') = V(G)$，$E(G') = E(G) \cup M$，则称 G' 为 $G = H \cup Q$ 的连接图.

设 G 是简单图，令 $G_0 = (V(G_0), E(G_0))$，式中

$$V(G_0) = V(G), E(G_0) = E(G) \cup F$$

$$F=\{(u,v)\mid u,v\in V(G) \text{ 且 } u \text{ 与 } v \text{ 不相邻}\}$$

则称 G_0 为 G 的加边图.

其他符号和术语见[12]及其他图论专著.

引理 11　设 H,Q 为简单图,$G=H\cup Q$,则

$$|S_G|=|S_H|+|S_Q|,|P_G|=\max\{|P_H|,|P_Q|\}$$

引理 12　设 G 为简单图,G_0 为 G 的加边图,若任两边 $e_1,e_2\in F$(或 $e_1,e_2\in E(G)$)和任意边 $e\in E(G)$(或 $e\in F$)不构成三角形,则 $|P_{G_0}|=|P_G|$.

引理 13　设 H,Q 是简单图,S_H 与 S_Q 均唯一且 $|S_H|=s$,$|S_Q|=t$,令 $G=H\cup Q$,G' 是 G 的连接图,则有

$$|S_{G'}|<s+t$$

证明　由引理 11 有

$$|S_G|=|S_H|+|S_Q|=s+t$$

下证 $|S_{G'}|<|S_G|=s+t$,采用反证法.

(1) 若 $|S_{G'}|>|S_G|$,不失一般性,设 $S_G\subsetneqq S_{G'}$,因此至少存在一顶点 $v\in S_{G'}$,但 $v\notin S_G$. 因为 S_G 是 G 的最大独立点集,所以至少存在一顶点 $a\in S_G$,使 a 与 v 相邻. 由于 $S_G\subsetneqq S_{G'}$,所以推得 $a\in S_{G'}$,进而推得 a 与 v 在 $S_{G'}$ 中相邻,这与 $S_{G'}$ 的定义相矛盾,故 $|S_{G'}|>|S_G|=s+t$ 是不可能的.

(2) 若 $|S_{G'}|=|S_G|=s+t$,由引理 11 及 S_H 与 S_Q 的唯一性知,在 G 中只有唯一的顶点集 S_H 与 S_Q 使 $|S_G|=|S_H|+|S_Q|=s+t$ 成立,但在 G' 中,由于 G' 是 G 的连接图,由连线规定知,S_H 与 S_Q 的顶点间是两两相邻的,因此 $|S_{G'}|=|S_G|=s+t$ 也是不可能的.

综合(1) 和(2),故 $|S_{G'}|<|S_G|=s+t$,引理证毕.

目前已知的拉姆塞数 $R(l,t)$ 见表 4.

表 4　已知的拉姆塞数 $R(l,t)$

l \ t	3	4	5	6	7	8	9
3	3①	9	14	18	23	27 30	36 37
4		18	28	44	66		
5			55	94	156		
6				178	322		
7					626		

本节得到如下结论：

定理 7　设 $l,s,t \geqslant 3$，且 l,s,t 为整数，有

$$R(l,s+t-2) \geqslant R(l,s)+R(l,t)-1$$

证明　设 H 为具有 $R(l,t)-1$ 个顶点的简单图，且 S_H 唯一. 由拉姆塞数的定义知 H 中不含 $l-$点团，也不含 $s-$独立点集. 同样设 Q 为具有 $R(l,t)-1$ 个顶点的简单图，且 S_Q 唯一，则 Q 不含 $l-$点团，也不含 $t-$独立点集. 令 $G=H\cup Q$，G' 是 G 的连接图，下面证明 G' 既不含 $l-$点团，也不含 $(s+t-2)-$独立点集.

(1) 先证 G' 不含 $l-$点团. 由连接图的定义知，对任意三边 e_1,e_2,e（其中 $e_1,e_2\in M$，$e\in E(G)$ 或 $e_1,e_2\in E(G)$，$e\in M$）必不构成三角形，于是由引理 12 知 $|P_{G'}|=|P_G|$. 又 $G=H\cup Q$，且 H,Q 都不含 $l-$点团，由引理 11 知 G 也不含 $l-$点团，进而由连接图的定义知 G' 也不含 $l-$点团.

(2) 其次证明 G' 不含 $(s+t-2)-$独立点集.

① 此处错误，正确应为 $R(3,3)=6$.

对于G'，由引理13，有$|S_{G'}|<|S_H|+|S_Q|$，又由所作的图H,Q，有$|S_H|<s$，$|S_Q|<t$，所以有$|S_{G'}|<s+t-2$，因此证明了G'既不含l－点团，也不含$(s+t-2)$－独立点集. 因为

$$|V(G')|=|V(G)|=R(l,s)+R(l,t)-2$$

所以

$$R(l,s+t-2)\geqslant R(l,s)+R(l,t)-1$$

定理证毕.

作为例子，下面不妨用本节的公式计算拉姆塞数的下界与用其他公式计算拉姆塞数的下界做一些比较.

例如，求$R(5,5)$的下界，已知$R(5,5)=55$. 用本节公式计算得到$R(5,5)$的下界是

$$R(5,5)\geqslant R(5,4)+R(5,3)-1=\\28+14-1=41$$

而用其他公式算得的$R(5,5)$的下界分别是：用公式

$$R(l,s+t-1)\geqslant R(l,s)+R(l,t)-1\\(l\geqslant 3,s,t\geqslant 2)$$

得

$$R(5,5)\geqslant R(5,4)+R(5,2)-1=28+5-1=32$$

用公式$R(2^n+1,2^n+1)\geqslant 5^n+1$得

$$R(5,5)=R(2^2+1,2^2+1)\geqslant 5^2+1=26$$

用公式$R(l,t)\geqslant 2^{\frac{m}{2}}(m=\min\{l,t\})$得

$$R(5,5)\geqslant 2^{\frac{5}{2}}\approx 5.7$$

用公式$R(l,t)>\exp\left\{\frac{(l-1)(t-1)}{2(l+t)}\right\}$得

$$R(5,5)>\mathrm{e}^{\frac{4}{5}}\approx 2.2$$

再如求$R(5,6)$的下界，已知$R(5,6)=94$. 用本节

的公式计算得到 $R(5,6)$ 的下界是

$$R(5,6) \geqslant R(5,5) + R(5,3) - 1 = 55 + 14 - 1 = 68$$

而用其他公式算得的 $R(5,6)$ 的下界分别是：用公式 $R(l,s+t-1) \geqslant R(l,s) + R(l,t) - 1$ 得

$$R(5,6) \geqslant R(5,5) + R(5,2) - 1 = 55 + 5 - 1 = 59$$

用公式 $R(l,t) \geqslant 2^{\frac{m}{2}}$ 得

$$R(5,6) \geqslant 2^{\frac{5}{2}} \approx 5.7$$

用公式 $R(l,t) > \exp\left\{\frac{(l-1)(t-1)}{2(l+t)}\right\}$ 得

$$R(5,6) > e^{\frac{10}{11}} \approx 2.5$$

由上可见，用本节的公式算得的拉姆塞数 $R(l,t)$ 的下界比用其他公式算得的下界好.

§5 关于《关于拉姆塞数下界的部分结果》的注*

兰州铁道学院应用数学研究所的张忠辅教授 2002 年 7 月发现了刘教授所发文章中的错误，并用反例说明了公式 $R(l,s+t-2) \geqslant R(l,t) + R(l,s) - 1 (l,s,t \geqslant 3)$ 是错的.

刘教授断定对于 $l,s,t \geqslant 3$ 的正整数，有

$$R(l,s+t-2) \geqslant R(l,s) + R(l,t) - 1$$

此结论是错的. 如 $R(3,3)=6$，$R(3,4)=9$. 而按上述结论

$$9 = R(3,4) = R(3,3+3-2) \geqslant R(3,3) + R(3,3) - 1 = 11$$

* 张忠辅，《数学的实践与认识》，2002 年，第 32 卷，第 4 期.

矛盾！

所给结论错的根本原因在于证明中对拉姆塞数的理解上.

是否对 $l,s,t\geqslant 3,s+t\geqslant 7$ 如上结论为真呢？值得探讨.

§6　关于拉姆塞数下界的一个注记*

拉姆塞理论是组合论中的一个重要内容，但确定拉姆塞数 $R(k,t)$ 是非常困难的. 浙江师范大学的卜月华教授 2003 年给出了拉姆塞数 $R(k_1,k_2,\cdots,k_m)$ 的一个下界公式.

拉姆塞数是组合数学的基本内容之一，也是图论中的一个重要内容，但在一般情况下，确定拉姆塞数 $R(k,t)$ 是非常困难的. 到目前为止，已知的非平凡的拉姆塞数 $R(k,t)(k\geqslant 3,t\geqslant 3)$ 只有 9 个，见表 5. 因此，对 $R(k,t)$ 的上、下界的估计就尤为重要.

爱尔迪希和塞克尔斯(1935 年) 以及格林伍德和格利森(Gleason)(1955 年) 提出了计算 $R(k,t)$ 的上界公式[12]

$$R(k,t)\leqslant R(k-1,t)+R(k,t-1)\quad (k,t\geqslant 2)\tag{1}$$

爱尔迪希和斯潘塞(1974 年) 用概率的方法给出

$$R(k,t)\geqslant 2^{\frac{m}{2}}\quad (m=\min\{k,t\})\tag{2}$$

---

* 卜日华，《浙江师范大学学报(自然科学版)》，2003 年，第 26 卷，第 3 期.

李为政教授给出了 $R(k,t)$ 的一个下界公式

$$R(k,s+t-1)\geqslant R(k,s)+R(k,t)-1\quad(k\geqslant 3,s,t\geqslant 2)\tag{3}$$

在此基础上，刘富贵教授给出了 $R(k,t)$ 的改进公式

$$R(k,s+t-2)\geqslant R(k,s)+R(k,t)-1\quad(k,s,t\geqslant 3)\tag{4}$$

但式(4)的证明及公式本身都是错误的. 众所周知

$$R(3,3)=6,R(3,4)=9,R(3,5)=14,R(3,6)=18$$

在式(4)中取 $k=3,s=3,t=5$ 时

$$R(k,s+t-2)=R(3,6)=18$$

但

$$R(k,s)+R(k,t)-1=R(3,3)+R(3,5)-1=19$$

再如，若取 $k=4,s=3,t=4$，则

$$R(k,s+t-2)=R(4,5)=25$$

而 $R(k,s)+R(k,t)-1=26$，所以式(4)是错误的. 同时也说明了张忠辅教授所指出的"式(4)对 $s+t\geqslant 7$ 时的结论可能成立"值得商榷. §4 中的另一错误(§1 也有同样的错误)，为所给出的已知拉姆塞数 $R(k,t)$ 的表格，见表 4.

事实上，到目前为止，已知的拉姆塞数 $R(k,t)$ 及一些界可见表 5[18].

表 5　已知的拉姆塞数 $R(k,t)$ 及一些界

k \ t	3	4	5	6	7	8	9	10
3	6	9	14	18	23	28	36	40 43

续表5

k \ t	3	4	5	6	7	8	9	10
4		18	25	35 41	49 61	55 84	69 115	80 149
5			43 49	58 87	80 143	95 216	116 316	141 442
6				102 165	109 298	122 495	153 780	167 1 171
7					205 540	1 031	1 713	2 826

关于拉姆塞数可做如下推广：对于正整数 k_1，k_2，…，k_m，拉姆塞数 $R(k_1,k_2,\cdots,k_m)$ 是满足如下性质的最小的整数 n，使得 K_n 的每个 m 边着色$(E_1,E_2,\cdots,E_m)$，都存在某个 i，它有一个所有边都着 i 色的 k_i 个顶点的完全子图，对于推广的拉姆塞数 $R(k_1,k_2,\cdots,k_m)$，也有类似的下界.

定理8　设 $k_1,k_2,\cdots,k_{m-1}$ 是至少为3的整数，$k_m^1\geqslant 2,k_m^2\geqslant 2$，则

$$R(k_1,k_2,\cdots,k_{m-1},k_m^1+k_m^2-1)\geqslant$$
$$R(k_1,k_2,\cdots,k_{m-1},k_m^1)+R(k_1,k_2,\cdots,k_{m-1},k_m^2)-1$$

证明　令

$$n_1=R(k_1,k_2,\cdots,k_{m-1},k_m^1)-1$$
$$n_2=R(k_1,k_2,\cdots,k_{m-1},k_m^2)-1$$

根据推广拉姆塞数的定义，存在 K_{n_1} 的一个 m 边着色$(E_1^1,E_2^1,\cdots,E_m^1)$ 和 K_{n_2} 的一个 m 边着色$(E_1^2,E_2^2,\cdots,$

E_m^2),使对每一个 $1 \leqslant i \leqslant m-1$,$K_{n_1}[E_i^1]$ 与 $K_{n_2}[E_i^2]$ 不含 K_{k_i},$K_{n_1}[E_m^1]$ 不含 $K_{k_m^1}$ 及 $K_{n_2}[E_m^2]$ 不含 $K_{k_m^2}$.

设 $K_{n_i}[E_m^i]$ 的最大团为 K_{s_i},则 $s_i \leqslant k_m^i - 1$,$i=1$,2.现给出完全图

$$K_n = K_{n_1+n_2} = K_{n_1} \vee K_{n_2} =$$

$$(V(K_{n_1}) \cup V(K_{n_2}), E(K_{n_1}) \cup E(K_{n_2}) \cup E_m^3)$$

其中 $E_m^3 = \{uv \mid u \in V(K_{n_1}), v \in V(K_{n_2})\}$ 的一个 m 边着色为

$$(E_1^1 \cup E_1^2, E_2^1 \cup E_2^2, \cdots,$$

$$E_{m-1}^1 \cup E_{m-1}^2, E_m^1 \cup E_m^2 \cup E_m^3)$$

则对每一个 $1 \leqslant i \leqslant m-1$,$K_n[E_i^1 \cup E_i^2]$ 不含 K_{k_i} 及 $K_n[E_m^1 \cup E_m^2 \cup E_m^3]$ 的最大团的阶只能是 $s_1 + s_2 \leqslant k_m^1 + k_m^2 - 2$,即 $K_n[E_m^1 \cup E_m^2 \cup E_m^3]$ 中不含阶为 $k_m^1 + k_m^2 - 1$ 的团.因此

$$R(k_1, k_2, \cdots, k_{m-1}, k_m^1 + k_m^2 - 1) \geqslant$$

$$R(k_1, \cdots, k_{m-1}, k_m^1) + R(k_1, \cdots, k_{m-1}, k_m^2) - 1$$

证毕.

特别的,当 $m=2$ 时,即为式(3).

§7 用拼图法研究拉姆塞数下界的一些注记*

华南师范大学数学系的吴康,广西大学梧州分校的苏文龙,广西科学院的罗海鹏三位教授 2005 年指出

* 吴康,苏文龙,罗海鹏,《数学研究与评论》,2005 年,第 25 卷,第 3 期.

论文《关于拉姆塞数下界的部分结果》中的一些错误，评注用拼图法研究拉姆塞数下界的一些困难问题，并提出两个猜想.

1. 由一个错误的“定理”引发的一些思考

论文《关于拉姆塞数下界的部分结果》给出：

定理 9　设 $l,s,t \geqslant 3$ 且 l,s,t 为整数，有

$$R(l,s+t-2) \geqslant R(l,s)+R(l,t)-1$$

把已知的 $R(3,3)=6$ 代入定理 9 的不等式就得到错误的结果

$$\begin{aligned}&R(3,4)=R(3,3+3-2) \geqslant \\ &R(3,3)+R(3,3)-1= \\ &11>9=R(3,4)\end{aligned}$$

在该定理的证明中写道：“设 H 为具有 $R(l,s)-1$ 个顶点的简单图，且 S_H 唯一. 由拉姆塞数的定义知 H 中不含 l — 点团，也不含 s — 独立点集. 同样设 Q 为具有 $R(l,t)-1$ 个顶点的简单图，且 S_Q 唯一，则 Q 不含 l — 点团，也不含 t — 独立点集(其中 S_H 与 S_Q 分别表示图 H 与 Q 的最大独立点集).”

首先指出，论文中误解了拉姆塞数的定义，认为“设 H 为具有 $R(l,s)-1$ 个顶点的简单图，且 S_H 唯一”就可由拉姆塞数的定义知“H 中不含 l — 点团，也不含 s — 独立点集”. 举反例说明其错误：设 $l,s \geqslant 3$，$n=R(l,s)-1$，令 $H=Kn-e$，则 H 为具有 $R(l,s)-1$ 个顶点的简单图，且 S_H 唯一；但易知 H 含 $n-1>l$ — 点团与唯一的 2 — 独立点集. 另一个反例是：设 H 为星图 $K_{1,n-1}$，则 H 为具有 $R(l,s)-1$ 个顶点的简单图，且 S_H 唯一；但显然 H 中含 2 — 点团与唯一的 $n-1>l$ — 独立点集. 因此正确的理解是：由“具有 $R(l,s)-1$ 个顶

点并且 S_H 唯一”不能得到“图 H 不含 l－点团，也不含 s－独立点集”的结论.

由于论文中对基本概念的理解有错误，不难看出，用“具有 $R(l,s)-1$ 个顶点且 S_H 唯一”的图 H 与“具有 $R(l,t)-1$ 个顶点且 S_Q 唯一”的图 Q 按照论文中的构图方法连边，得到的拼凑图就有可能含 l－点团或者含 $(s+t-2)$－独立点集，不能得到“定理 9”的结论. 因此可以断言“定理 9”是错误的.

上述错误引发了一些思考，为了叙述方便，把具有 $R(l,s)-1$ 个顶点并且既不含 l－点团，也不含 s－独立点集的图称为 $R(l,s)$ 拉姆塞图. 如果论文中不是对拉姆塞数定义的理解有错误，把“定理 9”的“证明”补充完善，理解为“设图 H 与图 Q 分别是 $R(l,s)$ 拉姆塞图与 $R(l,t)$ 拉姆塞图，并且 S_H 与 S_Q 唯一”，那么按论文的构图方法能够得到“定理 9”的结论吗？

回答是否定的，必须考虑这个假设条件是否存在. 考察一些简单的拉姆塞图. 熟知 $R(3,3)=6$，$R(3,4)=9$. 如图 17 是 $R(3,3)$ 拉姆塞图；图 18 与图 19 都是 $R(3,4)$ 拉姆塞图. 图 17 的最大独立点集有 5 个：$\{0,2\}\{1,3\}\{2,4\}\{0,3\}$，$\{1,4\}$，最大独立点集不唯一. 图 18 的最大独立点集有 8 个：$\{0,2,5\}$，$\{0,3,5\}$，$\{0,3,6\}$，$\{1,3,6\}$，$\{1,4,6\}$，$\{1,4,7\}$，$\{2,4,7\}$，$\{2,5,7\}$，最大独立点集不唯一. 图 19 比图 18 多 4 个最大独立点集：$\{0,2,6\}$，$\{1,3,7\}$，$\{2,4,6\}$，$\{3,5,7\}$，最大独立点集不唯一.

当前学术界关于拉姆塞数下界的研究表明，目前已知的 $R(l,s)$ 拉姆塞图都不满足“最大独立点集唯一”的假设条件. 因此可以断言：即使对假设条件做出某些补充，

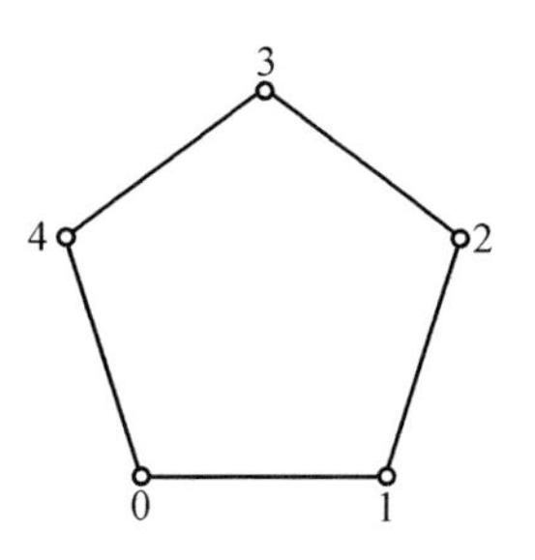

图 17

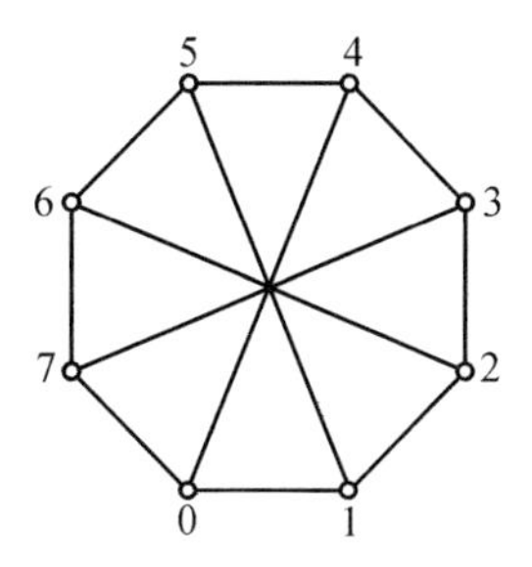

图 18

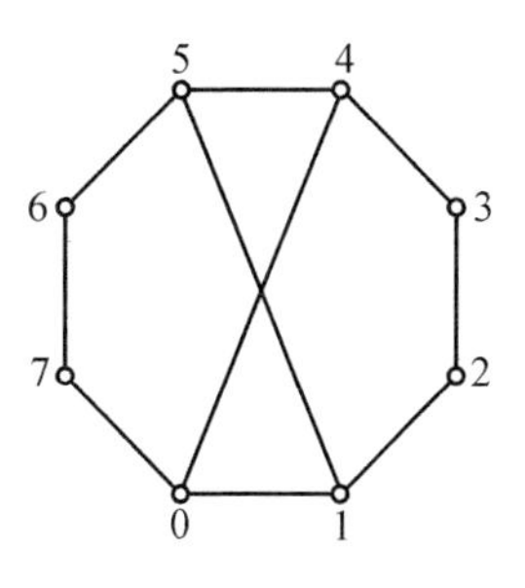

图 19

也不能得到“定理 9”所说的普遍成立的下界公式. 由此看来,如果不是在构图的方法和技巧上有很大的创新,那么按照论文中的构图方法是很难有所作为的.

2. 由论文中的其他失误得到的启示

格林伍德与格利森[19] 于 1955 年用构造性方法作循环图得到拉姆塞数的下界 $R(3,3)\geqslant 6$，$R(3,4)\geqslant 9$，$R(3,5)\geqslant 14$，$R(4,4)\geqslant 18$，$R(3,3,3)\geqslant 17$，再用存在性方法证明 $R(3,3)\leqslant 6$，$R(3,4)\leqslant 9$，$R(3,5)\leqslant 14$，$R(4,4)\leqslant 18$，$R(3,3,3)\leqslant 17$，从而在历史上首先计算得出 5 个拉姆塞数的准确值 $R(3,3)=6$，$R(3,4)=9$，$R(3,5)=14$，$R(4,4)=18$，$R(3,3,3)=17$. 近年来，随着计算机技术的迅猛发展，拉姆塞数的研究有许多新的进展. 美国学者拉德齐佐夫斯基于 1993 年在 *Rochester Institute of Technology* 首次发表综述论文 “Small Ramsey Numbers”，以后在 *The Electronic Journal of Combinatorics* 上每年发表一个更新版本，定期报道各国学者在拉姆塞数定界方面的全部最新成果，并且收载大量参考文献，成为当今学术界研究拉姆塞数的重要参照依据. 兹摘抄动态综述论文[18]的关于二色的拉姆塞数 $R(k,l)$ 的部分结果如表 6.

表 6　二色拉姆塞数 $R(k,l)$ 的部分结果

k \ l	3	4	5	6	7	8	9
3	6	9	14	18	23	28	36
4		18	25	35 41	49 61	56 84	69 115
5			43 49	58 87	80 143	101 216	121 316
6				102 165	111 298	127 495	169 780
7					205 540	216 1 031	232 1 713

注意到，严谨的学者 B. D. McKay 与拉德齐佐夫斯基在文献[20]中得到上界 $R(5,5)\leqslant 49$，但本节开头所提论文中不了解当前的学术动态，引用了 $R(5,5)=55$，以及其他一些错误结果 $R(3,3)=3$，$R(5,6)=94$，$R(6,6)=178$ 等，并且不知道求拉姆塞数有多么困难.

“爱尔迪希多次用下面这个比喻来说明求拉姆塞数的困难程度. 设想一群外星人侵入地球，并威胁说如果地球上的人类不能在一年内求出 $R(5,5)$ 的值，他们就要消灭人类. 此时我们最好的策略也许是动员地球上所有计算机和计算机科学家来解决这个困难的问题，以使人类免遭灭顶之灾. 然而，如果外星人要求我们求出 $R(6,6)$，那么除了对这批入侵者发动先发制人的打击，别无其他选择”(转引自[21]，p. 234 或[22]，p. 17). 爱尔迪希还说：“需要过上百万年，我们才会得到一些认识，甚至那时也不能达到完全的认识，因为我们面对的是无限”(转引自[22]，p. 147). 美国数学会前任主席 R. L. Graham 猜想人类至少 100 年内发现不了 $R(5,5)$ 的准确值(转引自[22]，p. 146).

这就提供一个启示：引用他人的文献必须谨慎. 此外，前述论文中“求 $R(5,5)$ 的下界，已知 $R(5,5)=55$”等由准确值求下界是毫无意义的.

3. 一般的二色拉姆塞数 $R(k,q)$ 的非平凡下界公式是否存在？

构造性方法是研究拉姆塞数下界的一个重要方法，迄今已知的最好的拉姆塞数的下界都是用构造性方法作出的. 为了避免前述论文与文献[19]所说的构造性方法混淆，我们把前述论文中的方法称为拼图法.

1987 年,R. Mathon 用拼图法证明了多色拉姆塞数 $Rn(q)$ 的一个下界公式,A. Robertson 也得到一些多色拉姆塞数的下界公式. 但除了 1993 年F. R. K. Chung 等人得到关于 $R(3,q)$ 这种特殊类型的下界公式 $R(3,4t+1)\geqslant 6R(3,t+1)-5$,被文献[18]收录的一般的二色拉姆塞数,$R(k,q)$ 只有一个平凡的下界公式

$$R(k,p+q-1)\geqslant R(k,p)+R(k,q)-1 \quad (1)$$

论文[18] 说它是"Easy",因为这确实很容易:只需用到非常简单的拼图法而没有任何技巧. 把 $R(k,p)$ 拉姆塞图与 $R(k,q)$ 拉姆塞图简单地拼凑到一起,不必再添加任何连边,就得到一个新的图 G,易知图 G 中既没有 $k-$ 点团,也没有$(p+q-1)-$独立点集,这就推导得平凡的下界公式(1). 由熟知的 $R(k,l)=R(l,k)$ 即得

$$R(p+q-1,k)\geqslant R(p,k)+R(q,k)-1 \quad (2)$$

把 p,q,k 分别换成 $k-t,t+1,l$ 即得

$$R(k,l)\geqslant R(k-t,l)+R(t+1,l)-1 \quad (3)$$

公式(1)(2)(3) 是等价的. 应用公式(1) 并由 $R(4,12)\geqslant 128$[23] 等已知结果可以推出 $R(4,13)\geqslant 133$,$R(4,14)\geqslant 141$,$R(4,15)\geqslant 153$;应用公式(1) 并由 $R(6,6)\geqslant 102$[24] 可以推出 $R(6,11)\geqslant 203$,这些结论被认为是迄今已知的最好下界收录到动态综述论文[18] 中. 论文[18] 说它们是"Easy";但它们多年来保持着最佳纪录,可见公式(1) 虽然平凡但很有用.

由于拉姆塞数问题的复杂性,用拼图法对公式(1)做任何实质性的改进都是非常困难的. 这是因为在构作拼凑图时往往会顾此失彼,容易出现像前述论文那样的错误. 需要高超的构图技巧:既要添加较多连边使

独立数尽量减少,又不能添加太多连边以免团数的增加. G. Exoo[25] 把35个顶点的循环图 G_{35} 与其他4个点 a,b,c,d 巧妙地连边,再用计算机验证这个拼凑图的团数为2,独立数为9,从而得到迄今已知的最好的结论 $R(3,10)\geqslant 40$. 这表明用拼图法即使改进个别拉姆塞数的下界也是很困难的.

现有的文献资料表明,学术界多年来试图就一般的情形改进公式(1)的各种努力都未见成效,这就促使人们进一步思考一个非常困难的问题:一般的二色拉姆塞数 $R(k,q)$ 的非平凡的下界公式是否存在? 作为公式(1)的推广,有两个猜想:

猜想1　对于任意整数 $k,p\geqslant 3$,存在仅与 k 有关的参数 $a\geqslant k-1$,使不等式 $R(k,p+1)\geqslant R(k,p)+a$ 成立.

猜想2　对于任意给定的整数 $k\geqslant 3$,都存在仅与 k 有关的参数 $b\geqslant 1,c\geqslant -1$,使不等式

$$R(k,p+q-b)\geqslant R(k,p)+R(k,q)+c$$

对于任意整数 $p,q\geqslant b+2$ 成立.

当参数 $a=k-1,b=1$ 与 $c=-1$ 时就归结到公式(1)及其推论(平凡的情形),它们都是已知的、正确的;当参数为 $a\geqslant k,b\geqslant 2$ 或者 $c\geqslant 0$ 时就是有待证明的猜想,其中参数 a 或 b 或 c 的任何微小的改进(例如 $a=k,b=1$ 与 $c=0$)都是很有意义的并且是很困难的. 属于猜想2的更进一步的情形是参数 $b=2$ 与 $c=-1$(即前述论文试图证明而未获成功的"定理"),这是更有意思的并且是更加困难的问题.

§8 三色拉姆塞数 $R(3,4,11)$ 的下界*

西北民族大学的谢建民，中国民族信息技术研究院的于洪志两位教授 2007 年运用计算机构造了既不含实边 K_3、虚边 K_4，也不含 11 顶点独立集的 143 阶循环图，得到了三色拉姆塞数 $R(3,4,11)$ 的下界：$R(3,4,11) \geqslant 144$.

多色拉姆塞数 $R(q_1,q_2,\cdots,q_n)$ 是具有下述性质的最小正整数 r：用 $n(n>2)$ 种颜色对 r 阶完全图 K_r 的边任意染色后，K_r 中一定存在单色的完全子图 K_{q_i}，这里 q_i 是 $q_1,q_2,\cdots,q_n$ 中的某一个正整数. 早在 1930 年，英国剑桥大学的拉姆塞教授就已经证明了正整数 r 的存在性，以至于后来的研究人员都把上述的 r 叫作多色拉姆塞数，并且特别表示为 $R(q_1,q_2,\cdots,q_n)$. 求多色拉姆塞数是一个世界著名的困难问题. 自从格林伍德和格利森在 1955 年证明了多色拉姆塞数 $R(3,3,3)=17$ 以来，人们至今尚未求得任何其他多色拉姆塞数的准确值.

和二色拉姆塞数的研究相类似，人们把求多色拉姆塞数准确值的研究转向了求多色拉姆塞数的下界，文献[18] 中列出了拉姆塞数中几乎所有已知的准确值和下界，其他文献也有新结果的报道. 但 $R(3,4,l)$ 下界的报道，目前只有 $R(3,4,4) \geqslant 55$ 和 $R(3,4,5) \geqslant 80$ 共两个.

---

* 谢建民，于洪志，《甘肃科学学报》，2007 年，第 19 卷，第 2 期.

我们将 143 个孤立顶点排成圆圈，从任意一点开始用 0 ～ 142 顺次标号. 若用 $i_1(i_2)$ 表示把标号为 i 的顶点与标号为 0 的顶点用实(虚) 边相连，循环进行便得到循环图

$$G=C_{143}\left(\begin{array}{l}1_1,2_2,3_2,4_1,5_2,6_2,7_1,10_2,11_2,12_2,13_1,\\19_2,20_2,21_2,22_1,25_2,26_2,32_1,33_2,34_2,\\35_2,37_1,39_2,43_1,48_2,49_2,51_1,52_2,61_1,\\62_2,63_2\end{array}\right)$$

这是一个 143 阶 62 度的实、虚边循环图. 我们利用计算机证明了上述图 G 既不含实边的 K_3，也不含虚边的 K_4，而且还不含独立集 $\overline{K_{11}}$，从而证明了 $R(3,4,11)\geqslant 144$. 这一结果，目前尚未见有报道.

利用循环图计算拉姆塞下界数，困难来自两个方面：① 如何构造循环图 G；② 如何求 G 中实边子图、虚边子图最大团和最大独立集所含顶点的个数. 我们在循环图的构造中运用了循环图扩张的方法，而在求最大团时采用了求相对补的方法；并以此为基础编制了求多色拉姆塞下界数的计算机程序，收到了较好的计算效果.

定理 10　三色经典拉姆塞数 $R(3,4,11)\geqslant 144$.

证明　在 143 阶 62 度的实、虚边的循环图中，令

$$G=C_{143}\left(\begin{array}{l}1_1,2_2,3_2,4_1,5_2,6_2,7_1,10_2,11_2,12_2,13_1,\\19_2,20_2,21_2,22_1,25_2,26_2,32_1,33_2,34_2,\\35_2,37_1,39_2,43_1,48_2,49_2,51_1,52_2,61_1,\\62_2,63_2\end{array}\right)$$

则 G 的邻接矩阵第 1 行前 72 列(后 71 列由 2 ～ 72 列对称生成) 元素为

01221221002221000002221002200000122201020001000022012000000001220000000000…

经计算机求解，图 G 的独立集所含顶点个数最大为 10. 因受篇幅限制，表 7 中仅列出图 G 中所有包含 0,8 号顶点的最大独立顶点集.

表 7　图 G 的含 0,8 号顶点的最大独立顶点集

0 8 16 31 46 73 87 101 115;	0 8 17 46 55 64 105 120;	0 8 24 38 55 83 97 113 127;	0 8 38 67 85 113 127;
0 8 16 31 46 54 84 101;	0 8 17 46 55 96 105 113;	0 8 31 46 55 96 105 120 134;	0 8 38 67 96 113 127;
0 8 16 31 46 75 84 115;	0 8 17 46 55 73 96 113;	0 8 31 55 78 96 105 120 134;	0 8 38 74 83 97 128;
0 8 16 31 46 84 101 115;	0 8 17 46 55 84 93 101;	0 8 24 38 66 74 83 97;	0 8 38 76 84 93 107 134;
0 8 16 31 46 86 101 115;	0 8 17 46 55 84 93 120;	0 8 24 38 66 83 97 113;	0 8 38 78 83 98 128;
—	0 8 17 46 55 84 113;	0 8 24 38 66 84 93 107;	0 8 44 53 67 84 98 113;
0 8 16 31 54 72 101 128;	0 8 17 46 55 86 113;	0 8 24 38 74 83 97 127;	0 8 44 53 67 97 113 127;
0 8 16 31 54 84 101 128;	0 8 17 46 55 64 93 120;	0 8 24 38 74 83 98 127;	0 8 44 53 67 97 120;
0 8 16 31 58 72 86 128;	0 8 17 46 75 84 93 120;	0 8 24 53 68 77 113 127;	0 8 44 53 67 98 113 127;
0 8 16 31 58 72 87 128;	0 8 17 46 75 84 113;	0 8 24 54 68 77 113 127;	0 8 44 53 68 84 98 113 128;
0 8 16 31 58 73 87 115;	0 8 17 46 75 105 113;	0 8 24 38 55 96 113 127;	0 8 44 53 68 97 113 127;
0 8 16 31 58 73 87 128;	0 8 17 46 76 84 93 120;	0 8 31 54 72 96 127;	0 8 44 53 68 98 113 127;
0 8 16 31 58 75 105 128;	0 8 17 46 77 86 113;	0 8 31 54 77 85 101;	0 8 44 58 67 75 98 113;
0 8 16 31 58 87 105 128;	0 8 17 46 77 93 101;	0 8 31 54 77 85 127;	0 8 44 58 67 85 113 127;
0 8 16 31 72 86 101 128;	0 8 17 46 77 105 113;	0 8 31 55 72 96 101 128;	0 8 44 58 67 98 113 127;
0 8 16 31 72 87 101 128;	0 8 17 53 67 76 84 107;	0 8 31 55 72 96 127;	0 8 44 58 72 86 113 127;
0 8 16 31 73 87 101 128;	0 8 17 53 67 76 84 120;	0 8 31 55 73 96 127;	0 8 44 58 74 98 115;
0 8 16 44 58 72 86 113 128;	0 8 17 53 67 83 107;	0 8 31 55 73 97 120 128;	0 8 44 58 75 98 113 128;
0 8 16 44 58 73 113 128;	0 8 17 53 76 84 93 107;	0 8 31 55 78 86 101 128;	0 8 44 67 75 84 98 113;

续表7

0 8 16 44 58 75 113 128；	0 8 17 53 76 84 93 120；	0 8 24 38 65 79 93 107；	0 8 44 67 75 84 99 134；
0 8 16 44 72 86 101 128；	0 8 17 55 72 86 113；	0 8 31 55 97 105 120 128；	0 8 44 67 75 84 120 134；
0 8 16 44 75 84 113 128；	0 8 17 55 72 96 113；	0 8 31 58 67 76 105 134；	0 8 44 68 84 98 115；
0 8 16 58 75 105 113 128；	0 8 17 55 85 93 101；	0 8 31 58 73 87 96 127；	0 8 44 68 84 98 134；
0 8 17 31 46 55 73 96 120；	0 8 17 58 67 75 105 113；	0 8 31 67 75 84 98 134；	0 8 44 68 85 113 127；
0 8 17 31 46 55 73 101 115；	0 8 17 58 67 96 105 113；	0 8 31 67 75 84 120 134；	0 8 44 68 86 113 127；
0 8 17 31 46 55 84 101 115；	0 8 17 58 72 96 113；	0 8 31 67 75 105 120 134；	0 8 44 68 86 113 128；
0 8 17 31 46 55 84 120；	0 8 17 58 74 105；	0 8 31 67 76 84 107 134；	0 8 44 73 97 113 127；
0 8 17 31 46 55 86 101 115；	0 8 17 67 75 83 113；	0 8 31 67 76 84 120 134；	0 8 44 74 97 120 128；
0 8 17 31 46 55 96 105 120；	0 8 17 64 72 87；	0 8 31 67 76 105 120 134；	0 8 46 55 64 105 120 134；
0 8 17 31 46 73 87 101 115；	0 8 17 74 83 101；	0 8 31 67 84 98 107 134；	0 8 46 64 87 105 134；
0 8 17 31 46 77 86 105 115；	0 8 17 77 85 93 101；	0 8 31 67 96 105 120 134；	0 8 46 74 105 120 134；
0 8 17 31 55 75 105 120；	0 8 17 77 85 113；	0 8 36 50 64 78 105 120 134；	0 8 46 76 105 120 135；
0 8 17 31 46 76 105 120；	0 8 23 31 46 73 87 96；	0 8 36 50 64 78 105 120 135；	0 8 50 58 66 74 134；
0 8 17 31 46 85 101 115；	0 8 23 31 46 73 96 120；	0 8 36 50 65 74 105 120 134；	0 8 50 58 67 96 105 134；
0 8 17 31 46 75 84 120；	0 8 23 31 54 78 101 128；	0 8 36 50 65 96 105 120 134；	0 8 50 58 67 96 127；
0 8 17 31 46 76 84 120；	0 8 23 31 54 78 120 128；	0 8 36 50 66 74 120 134；	0 8 50 58 67 127 135；
0 8 17 31 46 73 87 96；	0 8 23 31 73 87 101 128；	0 8 36 50 66 96 120 134；	0 8 50 58 74 105 134；
0 8 17 31 46 87 96 105；	0 8 23 31 73 97 120 128；	0 8 36 50 67 96 105 120 134；	0 8 50 58 74 127；
0 8 17 31 55 72 86 101；	0 8 23 31 78 87 101 128；	0 8 36 50 67 105 120 135；	0 8 50 64 78 105 120 128；
0 8 17 31 46 75 84 115；	0 8 23 38 46 54 96 113；	0 8 36 50 78 96 105 120 134；	0 8 50 64 79 120 134；
0 8 17 31 58 67 75 105；	0 8 23 38 65 79 93 107 135；	0 8 36 53 67 76 107；	0 8 50 65 79 96 120 134；
0 8 17 31 58 67 76 85；	0 8 23 38 53 67 83 97 113；	0 8 36 53 67 76 120；	0 8 50 66 74 97 120；

续表7

0 8 17 31 58 67 96 105；	0 8 23 38 53 67 76 107；	0 8 36 64 78 93 120 134；	0 8 50 66 79 120 135；
0 8 17 31 58 72 87 96；	0 8 23 38 53 67 83 98 107；	0 8 36 64 78 93 120 135；	0 8 50 67 97 105 120 135；
0 8 17 31 58 73 87 96；	0 8 23 38 53 67 83 98 113；	0 8 36 67 76 107 120 134；	0 8 50 67 97 127 135；
0 8 17 31 58 73 87 115；	0 8 23 38 53 68 83 97 113 128；	0 8 36 77 86 101 115；	0 8 50 68 77 134；
0 8 17 31 58 87 96 105；	0 8 23 38 53 68 83 98 113 128；	0 8 36 77 93 107 134；	0 8 50 68 97 127 135；
0 8 17 31 67 75 84 120；	0 8 23 38 54 68 83 98 113 128；	0 8 36 77 93 107 135；	0 8 50 74 97 105 120 128；
0 8 17 31 67 76 84 107；	0 8 23 38 54 83 98 107；	0 8 36 67 76 105 120 135；	0 8 54 68 77 85 113 127；
0 8 17 31 67 76 84 120；	0 8 23 38 65 83 107；	0 8 38 46 74 105 134；	0 8 55 64 73 120 128；
0 8 17 31 67 76 105 120；	0 8 23 38 46 76 93 135；	0 8 38 46 76 84 93 134；	0 8 55 64 78 93 120 134；
0 8 17 31 67 96 105 120；	0 8 23 38 67 76 107 135；	0 8 38 53 67 76 84 107；	0 8 55 64 78 105 120 128；
0 8 17 31 77 85 101 115；	0 8 23 38 76 93 107 135；	0 8 38 53 67 83 97 113 127；	0 8 55 64 78 105 120 134；
0 8 17 44 53 67 84 113；	0 8 23 38 78 93 107 135；	0 8 38 53 67 83 98 113 127；	0 8 55 64 79 93 120 134；
0 8 17 44 53 67 84 120；	0 8 23 50 64 73 120 128；	0 8 38 53 67 84 98 107；	0 8 55 72 86 101 128；
0 8 17 44 53 75 84 113；	0 8 23 50 64 78 120 135；	0 8 38 53 67 84 98 113；	0 8 55 72 86 113 127；
0 8 17 44 58 67 75 113；	0 8 23 50 64 79 120 135；	0 8 38 53 68 83 98 113 128；	0 8 55 72 86 113 128；
0 8 17 44 58 67 85 113；	0 8 23 50 65 73 96 120；	0 8 38 53 68 84 98 113 128；	0 8 55 73 96 113 127；
0 8 17 44 58 72 86 113；	0 8 23 50 65 79 96 120；	0 8 38 53 76 84 93 107；	0 8 55 73 97 113 127；
0 8 17 44 58 73 115；	0 8 23 50 65 79 107 135；	0 8 38 54 68 84 98 113 128；	0 8 55 73 97 113 128；
0 8 17 44 58 74 115；	0 8 23 50 65 79 120 135；	0 8 38 54 68 85 113 127；	0 8 58 67 85 127 135；
0 8 17 44 58 75 115；	0 8 23 50 79 97 120 135；	0 8 38 55 78 96 105 134；	0 8 58 67 96 113 127；
0 8 17 44 58 85 115；	0 8 23 64 78 93 120 135；	0 8 38 55 79 97 115；	0 8 58 72 96 113 127；
0 8 17 44 58 86 115；	0 8 23 64 79 93 120 135；	0 8 38 55 83 97 113 128；	0 8 64 78 87 105 128；
0 8 17 44 67 75 84 113；	0 8 24 38 53 84 98 107；	0 8 38 55 85 113 127；	0 8 64 78 87 105 134；

续表7

0 8 17 44 67 75 84 120；	0 8 24 38 53 84 93 107；	0 8 38 65 74 105 113；	0 8 65 79 93 120 134；
0 8 17 44 67 76 84 120；	0 8 24 38 53 68 84 98 113；	0 8 38 65 79 93 107 134；	0 8 66 75 93 120 135；
0 8 17 44 72 86 101；	0 8 24 38 53 68 83 98 113 127；	0 8 38 65 79 107 115；	0 8 67 75 83 98 113；
0 8 17 44 75 84 93 120；	0 8 24 38 54 68 83 98 113 127；	0 8 38 66 84 93 107 134；	0 8 67 75 105 120 135；
0 8 17 44 85 101 115；	0 8 24 38 54 68 84 98 113 127；	0 8 38 67 76 84 107 134；	0 8 68 77 83 113 127；
0 8 17 44 86 101 115；	0 8 24 38 54 68 96 113 127；	0 8 38 66 93 107 135；	0 8 75 83 98 113 128；
0 8 17 46 55 64 73 120；	0 8 24 38 53 68 83 97 113 127；	0 8 38 55 78 93 134；	—

在图 G 的邻接矩阵第 1 行中，除第 1 个 0 外，把所有位置上的 0 和 1 互换，得到相对补图 H_1 的邻接矩阵的第 1 行前 72 列（后 71 列由 2 ～ 72 列对称生成）的元素为

00220220112220111112220112211111022210121110
1111221021111111102211111111…

可类似地得到图 H_1 的最大独立集（即图 G 的最大实线边点团）的顶点个数. 表 8 列出了图 G 的包含 0 号顶点的所有最大实线边点团顶点集.

表 8　图 G 含 0 号顶点的最大实线边点团顶点集

0 1；	0 4；	0 7；	0 13；	0 22；
0 32；	0 37；	0 43；	0 51；	0 61；
0 82；	0 92；	0 100；	0 106；	0 111；
0 121；	0 130；	0 136；	0 139；	0 142；

在图 G 的邻接矩阵第 1 行中，除第 1 个 0 外，把其余位置上的 0 和 2 互换，便得到相对补图 H_2 的邻接矩阵第 1 行前 72 列（后 71 列由 2 ～ 72 列对称生成）的元素为

0100100122000122222000122002222210002120222
1222200210222222221002222222…

经计算知，图 H_2 的最大独立集（即图 G 的最大虚线边点团）含顶点个数均为 9. 表 9 列出了图 G 中含 0 号顶点的所有最大虚线边点团顶点集.

表 9　图 G 含 0 号顶点的最大虚线边点团顶点集

0 2 5；	0 6 11；	0 11 91；	0 25 133；	0 52 133；
0 2 12；	0 6 12；	0 11 133；	0 26 52；	0 62 81；
0 2 21；	0 6 25；	0 12 33；	0 26 117；	0 92 95；
0 2 35；	0 6 26；	0 12 122；	0 33 35；	0 80 91；
0 2 110；	0 6 39；	0 19 21；	0 33 39；	0 81 91；
0 2 124；	0 6 110；	0 19 25；	0 33 52；	0 91 94；
0 2 133；	0 6 123；	0 19 39；	0 33 81；	0 94 104；
0 2 140；	0 6 124；	0 19 52；	0 33 95；	0 104 109；
0 3 5；	0 6 137；	0 19 81；	0 33 124；	0 104 110；
0 3 6；	0 6 138；	0 19 110；	0 33 137；	0 104 123；
0 3 52；	0 10 12；	0 19 123；	0 33 141；	0 108 110；
0 3 94；	0 10 20；	0 19 137；	0 34 39；	0 108 118；
0 3 140；	0 10 21；	0 19 141 ；	0 34 138；	0 110 122；
0 3 141；	0 10 35；	0 20 25；	0 39 49；	0 117 122；
0 5 10；	0 10 49；	0 20 26；	0 39 91；	0 117 123；
0 5 11；	0 10 62；	0 20 39；	0 39 113；	0 118 123；
0 5 25；	0 10 91；	0 20 124；	0 48 81；	0 118 124；
0 5 26；	0 10 104；	0 20 137；	0 48 110；	0 122 124；
0 5 39；	0 10 118；	0 20 138；	0 49 52；	0 122 132；
0 5 109；	0 10 132；	0 21 26；	0 49 140；	0 131 133；
0 5 122；	0 10 133.；	0 21 33；	0 52 62；	0 132 137；
0 5 123；	0 10 141；	0 21 131；	0 52 63；	0 138 140；
0 5 137；	0 11 21；	0 21 138；	0 52 91；	—
0 5 138；	0 11 63；	0 25 35；	0 52 132；	—

因此，图 G 既不含实线边 K_3 和虚线边 K_4，也不含

独立集$\overline{K_{10}}$,从而是一个三色的 $R(3,4,11)$-拉姆塞下界图.故 $R(3,4,11)\geqslant 144$.

§9　9 个经典拉姆塞数 $R(3,t)$ 的新下界*

梧州学院数理系的陈红、苏文龙、梁文忠,华南师范大学数学科学学院的吴康,广西科学院的许晓东五位教授 2011 年研究了经典拉姆塞数 $R(3,t)$ 的下界问题.利用素数阶循环图的性质改进一般阶循环图团数的计算方法,获得了 9 个经典拉姆塞数 $R(3,t)$ 的新下界:$R(3,29)\geqslant 183$,$R(3,30)\geqslant 189$,$R(3,32)\geqslant 213$,$R(3,33)\geqslant 218$,$R(3,34)\geqslant 226$,$R(3,35)\geqslant 231$,$R(3,36)\geqslant 239$,$R(3,37)\geqslant 244$,$R(3,38)\geqslant 256$,其中前三个结果分别改进了迄今已知的最好的下界.

对于任意正整数 s 和 t,经典拉姆塞数 $R(s,t)$ 是具有下述性质的最小正整数 n:每个 n 阶简单图,或者包含一个有 s 个顶点的团,或者包含一个有 t 个顶点的独立集.确定拉姆塞数 $R(s,t)$ 是组合数学中非常困难的问题.1955 年,格林伍德与格利森在确定历史上第一批拉姆塞数的准确值的时候,曾用循环图得到 $R(3,3)\geqslant 6$,$R(3,4)\geqslant 9$,$R(3,5)\geqslant 14$,$R(4,4)\geqslant 18$ 等下界.后来的学者沿用这种方法,得到一些新的成果,动态综述论文[18] 记录了迄今已知的一些经典拉姆塞数的准确值和上下界.

* 陈红,吴康,许晓东,苏文龙,梁文忠,《数学杂志》,2011 年,第 31 卷,第 3 期.

用循环图研究经典拉姆塞数的下界的主要困难是，在寻找有效的参数集来构造图和计算图的团数这两个方面都会遇到巨大的运算量. 我们在文献[26～32]中利用素数阶循环图研究经典拉姆塞数的下界，能够充分运用有限域的性质提高运算效率，因而得到的一些下界被文献[18]的各种版本所引用. 本节把素数阶循环图的某些性质移植到一般阶循环图，改进了团数的计算方法，并从参考文献[33]中得到一些有益的启发，从而得到 9 个经典拉姆塞数的新下界：

定理 11 $R(3,29)\geqslant 183$，$R(3,30)\geqslant 189$，$R(3,32)\geqslant 213$，$R(3,33)\geqslant 218$，$R(3,34)\geqslant 226$，$R(3,35)\geqslant 231$，$R(3,36)\geqslant 239$，$R(3,37)\geqslant 244$，$R(3,38)\geqslant 256$.

其中 $R(3,29)\geqslant 183$，$R(3,30)\geqslant 189$ 与 $R(3,32)\geqslant 213$ 分别超过文献[18]的 2006 年第 11 版中记录的 $R(3,29)\geqslant 182$，$R(3,30)\geqslant 187$ 与 $R(3,32)\geqslant 212$. 美国学者拉德齐佐夫斯基在论文[18]的最新版本(2009 年第 12 版)中收录了这些成果. 本节在这里报道相应循环图的构造.

给定整数 $n\geqslant 5$，令 $m=\left[\frac{n}{2}\right]$. 对于整数 $s<t$，记 $[s,t]=\{s,s+1,\cdots,t\}$. 令

$$Z_n=\begin{cases}[-m,m],n=2k-1,k\in\mathbf{Z}\\ [1-m,m],n=2k,k\in\mathbf{Z}\end{cases}$$

以下除非特别说明，所有模 n 整数的运算结果都理解为模 n 后属于 Z_n，并用通常的等号“=”表示“模 n 相等”.

定义 4 对于集合 $S=[1,m]$ 的一个 2 部分拆 $S=$

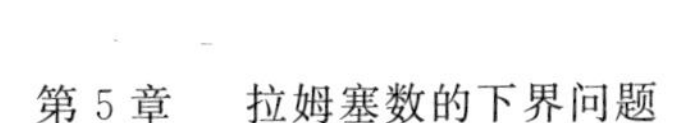

$S_1 \cup S_2$，记 $A_i = \{x \mid x \in S_i$ 或 $-x \in S_i\}$，设 n 阶完全图 K_n 的顶点集 $V = Z_n$，边集 E 是 Z_n 的所有 2 元子集的集且有分拆 $E = E_1 \cup E_2$，其中

$$E_i = \{\{x,y\} \mid \{x,y\} \in E \text{ 且 } x - y \in A_i\} \quad (i = 1,2)$$

把 E_i 中的边叫作 A_i 色的，记 K_n 中 A_i 色边所导出的子图为 $G_n(A_i)$，其团数记为 $[G_n(A_i)]$.

于是我们按照参数集合 A_1 或 A_2（即 S_1 或 S_2）把 K_n 的边 2－染色，得到 n 阶循环图 $G_n(A_i)$. 据拉姆塞数的定义即得 $R([G_n(A_1)]+1,[G_n(A_2)]+1) \geqslant n+1$.

以下考察 $G_n(A_i)$ 的团和团数. 注意到团 $G_n(A_i)$ 是顶点可迁的，其团数等于 $G_n(A_i)$ 中含顶点 0 的团的最大阶，因此只需考虑含顶点 0 的团. 据定义 4 知这样的团的其他非零顶点是集合 A_i 的元. 故有如下引理：

引理 14　记图 $G_n(A_i)$ 中顶点集 A_i 的导出子图为 $G_n[A_i]$，其团数为 $[A_i]$，则有 $[G_n(A_i)] = [A_i] + 1$.

于是求 $G_n(A_i)$ 的团数就转化为求 $G_n[A_i]$ 的团数. 为了求得 $[A_i]$，引进 A_i 的一个全序.

对于任意 $a \in A_i$，考察顶点 a 的度数 $d_i(a)$. 记

$$D_i(a) = \{y \in A_i \mid y - a \in A_i\}, d_i(a) = |D_i(a)|$$

由定义 4 知 $A_i = -A_i$，故 Z_n 到自身的变换 $f: x \to -x$ 是 $G_n(A_i)$ 的自同构. 由此易知

$$y \in A_i, y - a \in A_i \Leftrightarrow -y \in A_i, -y + a \in A_i$$

故有 $d_i(a) = d_i(-a)$，即 A_i 的二元子集 $\{a, -a\}$ 的两个元的度数相等.

易知，二元子集 $\{a, -a\}$ 中有且仅有一个元属于 S_i. 当 n 为偶数且 $a = m \in S_i$ 时 $a = -a$，此时二元子集 $\{a, -a\}$ 退化为一元子集 $\{a\}$. 为了叙述简便，把 A_i 的

二元子集$\{a, -a\}$与退化了的一元子集$\{a\}$都形式地记为$\{a, -a\}$.

定义 5 设$x \in S_i$,记

$D_i(x) = \{y \in A_i \mid x - y \in A_i\}, d_i(x) = \mid D_i(x) \mid$

在A_i上的序"$\prec$"规定如下. 设$a, b \in S_i$,则:

(1)A_i的子集$\{a, -a\}$对于序"$\prec$"构成区间,并且当$a \neq -a$时$a \prec -a$.

(2) 对于A_i中分属不同子集的元$x \in \{a, -a\}$和$y \in \{b, -b\}$,规定$x \prec y$当且仅当$d_i(a) < d_i(b)$,或者当$d_i(a) = d_i(b)$时$a < b$.

由上述讨论,易知序"$\prec$"是明确定义的,并且$(A_i, \prec)$是全序集. $x \prec y$称为x前于y或y后于x.

引理 15 如果对于任意$x \in S_i$,都有$d_i(x) = 0$,那么$[A_i] = 1$.

证明 用反证法证明这个结论. 假设对于任意$x \in S_i$,都有$d_i(x) = 0$,且有$[A_i] \geqslant 2$,则$[G_n(A_i)] \geqslant 3$,在图$G_n(A_i)$中有3阶团$\{0, x, y\}$,其中$x, y \in A_i$且$x - y \in A_i$. 有如下情形.

如果x或$y \in S_i$,就有$d_i(x) \geqslant 1$或$d_i(y) \geqslant 1$,与已知条件矛盾.

如果$-x$与$-y \in S_i$,作$G_n(A_i)$的自同构变换f: $x \to -x$,则$\{0, -x, -y\}$也是图$G_n(A_i)$的3阶团,就有$-y \in D_i(-x), d_i(-x) = \mid D_i(-x) \mid \geqslant 1$,与已知条件矛盾.

定义 6 全序集$(A_i, \prec)$上的长为$k(k \geqslant 1)$的链$x_0 \prec x_1 \prec \cdots \prec x_k$称为起点为$x_0$的长为$k$的$A_i$色链,如果对于$0 \leqslant h < j \leqslant k$有$x_h - x_j \in A_i$. 起点是$x_0$的链的最大长记为$l_i(x_0)$. 如果起点是$x_0$的长为$k \geqslant 1$

的链不存在，就令 $l_i(x_0)=0$.

引理 16　$[A_i]=1+\max\{l_i(a)\mid a\in S_i\}$.

证明　设$[A_i]=1$，即对于任意$a\in S_i$与$y\in A_i$，恒有$y-a\notin A_i$. 据定义 6 有 $l_i(a)=0$. 此时就有 $\max\{l_i(a)\mid a\in S_i\}=0$，引理 16 成立.

以下考察$[A_i]=1+k(k\geqslant 1)$的情形. 据定义 6 可知链$x_0<x_1<\cdots<x_k$的$k+1$个元构成$G_n[A_i]$的一个团，即得$[A_i]\geqslant 1+\max\{l_i(a)\mid a\in S_i\}$.

以下再证$[A_i]\leqslant 1+\max\{l_i(a)\mid a\in S_i\}$.

设$[A_i]=1+k\geqslant 2$，则$G_n[A_i]$中有$k+1$个顶点按"$<$"排序后得$(A_i,<)$上的长为k的链，再在$(A_i,<)$上所有长为k的链中取起点按"$<$"来说最前面的一条，记为$x_0<x_1<\cdots<x_k$，我们断言一定有$x_0\in S_i$.

假若不然，即$-x_0\in S_i$. 作Z_n到自身的变换f：$x\to -x$，易知这是$G_n[A_i]$的自同构，它把$G_n[A_i]$中$k+1$个顶点的团$\{x_0,x_1,\cdots,x_k\}$变成另一个团$\{-x_0,-x_1,\cdots,-x_k\}$. 据定义 6 可知，这$k+1$个元$-x_0,-x_1,\cdots,-x_k$在$(A_i,<)$上构成长为$k$的链. 由定义 5 所规定的全序集$(A_i,<)$的排序方式可知这条$A_i$色链可表示为$-x_0<-x_1<\cdots<-x_k$，其起点$-x_0<x_0$. 因此原来给定的链$x_0<x_1<\cdots<x_k$不是"起点按'$<$'来说最前"的一条，矛盾. 于是断言$x_0\in S_i$为真. 从而有$[A_i]\leqslant 1+\max\{l_i(a)\mid a\in S_i\}$. 引理 16 得证.

例 1　给定$n=45$，令$S_1=\{1,3,5,12,19\}$. 据引理 15 易知$[G_n(A_1)]=2$. 为了计算$[G_n(A_2)]$，据定义 5 作全序集

$$(A_2, \prec) = \{10, -10, 8, -8, 9, -9, 11, -11, 13, -13, 15, -15, 16, -16, 17, -17, 18, -18, 20, -20, 22, -22, 6, -6, 21, -21, 4, -4, 14, -14, 2, -2, 7, -7\}$$

并且有

$$D_2(10) = \{y \in A_2 \mid 10 - y \in A_2\} = \{-10, 8, -8, -11, -13, -15, 16, 17, -17, 18, -18, 20, -20, -22, 6, -6, 21, -21, 4, -4, 14, -14, 2, -7\}$$

对 $D_2(10)$ 用回溯法，得到 $G_n[A_2]$ 的以 10 为起点的第一条长为 8 的 A_2 色链

$$10 \prec -8 \prec -17 \prec 20 \prec 6 \prec -6 \prec -21 \prec -4 \prec 14$$

此后没有以 10 为起点的更长的 A_2 色的链，即 $l_2(10) = 8$. 进一步计算表明，在 $G_n[A_2]$ 中对于任意起点 $a \in S_2$，都没有更长的 A_2 色的链，故有 $\max\{l_2(a) \mid a \in S_2\} = 8$. 据引理 16 得$[A_2] = 9$. 据引理 14 有 $G_n[A_2] = 10$. 据拉姆塞数的定义得 $R(3, 11) \geqslant 46$.

由文献[18]可知，这里得到的 $R(3, 11) \geqslant 46$ 是迄今已知的最好的一个下界.

这是用循环图计算拉姆塞数下界的简单例子. 一般地说，对于较大的整数 n 以及较大的团数$[A_2]$，用回溯法计算以 $x_j \in S_2$ 为起点的 A_2 色链的运算量非常巨大. 注意到，引理 16 表明，为了计算 $G_n[A_i]$ 的团数，只需寻求以 $a \in S_i$ 为起点的 A_i 色的链就可以了，这样能够减少一半运算量. 为了进一步减少回溯的运算量，我们受到人工智能技术中的“深度优先”与“宽度优先”等原则的启发，在图 $G_n[A_i]$ 中考虑“顶点度数小者优

先”，即按照定义 5 的方法排序．实践表明，这种方法在回溯过程中可以节省许多运算量，从而具有较高的运算效率．在以下关于定理 11 的证明中，采用上述算法所需要的运算时间，仅是通常按字典排列法的运算时间的十几分之一，甚至几十分之一．

为了简便，以下省略按照上述方法计算团数过程的叙述，只写出整数 n 与参数集 S_1，以及计算得到的 $R(3,t)$ 的新下界．

(1) 取整数 $n=182$，令 $S_1=\{1,5,7,18,20,30,46,49,52,61,67,73,85,88\}$，计算得 $R(3,29)\geqslant 183$．

(2) 取整数 $n=188$，令 $S_1=\{1,3,16,21,26,33,35,40,44,46,53,55,63,83,94\}$，计算得 $R(3,30)\geqslant 189$．

(3) 取整数 $n=212$，令 $S_1=\{1,3,19,23,36,54,64,69,71,76,81,85,96,98,102,106\}$，计算得 $R(3,32)\geqslant 213$．

(4) 取整数 $n=217$，令 $S_1=\{1,3,15,28,34,45,47,51,55,65,67,72,74,84,91,104\}$，计算得 $R(3,33)\geqslant 218$．

(5) 取整数 $n=225$，令 $S_1=\{1,5,8,14,20,32,42,58,60,70,77,81,93,96,99,103,105\}$，计算得 $R(3,34)\geqslant 226$．

(6) 取整数 $n=230$，令 $S_1=\{1,5,15,32,34,40,43,53,56,65,73,79,82,91,103,115\}$，计算得 $R(3,35)\geqslant 231$．

(7) 取整数 $n=238$，令 $S_1=\{1,5,13,22,24,28,40,43,54,61,70,77,79,81,93,95,112\}$，计算得 $R(3,36)\geqslant 239$．

(8) 取整数 $n=243$，令 $S_1=\{1,4,9,16,22,24,41,58,70,72,77,84,91,104,109,114,119\}$，计算得 $R(3,37)\geqslant 244$.

(9) 取整数 $n=255$，令 $S_1=\{1,3,13,23,33,35,39,45,50,60,69,79,87,91,98,103,109,115\}$，计算得 $R(3,38)\geqslant 256$.

§10　拉姆塞数 $R(K_3,K_{16}-e)$ 的一个下界*

图论方法是研究拉姆塞理论中最常用的方法，80多年的研究产生了大量的成果. 拉姆塞数 $R(G,H)$ 是这样的最小正整数 n，使得完全图 K_n 的边的任何一种红、蓝染色都会有一个红色边子图 G，或者有一个蓝色边子图 H. 兰州城市学院数学学院的谢建民、毛耀忠，西北师范大学数学与信息科学学院的姚兵三位教授2012年3月找到了拉姆塞数 $R(K_3,K_{16}-e)$ 的一个下界.

设 G,H 是两个无向简单图，拉姆塞数 $R(G,H)$ 是满足下述条件的最小正整数 n，使得用红、蓝两种颜色对 n 阶完全图 K_n 的边任意着色，都使得着色图中或者有红色边子图 G，或者有蓝色边子图 H. 为了确定 $R(G,H)$ 的取值，人们对子图 G,H 进行分类研究. 在 $G=K_p,H=K_q$ 的情形(对应的 $R(G,H)$ 叫经典拉姆塞数 $R(p,q)$) 中取得了许多重要结果. 与 $G=K_p,H=$

---

* 谢建民，姚兵，毛耀忠，《数学的实践与认识》，2012年，第42卷，第5期.

K_q 最接近的 G,H 形式就是 $G=K_p, H=K_q-e$，或 $G=K_p-e, H=K_q-e$，这里的 K_p-e 是指从 p 阶完全图 K_p 中去掉一条边 e. 对于这种形式的拉姆塞数，已知结果见表 10.

表 10　$R(G,K_q-e)$ 的已知值或上下界

q	3	4	5	6	7	8	9	10	11	12	13	14	15
K_3-e	3	5	7	9	11	13	15	17	19	21	23	25	27
K_3	5	7	11	17	21	25	31	37 38	42 47	$\geqslant 46$	$\geqslant 54$	$\geqslant 59$	$\geqslant 69$
K_4-e	5	10	13	17	28	29 38	$\geqslant 34$	$\geqslant 41$					
K_4	7	11	19	27 36	37 52								
K_5-e	7	13	22	31 39	40 66								
K_5	9	16	30 34	43 67	$\leqslant 112$								
K_6-e	9	17	31 39	45 70	59 135								
K_6	11	21	37 55	$\leqslant 116$	$\leqslant 205$								
K_7-e	11	28	40 66	59 135	$\leqslant 251$								
K_7	13	28 34	51 88	$\leqslant 202$									

表 10 中，第一行的值可以利用公式

$$R(K_3-e, K_q-e)=2q-3$$

得出，而第一列的值可由公式

$$R(K_3-e, K_q)=2q-1$$

和

$$R(K_3-e,K_q-e)=2q-3$$

得出. 拉德齐佐夫斯基[34] 对 $K_{4m}(m\geqslant 4)$ 的边进行红、蓝 2－边着色，给出了既无红色边子图 K_3 又无蓝色边子图 $K_{m+2}-e$ 的一种着色方法，得到了下界公式：$R(K_3,K_q-e)\geqslant 4q-7,q\geqslant 6$. 由公式计算所得下界一般称为平凡下界，而由构造特殊染色所得下界则称为非平凡下界. 表 10 所给出的下界除第一行和第一列外均指非平凡下界. 确定拉姆塞数 $R(G,H)$ 的下界，最常用的方法就是构造出既不含红色边子图 G 又不含蓝色边子图 H 的完全图 2－边着色，称这样的完全图 2－边着色为 (G,H)－临界着色. 这种方法的困难点在于按照什么原则来构造 (G,H)－临界着色. 许多作者都利用循环着色法构造 (G,H)－临界着色. 本节研究了 $G=K_3,H=K_{16}-e$ 的临界着色，利用循环着色法构造了 K_n 中不含红色边 K_3 的 2－边着色搜索程序，进而得到了拉姆塞数 $R(K_3,K_{16}-e)$ 的一个新下界，即 $R(K_3,K_{16}-e)\geqslant 73$.

定义 7[35] 设完全图 K_n 的顶点以 $0,1,\cdots,n-1$ 编号标记，则对标定图 K_n 的任一条边 uv，称 $s=\min\{|u-v|,n-|u-v|\}$ 为边 uv 的长度.

定义 8 设 C 是完全图 K_n 的一个红、蓝 2－边着色. 若有正整数集合 $R\subseteq\{1,2,\cdots,\lfloor\frac{n}{2}\rfloor\}$，使得在 C 下存在用 $0,1,\cdots,n-1$ 对 K_n 顶点的一种满足 K_n 的边 uv 着红色当且仅当 uv 的边长 $s\in R$ 的编号，则称 2－边着色 C 是完全图 K_n 的一个边循环着色，且称 R 是 C 的红边集.

事实上，K_n 的全部红边的导出子图构成一个循环

图.

定义9　设C是完全图K_n的一个红、蓝2－边着色.如果在C下，完全图K_n既不含红色边子图G又不含蓝色边子图H，则称着色C是K_n的一个(G,H)－临界着色.

引理17　设C是完全图K_n的一个红、蓝2－边循环着色，R是C的红边集.若循环着色C含有蓝色边K_q-e，则必有满足下述条件的顶点集合记为$\{v_1,v_2,\cdots,v_{q-1},v_q\}$的蓝色边$K_q-e$：

(1)$\{v_1,v_2,\cdots,v_{q-1}\}$是$C$的一个蓝色边$K_{q-1}$的顶点集合；

(2)$0=v_1<v_2<\cdots<v_{q-1}$；

(3)$n-v_{q-1}\geqslant v_2,v_{i+1}-v_i\geqslant v_2,i=2,3,\cdots,q-1$；

(4)$v_{\lfloor (q-1)/2\rfloor+1}\leqslant\lfloor \frac{n}{2}\rfloor$.

若n为偶数，且$\frac{n}{2}\in R$(红边集)或q为偶数，则严格不等式成立.

基于引理17，我们来构造(K_p,K_q-e)－临界着色图.利用文献[36]中设计的循环图构造算法，借助计算机得到了下述结果：

定理12　$R(K_3,K_{16}-e)\geqslant 73$.

证明　首先，运用在文献[36]中设计的循环图构造算法找出K_n的某一个(K_p,K_q)－临界着色C，即循环着色，从中选出在该循环着色下符合引理17条件的全部蓝色边点团K_{q-1}，其顶点集合记为$\{v_1,v_2,\cdots,v_{q-1}\}$，$v_1=0$.然后，对其进行覆盖计数运算.

覆盖计数算法

输入　(K_p,K_q)－临界着色C.

输出 K_{q-1} 的覆盖计数结果. 着色 C 是或不是一个$(K_p, K_q - e)$－临界着色.

(1) 按字典排序找出第一个蓝色边子图 K_{q-1}，转入(2).

(2) 从 0 号顶点开始，依次对蓝色边子图 K_{q-1} 的每一个顶点的红色边相邻顶点都计数 1，并把各点计数依次累加，直到 $q-1$ 个顶点的红边相邻点都已计数为止，转入(3).

(3) 若计数结果中有计数为 1 的顶点，则该顶点与 K_{q-1} 的全部顶点所导出的子图是 K_n 的一个蓝色边 $K_q - e$，该循环着色 C 不是$(K_p, K_q - e)$－临界着色，结束算法. 若计数结果中所有计数顶点的计数均不小于 2，则该蓝色边子图不能扩充成 $K_q - e$，转入(1)，直到符合引理 17 条件的全部蓝色边子图 K_{q-1} 检验完成，则 K_n 的循环着色 C 就是一个$(K_p, K_q - e)$－临界着色，算法结束.

按照上述算法，对完全图 K_{72} 的边用红、蓝两种颜色进行循环着色，得到了一个红边集 $R = \{1,4,6,9,17,29,31,36\}$ 的 15 度循环着色. 在该着色下，K_{72} 的红色边最大点团所含顶点个数均为 2，其中含 0 号顶点的红色边最大点团共 16 个，其顶点集合如表 11.

表 11　K_{72} 在循环着色 C 下的含 0 号顶点的红色边最大点团顶点集

0 1;0 4;0 6;0 9;0 17;0 29;0 31;0 36;
0 41;0 43;0 55;0 63;0 66;0 68;0 71

循环着色 C 也构成 K_{72} 的一个(K_3, K_{16})－临界着色. 因为该着色下蓝色边最大点团所含顶点个数均不大于 15，其中含 0 号顶点的蓝色边最大点团共 53 153 个，满足引理 17 条件的有 15 个，这 15 个点团的

顶点集为

$$V_1=\{0,2,5,7,10,12,15,23,35,37,42,47,49,61,69\}$$

$$V_2=\{0,2,5,7,10,18,30,32,37,42,44,56,64,67,69\}$$

$$V_3=\{0,2,5,13,25,27,32,37,39,51,59,62,64,67,69\}$$

$$V_4=\{0,2,7,12,14,26,34,37,39,42,44,47,49,52,60\}$$

$$V_5=\{0,2,14,22,25,27,30,32,35,37,40,48,60,62,67\}$$

$$V_6=\{0,3,5,8,10,13,15,18,26,38,40,45,50,52,64\}$$

$$V_7=\{0,3,5,8,10,13,21,33,35,40,45,47,59,67,70\}$$

$$V_8=\{0,3,5,8,16,28,30,35,40,42,54,62,65,67,70\}$$

$$V_9=\{0,3,11,23,25,30,35,37,49,57,60,62,65,67,70\}$$

$$V_{10}=\{0,5,7,19,27,30,32,35,37,40,42,45,53,65,67\}$$

$$V_{11}=\{0,5,10,12,24,32,35,37,40,42,45,47,50,58,70\}$$

$$V_{12}=\{0,8,11,13,16,18,21,23,26,34,46,48,53,58,60\}$$

$$V_{13}=\{0,8,20,22,27,32,34,46,54,57,59,62,64,57,69\}$$

$$V_{14}=\{0,12,14,19,24,26,38,46,$$

$$49,51,54,56,59,61,64\}$$

$$V_{15}=\{0,12,20,23,25,28,30,33,$$

$$35,38,46,58,60,65,70\}$$

对上述 15 个蓝色边点团 K_{15} 进行扩充覆盖计数运算,运算结果如表 12 所示.

表 12 蓝色边点团 K_{15} 的扩充覆盖计数

V_1	1(8);3(4);4(5);6(15);8(5);9(4);11(8),13(4); 14(5);16(5);17(2);18(5);19(4);20(3);21(2); 22(2);24(3);25(2);26(2);27(2);28(2);29(4); 30(2);31(4);32(4);33(4);34(2);36(6);38(6); 39(2);40(3);41(8);43(8);44(3);45(2);46(6); 48(6);50(2);51(4);52(4);53(4);54(2);55(4); 56(2);57(2);58(2);59(2);60(3);62(2);63(2); 64(3);65(4);66(5);67(2);68(5);70(5);71(4);
V_2	1(15);3(5);4(4);6(8);8(4);9(5);11(5);12(2); 13(5);14(4);15(3);16(2);17(2);19(3);20(2); 21(2);22(2);23(2);24(4);25(2);26(4);27(4); 28(4);29(2);31(6);33(6);34(2);35(3);36(8); 38(8);39(3);40(2);41(6);43(6);45(2);46(4); 47(4);48(4);49(2);50(4);51(2);52(2);53(2); 54(2);55(3);57(2);58(2);59(3);60(4);61(5); 62(2);63(5);65(5);66(4);68(8);70(4);71(5);
V_3	1(8);3(4);4(5);6(5);7(2);8(5);9(4);10(3); 11(2);12(2);14(3);15(2);16(2);17(2);18(2); 19(4);20(2);21(4);22(4);23(4);24(2);26(6); 28(6);29(2);30(3);31(8);33(8);34(3);35(2); 36(6);38(6);40(2);41(4);42(4);43(4);44(2); 45(4);46(2);47(2);48(2);49(2);50(3);52(2); 53(2);54(3);55(4);56(5);57(2);58(5);60(5); 61(4);63(8);65(4);66(5);68(15);70(5);71(4);

续表12

V_4	1(6);3(6);4(2);5(3);6(8);8(8);9(3);10(2); 11(6);13(6);15(2);16(4);17(4);18(4);19(2); 20(4);21(2);22(2);23(2);24(2);25(3);27(2); 28(2);29(3);30(4);31(5);32(2);33(5);35(5); 36(4);38(8);40(4);41(5);43(15);45(5);46(4); 48(8);50(4);51(5);53(5);54(2);55(5);56(4); 57(3);58(2);59(2);61(3);62(2);63(2);64(2); 65(2);66(4);67(2);68(4);69(4);70(4);71(2);
V_5	1(6);3(2);4(4);5(4);6(4);7(2);8(4);9(2); 10(2);11(2);12(2);13(3);15(2);16(2);17(3); 18(4);19(5);20(2);21(5);23(5);24(4);26(8); 28(4);29(5);31(15);33(5);34(4);36(8);38(4); 39(5);41(5);42(2);43(5);44(4);45(3);46(2); 47(2);49(3);50(2);51(2);52(2);53(2);54(4); 55(2);56(4);57(4);58(4);59(2);61(6);63(6); 64(2);65(3);66(8);68(8);69(3);70(2);71(6);
V_6	1(5);2(4);4(8);6(4);7(5);9(15);11(5);12(4); 14(8);16(4);17(5);19(5);20(2);21(5);22(4); 23(3);24(2);25(2);27(3);28(2);29(2);30(2); 31(2);32(4);33(2);34(4);35(4);36(4);37(2); 39(6);41(6);42(2);43(3);44(8);46(8);47(3); 48(2);49(6);51(6);53(2);54(4);55(4);56(4); 57(2);58(4);59(2);60(2);61(2);62(2);63(3); 65(2);66(2);67(3);68(4);69(5);70(2);71(5);

续表12

V_7	1(4);2(5);4(15);6(5);7(4);9(8);11(4);12(5); 14(5);15(2);16(5);17(4);18(3);19(2);20(2); 22(3);23(2);24(2);25(2);26(2);27(4);28(2); 29(4);30(4);31(4);32(2);34(6);36(6);37(2); 38(3);39(8);41(8);42(3);43(2);44(6);46(6); 48(2);49(4);50(4);51(4);52(2);53(4);54(2); 55(2);56(2);57(2);58(3);60(2);61(2);62(3); 63(4);64(5);65(2);66(5);68(5);69(4);71(8);
V_8	1(5);2(4);4(8);6(4);7(5);9(5);10(2);11(5); 12(4);13(3);14(2);15(2);17(3);18(2);19(2); 20(2);21(2);22(4);23(2);24(4);25(4);26(4); 27(2);29(6);31(6);32(2);33(3);34(8);36(8); 37(3);38(2);39(6);41(6);43(2);44(4);45(4); 46(4);47(2);48(4);49(2);50(2);51(2);52(2); 53(3);55(2);56(2);57(3);58(4);59(5);60(2); 61(5);63(5);64(4);66(8);68(4);69(5);71(15);
V_9	1(4);2(5);4(5);5(2);6(5);7(4);8(3);9(2); 10(2);12(3);13(2);14(2);15(2);16(2);17(4); 18(2);19(4);20(4);21(4);22(2);24(6);26(6); 27(2);28(3);29(8);31(8);32(3);33(2);34(6); 36(6);38(2);39(4);40(4);41(4);42(2);43(4); 44(2);45(2);46(2);47(2);48(3);50(2);51(2); 52(3);53(4);54(5);55(2);56(5);58(5);59(4); 61(8);63(4);64(5);66(15);68(5);69(4);71(8);

续表12

V_{10}	1(8);2(3);3(2);4(6);6(6);8(2);9(4);10(4); 11(4);12(2);13(4);14(2);15(2);16(2);17(2); 18(3);20(2);21(2);22(3);23(4);24(5);25(2); 26(5);28(5);29(4);31(8);33(4);34(5);36(15); 38(5);39(4);41(8);43(4);44(5);46(5);47(2); 48(5);49(4);50(3);51(2);52(2);54(3);55(2); 56(2);57(2);58(2);59(4);60(2);61(4);62(4); 63(4);64(2);66(6);68(6);69(2);70(3);71(8);
V_{11}	1(6);2(2);3(3);4(8);6(8);7(3);8(2);9(6); 11(6);13(2);14(4);15(4);16(4);17(2);18(4); 19(2);20(2);21(2);22(2);23(3);25(2);26(2); 27(3);28(4);29(5);30(2);31(5);33(5);34(4); 36(8);38(4);39(5);41(15);43(5);44(4);46(8); 48(4);49(5);51(5);52(2);53(5);54(4);55(3); 56(2);57(2);59(3);60(2);61(2);62(2);63(2); 64(4);65(2);66(4);67(4);68(4);69(2);71(6);
V_{12}	1(2);2(2);3(3);4(4);5(5);6(2);7(5);9(5); 10(4);12(8);14(4);15(5);17(15);19(5);20(4); 22(8);24(4);25(5);27(5);28(2);29(5);30(4); 31(3);32(2);33(2);35(3);36(2);37(2);38(2); 39(2);40(4);41(2);42(4);43(4);44(4);45(2); 47(6);49(6);50(2);51(3);52(8);54(8);55(3); 56(2);57(6);59(6);61(2);62(4);63(4);64(4); 65(2);66(4);67(2);68(2);69(2);70(2);71(3);

续表12

V_{13}	1(5);2(2);3(5);4(4);5(3);6(2);7(2);9(3); 10(2);11(2);12(2);13(2);14(4);15(2);16(4); 17(4);18(4);19(2);21(6);23(6);24(2);25(3); 26(8);28(8);29(3);30(2);31(6);33(6);35(2); 36(4);37(4);38(4);39(2);40(4);41(2);42(2); 43(2);44(2);45(3);47(2);48(2);49(3);50(4); 51(5);52(2);53(5);55(5);56(4);58(8);60(4); 61(5);63(15);65(5);66(4);68(8);70(4);71(5);
V_{14}	1(3);2(2);3(2);4(2);5(2);6(4);7(2);8(4); 9(4);10(4);11(2);13(6);15(6);16(2);17(3); 18(8);20(8);21(3);22(2);23(6);25(6);27(2); 28(4);29(4);30(4);31(2);32(4);33(2);34(2); 35(2);36(2);37(3);39(2);40(2);41(3);42(4); 43(5);44(2);45(5);47(5);48(4);50(8);52(4); 53(5);55(15);57(5);58(4);60(8);62(4);63(5); 66(2);67(5);68(4);69(3);70(2);71(2);
V_{15}	1(2);2(4);3(4);4(4);5(2);6(4);7(2);8(2); 9(2);10(2);11(3);13(2);14(2);15(3);16(4); 17(5);18(2);19(5);21(5);22(4);24(8);26(4); 27(5);29(15);31(5);32(4);34(8);36(4);37(5); 39(5);40(2);41(5);42(4);43(3);44(2);45(2); 47(3);48(2);49(2);50(2);51(2);52(4);53(2); 54(4);55(4);56(4);57(2);59(6);61(6);62(2); 63(3);64(8);66(8);67(3);68(2);69(6);71(6);

由表12易知，循环着色 C 使得 K_{72} 中满足引理17条件的所有蓝色边点团 K_{15} 都不能被扩充成蓝色的 $K_{16}-e$. 进而由引理17，该循环着色 C 使得完全图 K_{72} 中既不含红色边点团 K_3，也不含蓝色边子图 $K_{16}-e$，构成 K_{72} 的一个 $(K_3, K_{16}-e)$ －临界着色. 综上所述，

本定理得证.

§11　拉姆塞数的新上界公式*

华中理工大学计算机科学与工程系的宋恩民教授1993年对著名的组合数学问题——拉姆塞数问题进行了研究,利用拉姆塞数的有关性质和归纳法,得到并证明了拉姆塞数的一个新上界公式,即

$$N(q_1,q_2,\cdots,q_t;2)\leqslant \frac{(q_1+q_2+\cdots+q_t-2t+2)!}{(q_1-1)!\ (q_2-1)!\ (q_3-2)!\ \cdots(q_t-2)!}$$

这个新的上界公式改进了几十年来组合数学和图论方面的专著和教科书中的相应结论,它对计算具体的拉姆塞数值很有意义.

拉姆塞定理可以看成是下面一个简单原理的推广:如果有一个含有足够多的元素的集合,并且将它划分为不太多的子集,则这些子集中至少有一个要包含足够多的元素.这个论断是一个重要的组合定理,它是数学上多种探索的结果,是由英国逻辑学家拉姆塞归纳出来的.设 S 为 n 元集合,$P_r(S)$ 为 S 中所有恰有 r 个元素的子集的集合,$P_r(S)=A_1\cup A_2\cup\cdots\cup A_t$ 是一个有序分解($A_1,A_2,\cdots,A_t$ 等集合的次序是重要的),它将 $P_r(S)$ 分解为两两不相交的子集 $A_1,A_2,\cdots,A_t$;其中有些子集也可以是空集.令 $q_1,q_2,\cdots,q_t$ 及 r 为整数且 $1\leqslant r\leqslant q_1,q_2,\cdots,q_t$,则存在一个最小正整

* 宋恩民,《华中理工大学学报》,1993 年,第 21 卷,增刊.

数，记作 $N(q_1,q_2,\cdots,q_t;r)$，使得若 $n\geqslant N(q_1,q_2,\cdots,q_t;r)$，则存在一个指标 $i(1\leqslant i\leqslant t)$，$S$ 中有一个 q_i 元子集，它的所有 r 元子集都包含在 A_i 之中.

上面提到的最小正整数 $N(q_1,q_2,\cdots,q_t;r)$ 称为拉姆塞数，确定它们的具体数值是一个困难问题，关于这些数人们了解得非常少，即使像 $N(q_1,q_2;2)$ 这种特殊情形，也所知甚少.

拉姆塞定理在数学中有许多完全不同的应用，拉姆塞数是组合数学中很有意义的一个数，因此确定每个具体的拉姆塞数值也很有意义.

定理 13 对于 $t\geqslant 2$ 及 $q_1,q_2,\cdots,q_t\geqslant 2$ 有

$$N(q_1,q_2,\cdots,q_t;2)\leqslant\frac{(q_1+q_2+\cdots+q_t-2t+2)!}{(q_1-1)!\,(q_2-1)!\,(q_3-2)!\cdots(q_t-2)!}$$

证明这个定理将用到以下几个已知性质.

(a) $N(q_1,q_2,\cdots,q_{t-1},r;r)=N(q_1,q_2,\cdots,q_{t-1};r)$；

(b) $N(q_1;r)=q_1$；

(c) $N(q_1,q_2;2)\leqslant\dfrac{(q_1+q_2-2)!}{(q_1-1)!\,(q_2-1)!}$；

(d) $N(q_1,q_2,\cdots,q_t;r)=N(p_1,p_2,\cdots,p_t;r)$，其中 $p_1,p_2,\cdots,p_t$ 是 $q_1,q_2,\cdots,q_t$ 的任一排列；

(e) 对于 $q_1,q_2,\cdots,q_t>2$ 及 $t\geqslant 2$，有

$$\begin{aligned}N(q_1,q_2,\cdots,q_t;2)\leqslant\ &N(q_1-1,q_2,\cdots,q_t;2)+\\&N(q_1,q_2-1,q_3,\cdots,q_t;2)+\cdots+\\&N(q_1,q_2,\cdots,q_{t-1},q_t-1;2)\end{aligned}$$

这些性质在很多组合数学书中都给出了.

定理 13 的证明 用归纳法. 先对 t 归纳：当 $t=2$ 时，定理变成

$$N(q_1,q_2;2)\leqslant\frac{(q_1+q_2-2)!}{(q_1-1)!\ (q_2-1)!}$$

由性质(c)知此式成立．故当 $t=2$ 时定理成立．

设当 $t=k-1\geqslant 2$ 时定理成立．当 $t=k$ 时，再对 $q_1+q_2+\cdots+q_t$ 归纳．设 $f=q_1+q_2+\cdots+q_t$，显然有 $f\geqslant 2t$．当 $f=2t$ 时，$q_1=q_2=\cdots=q_t=2$．由性质(a)(b)有

$$N(q_1,q_2,\cdots,q_t;2)=N(q_1;2)=q_1=2$$

而

$$\frac{(q_1+q_2+\cdots+q_t-2t+2)!}{(q_1-1)!\ (q_2-1)!\ (q_3-2)!\ \cdots(q_t-2)!}=$$

$$\frac{2!}{1!\ 1!\ 0!\ \cdots0!}=2$$

故这时定理成立．

设当 $f=j-1\geqslant 2t$ 时定理成立．当 $f=j$ 时，若 $q_1=2$，则由性质(a)(d)知

$$N(q_1,q_2,\cdots,q_t;2)=N(q_2,q_3,\cdots,q_t;2)$$

由归纳假设又有

$$N(q_2,q_3,\cdots,q_t;2)\leqslant$$

$$\frac{[q_2+q_3+\cdots+q_t-2(t-1)+2]!}{(q_2-1)!\ (q_3-1)!\ (q_4-2)!\ \cdots(q_t-2)!}\leqslant$$

$$\frac{[q_2+q_3+\cdots+q_t-2(t-1)+2]!}{(q_2-1)!\ (q_3-2)!\ (q_4-2)!\ \cdots(q_t-2)!}=$$

$$\frac{(q_1+q_2+\cdots+q_t-2t+2)!}{(q_1-1)!\ (q_2-1)!\ (q_3-2)!\ \cdots(q_t-2)!}$$

故这时定理成立．

同理，当 $q_2=2$ 时定理也成立．

若 $q_i=2(i>2)$，则由对称性(性质(d))不妨设 $q_t=2$，这时

$$N(q_1,q_2,\cdots,q_t;2)=$$
$$N(q_1,q_2,\cdots,q_{t-1};2)\leqslant$$
$$\frac{[q_1+q_2+\cdots+q_{t-1}-2(t-1)+2]!}{(q_1-1)!\ (q_2-1)!\ (q_3-2)!\ \cdots(q_{t-1}-2)!}=$$
$$\frac{(q_1+q_2+\cdots+q_t-2t+2)!}{(q_1-1)!\ (q_2-1)!\ (q_3-2)!\ \cdots(q_t-2)!}$$

故这时定理也成立.

若 $q_1,q_2,\cdots,q_t>2$,则由性质(e)及归纳假设有

$$N(q_1,q_2,\cdots,q_t;2)\leqslant$$
$$N(q_1-1,q_2,\cdots,q_t;2)+$$
$$N(q_1,q_2-1,q_3\cdots,q_t;2)+\cdots+$$
$$N(q_1,q_2,\cdots,q_{t-1},q_t-1;2)\leqslant$$
$$\frac{[(q_1-1)+q_2+q_3+\cdots+q_t-2t+2]!}{[(q_1-1)-1]!\ (q_2-1)!\ (q_3-2)!\ \cdots(q_t-2)!}+$$
$$\frac{[q_1+(q_2-1)+q_3+\cdots+q_t-2t+2]!}{(q_1-1)!\ [(q_2-1)-1]!\ (q_3-2)!\ \cdots(q_t-2)!}+$$
$$\frac{[q_1+q_2+(q_3-1)+q_4+\cdots+q_t-2t+2]!}{(q_1-1)!\ (q_2-1)!\ [(q_3-1)-2]!\ (q_4-2)!\ \cdots(q_t-2)!}+\cdots+$$
$$\frac{[q_1+q_2+\cdots+q_{t-1}+(q_t-1)-2t+2]!}{(q_1-1)!\ (q_2-1)!\ (q_3-2)!\ \cdots(q_{t-1}-2)!\ [(q_t-1)-2]!}=$$
$$\frac{(q_1-1)(q_1+q_2+\cdots+q_t-2t+1)!}{(q_1-1)!\ (q_2-1)!\ (q_3-2)!\ \cdots(q_t-2)!}+$$
$$\frac{(q_2-1)(q_1+q_2+\cdots+q_t-2t+1)!}{(q_1-1)!\ (q_2-1)!\ (q_3-2)!\ \cdots(q_t-2)!}+$$
$$\frac{(q_3-2)(q_1+q_2+\cdots+q_t-2t+1)!}{(q_1-1)!\ (q_2-1)!\ (q_3-2)!\ \cdots(q_t-2)!}+\cdots+$$
$$\frac{(q_t-2)(q_1+q_2+\cdots+q_t-2t+1)!}{(q_1-1)!\ (q_2-1)!\ (q_3-2)!\ \cdots(q_t-2)!}=$$
$$\frac{[(q_1-1)+(q_2-1)+(q_3-2)+\cdots+(q_t-2)](q_1+q_2+\cdots+q_t-2t+1)!}{(q_1-1)!\ (q_2-1)!\ (q_3-2)!\ \cdots(q_t-2)!}=$$

$$\frac{(q_1+q_2+\cdots+q_t-2t+2)!}{(q_1-1)!\,(q_2-1)!\,(q_3-2)!\cdots(q_t-2)!}$$

故这时定理成立.

综上知 $t=k$ 时定理成立. 至此由归纳法证得了定理成立.

为方便,分别用A和B记已有结果和本节结果,即

$$\text{A}:\frac{(q_1+q_2+\cdots+q_t-t)!}{(q_1-1)!\,(q_2-1)!\,(q_3-1)!\cdots(q_t-1)!}$$

$$\text{B}:\frac{(q_1+q_2+\cdots+q_t-2t+2)!}{(q_1-1)!\,(q_2-1)!\,(q_3-2)!\cdots(q_t-2)!}$$

比较结果如表13所示.

表13　本节结果与已有结果的比较

$q_1,q_2,q_3,\cdots$	3,3,2	9,7,4	3,3,3,2	3,3,3,3,3	3,3,3,3,3,3
A	30	2 042 040	1 260	113 400	7 484 400
B	6	360 360	30	1 260	10 080
A/B	5	5.7	42	90	742.5

几十年来,在组合数学和图论方面的专著和教科书中,大都引用了公式A,即

$$N(q_1,q_2,\cdots,q_t,2)\leqslant\frac{(q_1+q_2+\cdots+q_t-t)!}{(q_1-1)!\,(q_2-1)!\cdots(q_t-1)!}$$

本节结果改进了这一结论.

组合学家眼中的拉姆塞定理

第6章

拉姆塞定理可以看成是下面一个简单原理的推广:如果有一个含有足够多元素的集合并且将它划分为不太多的子集,那么这些子集中至少有一个要包含足够多的元素.这个论断是一个重要的组合定理,它来源于数学的多种探索并由英国逻辑学家拉姆塞归纳出来.设 S 为 n 元集合,$P_r(S)$ 为 S 中所有含有 r 个元素的子集的集合,令

$$P_r(S)=A_1\cup A_2\cup\cdots\cup A_t$$

是一个有序分解($A_1,A_2,\cdots,A_t$ 等集合的次序是重要的),它将 $P_r(S)$ 分解为两两不相交的子集 $A_1,A_2,\cdots,A_t$,其中有些子集也可以是空集.令 $q_1,q_2,\cdots,q_t$ 及 r 为整数且使 $1\leqslant r\leqslant q_1,q_2,\cdots,q_t$.

命题1(拉姆塞) 如果整数 $q_1,q_2,\cdots,q_t$ 及 r 满足不等式 $1\leqslant r\leqslant q_1,q_2,\cdots,q_t$,那么存在一个最小正整数,记作 $N(q_1,q_2,\cdots,q_t,r)$,称为具有参数 $q_1,q_2,\cdots,$

q_t, r 的拉姆塞数，使得对于每一个 $n \geqslant N(q_1, q_2, \cdots, q_t, r)$，下列性质成立：若 S 为 n 元集合，且

$$P_r(S) = A_1 \cup A_2 \cup \cdots \cup A_t$$

是将 S 中含有 r 元子集的族 $P_r(S)$ 分成 t 类的一个有序分解，则存在一个指标 $i(1 \leqslant i \leqslant t)$，使得 S 中有一个 q_i 元子集，它的所有 r 元子集都包含在 A_i 之中.

注意当 $r=1$ 时，$P_r(S)=S$ 且 $A_1 \cup A_2 \cup \cdots \cup A_t$ 是 S 的一个分解. 让我们证明

$$N(q_1, q_2, \cdots, q_t, 1) = q_1 + q_2 + \cdots + q_t - t + 1$$

若 S 集包含了 n 个元素，其中 $n \geqslant q_1 + q_2 + \cdots + q_t - t + 1$，则对有 t 个子集的任意分解 $S = A_1 \cup A_2 \cup \cdots \cup A_t$，就有一个指标 $i(1 \leqslant i \leqslant t)$，使得子集 A_i 包含了 S 的一个 q_i 元子集，因此 $|A_i| \geqslant q_i$. 因为，否则必有 $|A_i| \leqslant q_i - 1$，于是有

$$n = \sum_{i=1}^{t} |A_i| \leqslant q_1 + \cdots + q_t - t$$

这与假设 $n \geqslant q_1 + \cdots + q_t - t + 1$ 相矛盾. 我们还注意到 $q_1 + \cdots + q_t - t + 1$ 表示满足这个性质的 n 的最小值，因为，若 $n = q_1 + \cdots + q_t - t$，我们可以选择 S 分解的类使得 $|A_i| = q_i - 1$，这样就没有指标 $1 \leqslant i \leqslant t$ 使 $|A_i| \geqslant q_i$.

另一种特殊情况如下：假设 $q_1 = q_2 = \cdots = q_t = q \geqslant r \geqslant 1$，我们证明对每一个具有相当大的数 n 的 n 元集合 S，而且对于 S 的 r 元子集集合的每一个 t 类划分，都存在 S 的一个 q 元子集使得它的所有 r 元子集都在 S 的一类之中. 如果存在具有这个性质的 n，那么也存在一个最小的这样的整数，表为 $N(q, q, \cdots, q, r)$. 取 $q = \max(q_1, q_2, \cdots, q_t)$，可以从数 $N(q, q, \cdots, q, r)$ 的存在

推出任意数 $N(q_1,q_2,\cdots,q_t,r)$ 的存在. 因为对每一个分解 $P_r(S)=A_1\cup A_2\cup\cdots\cup A_t$ 都存在 S 的一个 q 元子集,它的所有 r 元子集都包含在划分的一类(如 A_j)之中,将 $q-q_j$ 个元素从那个子集中删除,得到的 S 的一个子集 X 有 $|X|=q_j$ 及 $P_r(X)\subsetneqq A_j$.

对 $t=1$,命题是显然的,我们得到 $N(q_1,r)=q_1$. 假设对 $t=2$ 时命题已能证明,我们将指出对 $t=3$ 时命题也成立. 同样命题对任意 t 有效,类似地用归纳法,可证明从 t 推演到 $t+1$. 如果 $t=3$, $P_r(S)=A_1\cup A_2\cup A_3$,当 $n\geqslant N(q_1,q_2',r)$ 时,其中 $q_2'=N(q_2,q_3,r)$, n 元集合 S 或者包含一个子集 U 且 $|U|=q_1$ 和 $P_r(U)\subsetneqq A_1$;或者包含一个子集 T 且 $|T|=q_2'$ 和 $P_r(T)\subsetneqq A_2\cup A_3$. 若 S 包含子集 U,则对 $t=3$ 时命题也正确,否则 S 包含 q_2' 元子集 T,它所有的 r 元子集在 $A_2\cup A_3$ 中. 令 A_2' 表示 A_2 的仅包含 T 中元素的子集族,同样 A_3' 表示 A_3 的仅包含 T 中元素的子集族,由于 $q_2'=N(q_2,q_3,r)$,所以或者存在一个 T 的 q_2 元子集(真包含于 S),它的所有 r 元子集在 A_2' 内当然也在 A_2 内;或者存在一个 q_3 元子集,它的所有 r 元子集在 A_3' 内当然也在 A_3 内. 所以对 $t=3$ 时命题成立. 因此,若我们对 $t=2$ 证明命题也正确,用归纳法对任意的 t 就都有效.

首先注意到存在着从 $P_r(S)$ 分成两类的有序分解到它自身的一个一一对应,它可将分解 $A_1\cup A_2$ 与分解 $A_2\cup A_1$ 相结合来确定. 我们得到 $N(q_1,q_2,r)=N(q_2,q_1,r)$. 我们已经证明 $N(q_1,q_2,1)=q_1+q_2-1$,让我们现在再证明 $N(q_1,r,r)=q_1$.

若 S 集的元素个数大于或等于 q_1 且 $P_r(S)=A_1\cup A_2$,其中 $A_2\neq\varnothing$,则 n 元素集 S 将包含 r 元子集

T，它的所有的 r 元子集(它们都并归到 T) 都在 A_2 内. 完全可以选择由 A_2 中 r 个元素组成的 S 的一个子集，使得它是 S 的 r 元子集族. 若 $A_2=\varnothing$，则 $P_r(S)=A$，且 $n\geqslant q_1$ 时，S 集包含 q_1 元子集，它的所有的 r 元子集在 $P_r(S)$ 中. 从后一种情况，我们推出满足这个性质的 n 的最小值正是 q_1，因此 $N(q_1,r,r)=q_1$.

根据后一种结果，当我们用归纳法证明命题的 $t=2$ 情形时，现在可以假定 $1<r<q_1,q_2$. 我们将要把归纳法用于三个指标 q_1,q_2,r：先是对 q_1 及 q_2，然后再对 r.

譬如，由于 $N(2,2,2)$ 存在，我们将证明 $N(3,2,2)$，$N(4,2,2)$，…，$N(q_1,2,2)$ 存在，它们又推得 $N(2,3,2)$，$N(3,3,2)$，$N(4,3,2)$，…，$N(q_1,3,2)$；$N(2,4,2)$，$N(3,4,2)$，…，$N(q_1,4,2)$ 等皆存在，这些又推得整数 $N(q_1,q_2,3)$ 等存在.

按照归纳法的假设，对于任意 $q_1',q_2',1\leqslant r-1\leqslant q_1'q_2'$，存在着 $p_1=N(q_1-1,q_2,r)$，$p_2=N(q_1,q_2-1,r)$ 和整数 $N(q_1',q_2',r-1)$. 于是在特殊情况下，存在着 $N(p_1,p_2,r-1)$.

我们将得到 $N(q_1,q_2,r)$ 的存在性并将证明

$$N(q_1,q_2,r)\leqslant N(p_1,p_2,r-1)+1$$

令 $n\geqslant N(p_1,p_2,r-1)+1$，并令 a 是 n 元素集 S 中的一个元素. 令 $T=S\backslash\{a\}$，则 $|T|=n-1$. 从 S 的 r 元子集族的分解 $P_r(S)=A_1\cup A_2$ 出发，我们可以将 T 的 $(r-1)$ 元子集族定义一个划分 $P_{r-1}(T)=B_1\cup B_2$ 如下：

令 $R\subsetneq T$ 和 $|R|=r-1$. 如果集合 $R\cup\{a\}\in A_1$，我们将 R 放入 B_1 内；如果 $R\cup\{a\}\in A_2$，

我们将 R 放入 B_2 内,对于 T 中所有的 $(r-1)$ 元子集 R,我们都这样处理. 由于 T 有 $n-1$ 个元素,就得到 $|T|\geqslant N(p_1,p_2,r-1)$,因此 T 或者包含一个 p_1 元子集,它的所有 $(r-1)$ 元子集都在 B_1 中;或者包含一个 p_2 元子集,它的所有 $(r-1)$ 元子集都在 B_2 中.

让我们首先考虑当 T 包含一个子集 U 并有 $|U|=p_1$ 及 $P_{r-1}(U)\subsetneqq B_1$ 的情况. 我们已经定义了 $p_1=N(q_1-1,q_2,r)$,又因 $P_r(S)=A_1\cup A_2$ 导致分解 $P_r(U)=C_1\cup C_2$,其中 $C_i(i=1,2)$ 包含了那些 U 中 A_i 的 r 元子集,于是 U 或者包含一个 q_1-1 元子集,它的所有 r 元子集在 C_1 中,当然也在 A_1 中;或者包含一个 q_2 元子集,它的所有 r 元子集在 C_2 中,当然也在 A_2 中. 在后一种情况下,我们已经找到一个 U 的 q_2 元子集 V,于是在 S 内使得 $P_r(V)\subsetneqq A_2$,即证明完毕.

在前一种情况,U 包含了一个子集 V 且 $|V|=q_1-1$ 满足 $P_r(V)\subsetneqq A_1$. 设 $W=V\cup\{a\}\subsetneqq S$ 及 $|W|=q_1$. 如果 W 的一个 r 元子集不包含元素 a,则它是 V 的一个 r 元子集,因而它在 A_1 内.

如果 W 的一个 r 元子集包含元素 a,则它由 a 及 V 的一个 $(r-1)$ 元子集构成,但是作为 U 的一个子集的 V,有性质 $P_{r-1}(V)\subsetneqq B_1$,由划分定义 $P_{r-1}(T)=B_1\cup B_2$ 得到包含元素 a 的 W 的一个 r 元子集是在 A_1 类中,因此 W 是 S 的一个 q_1 元子集,它的所有的 r 元子集都在 A_1 内. 对于 T 包含一个 p_2 元子集,且它的所有的 $(r-1)$ 元子集都在 B_2 内的情况也可以类似地处理. 这样我们建立了一个使得命题中的性质对 $t=2$ 时成立的正整数 n 的存在性,因而也就存在那样一个最小的数 n,由定义,它就是拉姆塞数 $N(q_1,q_2,r)$. 命题中

所说的性质显然对每一个 $n \geqslant N(q_1, q_2, r)$ 都对，因为对每一个划分 $P_r(S) = A_1 \cup A_2$ 我们都能得到一个划分 $P_r(X) = Y_1 \cup Y_2$，$|X| = N(q_1, q_2, r)$ 且 $Y_i(i=1,2)$ 是从 A_i 中去掉那些包含在 $S \setminus X$ 中元素的 r 元子集后得到的.

拉姆塞数的确定是一个困难的组合问题. 例如对于 $t > 2$，我们知道 $N(3,3,3,2) = 17$.

一个团的边有好的 $q-$ 着色是指用 q 种颜色着在边上使得团没有单色的三角形. 令 n_q 是使团的边有好的 $q-$ 着色的团的顶点的最大数，显然

$$n_q = N(\underbrace{3,3,\cdots,3}_{q},2) - 1$$

命题 2（格林伍德，格利森）　拉姆塞数 $N(3,3,\cdots,3,2)$ 满足

$$N(\underbrace{3,3,\cdots,3}_{q},2) \leqslant q!\ \sum_{k=0}^{q} \frac{1}{k!} + 1 \qquad (1)$$

令 K_{n_q} 是一个有 n_q 个顶点的团，它的边有一个好的 $q-$ 着色. 对于 K_{n_q} 的一个顶点 a，令 A_i 表示 K_{n_q} 中与 a 所连成的边用颜色 i 着色的顶点的集合.

用顶点集 A_i 形成的子图是一个团，它的边有一个好的 $(q-1)-$ 着色，因此 $|A_i| \leqslant n_{q-1}$. 我们推出

$$n_q - 1 = d(a) = \sum_{i=1}^{q} |A_i| \leqslant qn_{q-1}$$

其中 $d(a)$ 是 a 在 K_{n_q} 内的次数.

因为 $n_1 = 2$，我们写作

$$n_q \leqslant qn_{q-1} + 1 \leqslant q((q-1)n_{q-2} + 1) + 1 \leqslant \cdots \leqslant$$

$$q!\ + q!\ + \frac{q!}{2!} + \cdots + \frac{q!}{q!} = \sum_{k=0}^{q} \frac{q!}{k!}$$

这就证明了命题 2. E. G. Whitehead 指出具有使式(1)两端不等这一性质的第一个 q 的值是 $q=4$.

在 $t=2$ 的情况,我们曾经指出 $N(q_1,q_2,1)=q_1+q_2-1$ 和 $N(q_1,r,r)=q_1$ 及上面所建立的不等式

$$N(q_1,q_2,r)\leqslant N(N(q_1-1,q_2,r),\\ N(q_1,q_2-1,r),r-1)+1 \qquad (2)$$

它们将使我们在 $t=2$ 的情况下得到拉姆塞数的上限.

命题 3(爱尔迪希,塞克尔斯)　若 $p,q\geqslant 2$,拉姆塞数满足不等式

$$N(p,q,2)\leqslant \binom{p+q-2}{p-1} \qquad (3)$$

我们采用对 $p+q$ 进行的归纳法来证明这个不等式. 当 $p+q=4$ 时不等式(3)成立,因为 $N(2,q,2)=q$ 及 $\binom{q}{1}=q$. 假定(3)对所有数对(p',q'),其中 $p',q'\geqslant 2$ 及 $p'+q'<p+q$ 均成立,让我们对(p,q)加以证明. 利用 $N(p,q,1)=p+q-1$ 及(2),我们得到

$$N(p,q,2)\leqslant N(N(p-1,q,2),N(p,q-1,2),1)+1=\\ N(p-1,q,2)+N(p,q-1,2)\leqslant\\ \binom{p-1+q-2}{p-2}+\binom{p+q-1-2}{p-1}=\\ \binom{p+q-2}{p-1}$$

它是利用归纳原理及组合计算的递推公式得来的.

对参数 p 与 q 的小的数值 $N(p,q,2)$ 已经确定,它们很接近于二项式系数 $\binom{p+q-2}{p-1}$,在表 14 中,每一格包含对应的两个数是用分号分开的.

表 14

$N(p,q,2);\binom{p+q-2}{p-1}$	$p=2$	$p=3$	$p=4$	$p=5$	$p=6$	$p=7$
$q=2$	2;2	3;3	4;4	5;5	6;6	7;7
$q=3$	3;3	6;6	9;10	14;15	18;21	23;28
$q=4$	4;4	9;10	18;20			
$q=5$	5;5	14;15				
$q=6$	6;6	18;21				
$q=7$	7;7	23;28				

J. Yackel 证明：存在常数 c，使得

$$N(n+1,n+1,2)\leqslant c\,\frac{\log\log n}{\log n}\binom{2n}{n}$$

应用　研究在三维空间内的任意 n 个点. 以这 n 个点作为顶点的完全图中，两个点确定一条边. 如果我们把一些边着上红色，其余一些边着上蓝色，则顶点集的二元子集族能够被划分为红边集 A_1 和蓝边集 A_2.

如果 p 及 q 为整数使得 $2\leqslant p,q$ 且若 $n\geqslant N(p,q,2)$，拉姆塞定理保证：存在仅用红边联结的 p 个顶点或存在仅用蓝边联结的 q 个顶点，且 $N(p,q,2)$ 是满足这个性质的最小整数. 这就是图论中的拉姆塞数. 与此等价的定义是，数 $N(p,q,2)$ 是最小整数 n 使得每一个有 n 个顶点的图或者包含一个有 p 个顶点的完全子图，或者包含一个有 q 个顶点的独立集. 我们已经看到从 n 个顶点完全图的边的 2 — 着色的集合到 n 个顶点的图存在着一个一一对应.

命题 4(爱尔迪希，塞克尔斯)　对于每一个整数 $m\geqslant 3$，存在一个具有下列性质的最小正整数 N_m：对任意整数 $n\geqslant N_m$，若平面上 n 个点中没有三点共线，则其中的 m 个点为一个凸多边形的顶点.

我们首先证明在平面上没有三点共线的五个点，其中四个点是一个凸四边形的顶点. 用一切可能的方法联结五个点可定出$\binom{5}{2}=10$条线段，它们组成图形的周界是一个凸多边形. 如果凸多边形是一个四边形或者是一个五边形，性质是显然的，因为在凸五边形的情况，其中四个点组成一个凸四边形. 相反，若凸多边形是一个三角形，则五个点中的两个点要在三角形内. 这两个内点确定一条直线，而三角形的三个顶点中的两点位于这条直线的一侧. 在这种情况下，两个内点和位于直线一侧的这两个顶点组成一个凸四边形，即性质成立.

让我们进一步指出，若平面上m个点中没有三点共线，且若每四个点的子集确定出一个凸四边形，则这m个点是一个凸多边形的顶点.

用一切可能的方法联结m个点确定$\frac{m(m-1)}{2}$条线段，这个图形的周界是一个有q个顶点的凸多边形. 让我们证明$m=q$. 令$V_1,V_2,\cdots,V_q$是凸多边形的顶点，顶点顺序按照沿周界的两种可能方向之一. 如果原来选点之一在凸多边形内，它必在$\triangle V_1V_2V_3$，$\triangle V_1V_3V_4$，$\cdots$，$\triangle V_1V_{q-1}V_q$其中一个的内部，这与任意四个点的集合确定出凸四边形的论断相矛盾. 故$q=m$且m个点是凸多边形的顶点.

命题4可由拉姆塞定理得到. 若$m=3$，得$N_3=3$，命题是显然的，因为平面上的三个不共线的点决定的三角形是一个凸多边形. 若$m\geqslant 4$，令$n\geqslant N(5,m,4)$，并取平面上n个点. 我们构造平面上这n个点集的四

个点的子集族的一个划分,即凹四边形集和凸四边形集.由于拉姆塞定理,或者存在一个五边形,它的所有四个顶点的子集都是凹四边形;或者存在一个有 m 个顶点的多边形,它的所有四个顶点的子集都是凸四边形.但是我们已经看到选择前者是不可能的,因为一个五边形至少包含一个凸四边形.而选择后者推得有 m 个顶点的多边形是凸的,因为它的所有的四个顶点的子集都决定了凸四边形.

从以上证明推得 $N_m \leqslant N(5,m,4)$.已知 $N_3=3=2+1$,$N_4=5=2^2+1$,$N_5=9=2^3+1$,因此引出一个猜想 $N_m=2^{m-3}+1$.直到如今,它既没有被证明出来也没有被证明不成立.

问　题

1.证明 $N(3,3,2)=6$,即用两种颜色对一个完全六边形 K_6 任意边进行着色,至少包含一个单色的三角形.

2.给定整数 $l_i,k_i(i=1,2,\cdots,n)$ 及 r,它们满足性质$l_i\geqslant r\geqslant k_i>0(i=1,2,\cdots,n)$,证明我们可以定出一个整数 $N(l_1,k_1;l_2,k_2;\cdots;l_n,k_n;r)=m$ 是具有下列性质的最小整数:若 S 是含有 m 个点的集合,且 S 的 $r-$子集被任意划分为 n 类,则对于某些 $i(1\leqslant i\leqslant n)$,存在 S 的一个 l_4-子集,它的每一个 k_i-子集在第 i 类的一些 $r-$子集之中.

(爱尔迪希,O'Neil,1973)

提示:从拉姆塞数 $N(l_1,l_2,\cdots,l_n;r)$ 的存在性中

得到这个论断.

3. 证明推广的拉姆塞数具有下列性质:

(i) $N(r,k_1;l,k_2;r)=N(l,k_1;r,k_2;r)=l$;

(ii) $N(l_1,k_1;l_2,k_2;r)\leqslant N(N(l_1-1,k_1;l_2,k_2;r),k_1-1;N(l_1,k_1;l_2-1,k_2;r),k_2-1;r-1)+1$.

(爱尔迪希,O'Neil,1973)

提示:参考命题 1 的证明.

4. 证明下列鸽子洞原理的推广:若 $k_1+k_2=r+1$,则 $N(l_1,k_1;l_2,k_2;r)=l_1+l_2-k_1-k_2+1$. 进一步,若 $k_1+k_2\leqslant r$,则 $N(l_1,k_1;l_2,k_2;r)=\max(l_1,l_2)$.

(爱尔迪希,O'Neil,1973)

提示:用两个方向的不等式证明

$$N(l_1,k_1;l_2,k_2;r)=l_1+l_2-k_1-k_2+1$$
$$(k_1+k_2=r+1)$$

5. 证明下列结论:若平面上的点任意划分为 k 个集合(k 为有限数),则至少存在一个集合包含一个等边三角形的顶点. (Simmons,1971)

提示:重复地应用范·德·瓦尔登定理,即对于任意正整数 k,t,存在一个数,可表为 $W(k,t)$. 它是具有下列性质的最小整数:若集合 $\{1,2,3,\cdots,W(k,t)\}$ 任意划分为 k 个集合,则划分中存在一类,它包含一个 $t+1$ 个数的算术数列. 已经知道 $W(1,t)=t+1$,$W(k,1)=k+1$,$W(2,2)=9$,$W(2,3)=35$,$W(3,2)=27$.

6. 证明对于 $k\geqslant 1$,有

$$N(\underbrace{3,3,\cdots,3}_{k\text{个}};2)\geqslant 2^k+1$$

(格林伍德,格利森,1955)

7. 令 $\overline{G}$ 表示 G 的补图(当且仅当 G 内两顶点不相

邻时,它们在 $\overline{G}$ 内是相邻的). G 图的顶点数为 $v(G)$.

令 $g(k,l)$ 表示最小的整数使得由 $v(G)\geqslant g(k,l)$ 推得,或者 G 包含一个长度为 k 的基本链,或者 $\overline{G}$ 包含一个长度为 l 的基本链(链的长度就是链的边数).

证明对于 $k\geqslant l$,有

$$g(k,l)=k+\left[\frac{l+1}{2}\right]$$

(Gerencsér,Gyárfás,1967)

提示:先用归纳法于 k 证明 $g(k,l)\leqslant k+\left[\frac{l+1}{2}\right]$. 对于反向不等式可以考虑一个特殊的图.

8. 令 $f_r(n)$ 表示具有下列性质的最大整数:用 r 种颜色任意对完全图 K_n 进行边着色,则总存在一个 1－色连通子图,它至少有 $f_r(n)$ 个顶点.

证明 $f_2(n)=n$ 及 $f_3(n)=\left[\frac{n+1}{2}\right]$.

(Gerencsér,Gyárfás,1967)

9. 根据定义,两个图 F_1,F_2 的拉姆塞数 $R(F_1,F_2)$ 是最小值 p,使得每一个 K_p 的 2－色边集包含一个绿色的 F_1 或红色的 F_2,证明星形树的拉姆塞数由下列公式给定

$$R(K_{1,m},K_{1,n})=\begin{cases}m+n,\text{若 } m \text{ 或 } n \text{ 为奇数}\\ m+n-1,\text{若 } m \text{ 和 } n \text{ 皆为偶数}\end{cases}$$

(Harary,1972)

10. 我们可以将拉姆塞定理推广到有向图,这个推广由 Harary 和 Hell 给出:令 K_p 表示完全有向图,它的 p 个顶点的每一对点用两个对称弧联结. 则 $R(D_1,D_2)$ 定义为最小值 p,使得 K_p 的弧的任意 2－着色有红的 D_1 或绿的 D_2,其中 D_1,D_2 是有向图.

证明：当且仅当 D_1, D_2 中至少有一个是无圈时，拉姆塞数 $R(D_1, D_2)$ 存在.

(Harary, Hell, 1972)

提示：证明必要性时将可传递的竞赛图 T_p（一个无圈的有向图具有顶点集 $\{1, 2, \cdots, p\}$ 及所有弧 (i, j)，其中 $i > j$）的一些弧着红色，剩下的弧着绿色，它们仍组成可传递的竞赛图 $\overline{T}_p$.

11. 证明：可传递的竞赛图和完全图拉姆塞数有等式关系 $R(T_m, T_n) = R(K_m, K_n)$.

(Harary, 1972)

提示：利用 K_p 是两个可传递的竞赛图 T_p 与 $\overline{T}_p$ 的叠加这一性质.

12. 推出拉姆塞数 $R(K_m, K_{1,n})$ 由下列公式给出

$$R(K_m, K_{1,n}) = (m-1)n + 1$$

(Schwenk, 1972)

提示：要得到下限，将完全 $m-1$ 分图 $K_{\underbrace{n,n,\cdots,n}_{m-1}}$ 着红色，并将 $K_{(m-1)n+1}$ 的其余的边着绿色. 上限可作为 Turán 定理的一个推论而得到.

13. 证明：K_6 的每一个 2－着色至少有两个单色的四边形 (C_4).

14. 若 C_n 表示有 n 个顶点的一个圈，对于 $m \leqslant n$，循环拉姆塞数 $R(C_m, C_n)$ 是已经定义了的.

证明 $R(C_3, C_3) = R(C_4, C_4) = 6$ 及 $R(C_4, C_5) = 7$.

(R. Faudree, R. Schelp 和 V. Rosta 指出除了 $R(C_3, C_3)$ 及 $R(C_4, C_4)$，数 $R(C_m, C_n)$ 等于：

(ⅰ) $2n-1$，当 $3 \leqslant m \leqslant n$，$m$ 为奇数时；

(ⅱ) $n + \frac{m}{2} - 1$，当 $4 \leqslant m \leqslant n$，$m, n$ 皆为偶数时；

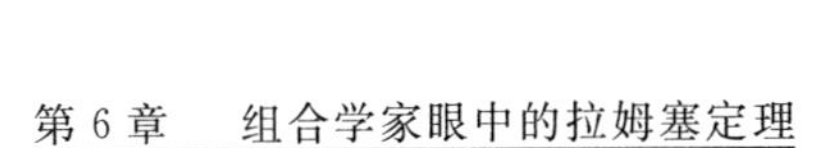

（ⅲ）$\max(n+\frac{m}{2}-1,2m-1)$，当 $4\leqslant m<n$，m 为偶数，n 为奇数时.）

15. 设 F_1，F_2 是两个图，它们最多有四个顶点，这些顶点是非孤立顶点，证明：推广的拉姆塞数 $R(F_1,F_2)$ 可如表 15 给出.

表 15　推广的拉姆塞数 $R(F_1,F_2)$

	K_2	P_3	$2K_2$	K_3	P_4	$K_{1,3}$	C_4	$K_{1,3}+x$	K_4-x	K_4
K_2	2	3	4	3	4	4	4	4	4	4
P_3		3	4	5	4	5	4	5	5	7
$2K_2$			5	5	5	5	5	5	5	6
K_3				6	7	7	7	7	7	9
P_4					5	5	5	7	7	10
$K_{1,3}$						6	6	7	7	10
C_4							6	7	7	10
$K_{1,3}+x$								7	7	10
K_4-x									10	11
K_4										18

它们的图见图 20.

（Chvátal，Harary，1972）

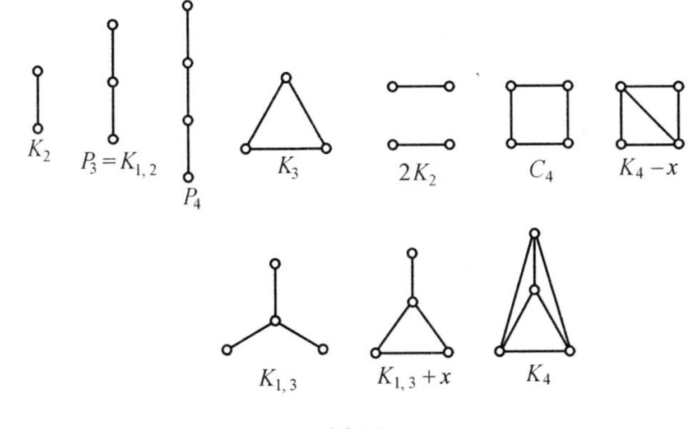

图 20

16. 设 F 是一个没有孤立顶点的图，G 是一个已知图，c 是一个正整数. 用 $R(G,F,c)$ 表示具有下列性质的最大整数 n：G 的边的每一个 c — 着色，至少有 n 个单色的 F 出现.

立方体 Q_n 通常定义为有 2^n 个顶点的图，这些顶点可以看成所有二元 n — 序列，其中两点相邻当它们的序列中恰有一个地方不同.

证明：对于 $n \geqslant m$，数 $R(Q_n;Q_m;c)$ 用下式给出

$$R(Q_n;Q_m;c)=\begin{cases}\binom{n}{m}2^{n-m}, & \text{若 } \min(m,c)=1\\ 0, & \text{其他}\end{cases}$$

(Harary, 1972)

17. 对于 T_1 不是星形树 $(K_{1,p})$ 的任意两棵树 T_1 及 T_2，证明：$R(T_2,T_1;c)=0$，其中 $c \geqslant 2$.

(Harary, 1972)

18. 用 $P(k,l)$ 表示具有下列性质的最小整数：有 $P(k,l)$ 个或更多个顶点的任意平面图或者包含 k 个顶点的完全图作为子图，或者有 l 个独立顶点的集合.

$P(k,l)$ 的存在性由不等式 $P(k,l) \leqslant N(k,l,2)$ 得来，其中 $N(k,l,2)$ 表示通常的拉姆塞数，证明：$P(2,l)=l$，$P(4,2)=4$，对于 $l \geqslant 2$，$P(3,l)=3(l-1)$，对于 $k \geqslant 5$，$P(k,l)=P(5,l)$.

(Walker, 1969)

提示：没有一个平面图包含 K_5 或 $K_{3,3}$，或者这两个图的边上增加一些顶点作为它的子图.

19. 证明：$R(P_m,K_n)=(m-1)(n-1)+1$.

(T. D. Parsons, 1973)

提示：考虑 K_{m-1} 的 $n-1$ 个不相交的样本去证明

$R(P_m,K_n)>(m-1)(n-1)$. 其逆不等式从爱尔迪希的结果中得来，他断言若图 G 有 $(m-1)(n-1)+1$ 个顶点，则 G 包含 P_m 或 $\bar{G}$ 包含 K_n.

20. 证明命题 3 的下列推广：

对于 $k_1,k_2,\cdots,k_r\geqslant 1$，下面不等式成立

$$N(k_1+1,k_2+1,\cdots,k_r+1,2)\leqslant \frac{(k_1+k_2+\cdots+k_r)!}{k_1!\cdot k_2!\cdot\cdots\cdot k_r!}$$

（格林伍德，塞克尔斯，1955）

提示：证明

$$N(k_1,\cdots,k_r,2)\leqslant \sum_i N(k_1,\cdots,k_i-1,\cdots,k_r,2)$$

图论学家眼中的拉姆塞定理

第7章

§1 拉姆塞定理在图论中的应用

1928年，拉姆塞提出了两个值得注意的定理，它们在数学的各个分支中都有着广泛的应用. 对于图论而言，其中第二个定理可以表述成：k,l 是自然数，当 n 充分大时（依赖于 k,l），$G=G^n$，则要么 G 含有一个 k 阶完全图，要么 G 的补图含有一个 l 阶的完全图，换一种说法就是

$$R(k,l)=\inf\{n \mid 若 \mid G \mid=n, \operatorname{cl}(G)<k, 则 \operatorname{cl}(\bar{G})\geqslant l\} \tag{1}$$

是有限数. 定理本身已经非常一般化，而且在许多方面得到了推广，产生了大量而又深刻的结论. 特别是在集合论方面，有关拉姆塞理论的浩瀚文献很难在一本书中叙述全，更不用说是短短的一节了. 然而由于确定拉姆塞数 $R(k,l)$ 的问题

理所当然的是图论中的极值问题，因此关于极值图论的任何书中都必须包括拉姆塞理论的内容.

这里我们只给出了最基本和最简单的拉姆塞定理以及有所谓拉姆塞性质的图的存在性的 Nĕsetřil 和 Rödl 的较强而又深刻的定理. 图论中很多拉姆塞类定理与估计一个确定的常数有关(其中最简单的就是 $R(k,l)$)，这些常数的存在性是拉姆塞原始定理的一个明显推论，这里我们不准备给出这些估计的明细表. Nĕsetřil 和 Rödl 定理本质上是完全不同的. 由 Nĕsetřil 和 Rödl 所构造的图的存在性不能够从任何其他的拉姆塞类定理得出. 对这些图的最小阶的估计目前还是相当糟糕的，但是这类图肯定存在却是值得人们注意的事情.

我们从拉姆塞的两个定理开始讨论. 这里要重申一下：若 X 是一个集，则 $X^{(r)}$ 表示 X 的所有 r－子集的集合(也就是有 r 个元素的 X 的子集的全体). 如果在 $X^{(r)}$ 的一种着色中，$Y^{(r)}(Y\subsetneq X)$ 的元素有相同的着色(比如说是 C_i)，则我们说 Y 是单色的(有色 C_i)，虽然，这一术语多少有些滥用而不够贴切.

定理 1　设 r 和 k 是自然数，A 是一个无限集，C 是用颜色集 $\{C_1,C_2,\cdots,C_k\}$ 对 $A^{(r)}$ 的一种 k－着色，则 A 含有单色无限集.

证明　显然，只要对 $k=2$ 的情况证明定理的结论就足够了，然而我们并不准备用这种简化手段.

当 $r=1$ 时，定理显然成立，我们对 r 施用归纳法，假定 $r=t-1$ 时定理正确，然后导出 $r=t$ 时定理亦真. 下面我们将定义 A 的一个无限子集 $X=\{x_1,x_2,\cdots\}$，并且和 X 的用颜色 $\{C_1,C_2,\cdots,C_k\}$ 的一种 k－着色 $\widetilde{C}$

一起构造出 A 的无限子集序列 $B_0 \supsetneqq B_1 \supsetneqq \cdots$. 为此，令 $B_0=A$，任取 $x_1 \in B_0$，假定已经定义了 $x_1, x_2, \cdots, x_l$ 和 $B_0 \supsetneqq B_1 \supsetneqq \cdots \supsetneqq B_{l-1}$，使得 $x_i \in B_{i-1}, 1 \leqslant i \leqslant l$. 令 $C_{l-1}=B_{l-1}-\{x_l\}$，同时，$C'(\sigma)=C(\sigma \cup \{x_l\}, \sigma \in C_{l-1}^{(r-1)})$，由此定义 $C_{l-1}^{(r-1)}$ 的一种 $k-$ 着色 C'. 根据归纳假设 C_{l-1} 含有一个单色的无限集 B_l，比如说其颜色是 C_i. 若令 $\widetilde{C}(x_l)=C_i$，则 B_l 是 $C_{l-1} \subsetneqq B_{l-1}$ 的一个无限子集，且把 x_l 添加到 B_l 的 $(r-1)-$ 子集所得出的所有 $r-$ 集均有相同的颜色 $\widetilde{C}(x_l)$.

构造好了无限集 X 和它的 $k-$ 着色 $\widetilde{C}$，证明起来就容易了. 令 $X_i=\{x \in X, \tilde{c}(x)=c_i\}, i=1,2,\cdots,k$，则 $X=\bigcup_{i=1}^{k} X_i$，于是存在某个下标 i，使得集 X_i 是无限集，根据构造，每个 X_i 的 $r-$ 子集有颜色 C_i.

定理 2 设 r, k, s 是自然数，则存在一个自然数 R 使得，如果 A 是有 R 个元素的集，那么对 $A^{(r)}$ 的任何一个 $k-$ 着色存在 A 的单色 $S-$ 子集 S.

证明 假设定理不真，也就是说，对每个 n 存在 $[1,n]^{(r)}$ 的 $k-$ 着色 $C^{(n)}$，其中 $[1,n]=\{1,2,\cdots,n\}$，而不存在单色 $S-$ 子集，为方便起见，我们假定 $c_1, c_2, \cdots, c_k$ 是每一 $k-$ 着色 $C^{(n)}$ 中的颜色.

设 $\rho_1, \rho_2, \cdots$ 是 $N=\{1,2,\cdots\}$ 的全体 $r-$ 子集. 我们按下述方法定义无限集的一个递降序列 $I_0=N \supsetneqq I_0 \supsetneqq \cdots$，以及 $N^{(r)}$ 的一种着色 $\tilde{c}$：假定已经定义了 $I_0 \supsetneqq I_1 \supsetneqq \cdots \supsetneqq I_m$ 且定义了在 $\{\rho_1, \rho_2, \cdots, \rho_m\}(m \geqslant 0)$ 上的 $\tilde{c}$ 的值，令 I_{m+1} 是 I_m 的一个无限子集，且满足对每种着色 $C^{(i)} \supsetneqq I_m, i \in I_{m+1}$，给 ρ_{m+1} 着以同样颜色，

设为C_j，令$\tilde{c}(\rho_{m+1})=C_j$. 则在每个$N$的$l$－子集上存在着一种着色$C^{(n)}$，它与$L^{(r)}$上的着色$\tilde{c}$相一致，所以在$N^{(r)}$的着色$\tilde{c}$中存在非单色的$l$－子集，这与定理1相矛盾.

用$R_k^{(r)}(s)$表示定理2中所指出的R的最小值，故$R_k^{(r)}(s)$称作关于参数r,k,s的拉姆塞数. 上面的证明并没有给出$R_k^{(r)}(s)$的界，就是把上述证明改写成直接证法也是如此. 为了得到$R_k^{(r)}(s)$的更好的界，引进依赖于多参数的拉姆塞数的概念可能更方便些，即令$R_k^{(r)}(s_1,s_2,\cdots,s_k)$是适合下述要求的最小正数$R$——对于$[1,R]^{(r)}$的由颜色$c_1,c_2,\cdots,c_k$的每种$k$－着色，都存在$i$，使之含有着以颜色$i$的单色的$S_i$－子集. 显然，$R_k^{(r)}(s_1,s_2,\cdots,s_k)$与变量$s_1,s_2,\cdots,s_k$的排列无关. 为简化记号，在$r,k=2$时，我们略去角标$r,k$，即

$$R^{(r)}(s_1,s_2)=R_2^{(r)}(s_1,s_2)$$

$$R_k(s_1,s_2,\cdots,s_k)=R_k^{(2)}(s_1,s_2,\cdots,s_k)$$

$$R(s_1,s_2)=R_2^{(2)}(s_1,s_2)$$

这与(1)的定义相吻合，定理2保证了对每组$r,k,s_1,s_2,\cdots,s_k$的值，$R_k^{(r)}(s_1,s_2,\cdots,s_k)$是存在的. 然而，这些数的存在性(有限)也能从下一个结果得出，这个结果的简单证明独立于定理1和定理2. 注意当$k\geqslant 3$时，我们有

$$R_k^{(r)}(s_1,s_2,\cdots,s_k)\leqslant R_{k-1}^{(r)}(s_1,s_2,\cdots,s_{k-2},R^{(r)}(s_{k-1},s_k)) \tag{2}$$

为看清这一点，只要用同色集$c_1,c_2,\cdots,c_{k-2},c_{k-1}\cup c_k$的$(k-1)$－着色代替具有同色集$c_1,c_2,\cdots,c_k$的$[1,N]^{(r)}$的$k$－着色即可. 由不等式(2)就可以给出$R^{(r)}(s_1,s_2)$的界. 此外，由$R_k^{(r)}(s_1,s_2,\cdots,s_k)$的定义立

即可得：若 $p < r \leqslant s_i$，则

$$R_k^{(r)}(p, s_2, \cdots, s_k) = p$$

$$R_k^{(r)}(r, s_2, s_3, \cdots, s_k) = R_{k-1}^{(r)}(s_2, s_3, \cdots, s_k) \tag{3}$$

$$R^{(r)}(r, s_2) = R_1^{(r)}(s_2) = s_2 \tag{4}$$

$$R^{(1)}(s_1, s_2) = s_1 + s_2 - 1 \tag{5}$$

根据(3)(4)(5)就可以得出下面的基本不等式，它首先由爱尔迪希和塞克尔斯得出，而被格林伍德和格利森重新发现，它给出了任何拉姆塞数 $R_k^{(r)}(s_1, s_2, \cdots, s_k)$ 的上界，当然也就证明了它的存在性.

定理 3 若 $s_i > r(i=1,2,\cdots,k)$，则

$$\begin{aligned} R_k^{(r)}(s_1, s_2, \cdots, s_k) \leqslant R_k^{(r-1)}\{&R_k^{(r)}(s_1 - 1, s_2, \cdots, s_k), \\ &R_k^{(r)}(s_1, s_2 - 1, s_3, \cdots, s_k), \cdots, \\ &R_k^{(r)}(s_1, \cdots, s_{k-1}, s_k - 1)\} + 1 \end{aligned} \tag{6}$$

此外，若 $s_1 > 2, s_2 > 2$，则

$$R(s_1, s_2) \leqslant R(s_1 - 1, s_2) + R(s_1, s_2 - 1) \tag{7}$$

和

$$R(s_1, s_2) \leqslant \binom{s_1 + s_2 - 2}{s_1 - 1} \tag{8}$$

证明 用 $R+1$ 表示式(6)的右端. 设 c 是 $A^{(r)}$ 的具有颜色 $c_1, c_2, \cdots, c_k$ 的一种 k－着色. $|A| > R$，取元素 $a \in A$，且令 $B = A - \{a\}$. 用 $\tilde{c}(\sigma) = c(\sigma \cup \{a\}), \sigma \in B^{(r-1)}$，定义 $B^{(r-1)}$ 的 k－着色 $\tilde{c}$. 因为 $|B| \geqslant R$，不失一般性，我们可以假定 B 含有色 c_1 的单色 S－集 C_1，其中 $S = R_k^{(r)}(s_1 - 1, s_2, \cdots, s_k)$，$k$－着色 c 确定了 $C_1^{(r)}$ 的 k－着色. $R_k^{(r)}(s_1 - 1, s_2, \cdots, s_k)$ 的定义意味着 C_1 含有单色集 D 且满足：要么 $|D| = s_1 - 1$，D 的色是 c_i；要么对某个 i，$|D| = s_i (2 \leqslant i \leqslant k)$，$D$ 的色是 c_i. 若是后一种情

况，则定理已证，因为 D 是 A 的有颜色 c_i 的一个单色s_i -集. 为完成定理的证明，我们要指出，在第一种情况下集 $D \cup \{a\}$ 也是 A 的有颜色 c_1 的一个单色 s_1 -集.

不等式(7) 可以从(5) 与(6) 导出，不等式(8) 可利用不等式(7) 及归纳法证得.

在一般情况下，从定理 3 得出的界距离 $R_k^{(r)}(s_1, s_2, \cdots, s_k)$ 的实际值很远. 实际上，哪怕仅仅是对拉姆塞数进行估计也是相当困难的事. 有大量的结果给出了不同的拉姆塞数的界，特别对 $R(s_1, s_2)$ 更是如此，但是大多数证明都相当长，而且只是逐情况地对定理予以验证性证明. 因为其变化范围总是有限的，这些我们都略去不讨论了，这里我们只给出两个重要的关系式，第一个是

$$c_1 \frac{s^2}{(\log s)^2} \leqslant R(3, s) \leqslant c_2 s^2 \frac{\log \log s}{\log s}$$

其中 c_1, c_2 是正的绝对常数，下界是由爱尔迪希给出，而上界是由 Graver 和 Yackel 得到的. 与此同时，Graver 和 Yackel 还估计了一些特殊的拉姆塞数. 此外，Yackel 还证明了：存在常数 c，使得对给定的 s_1 和足够大的 s_2(依赖于 s_1) 有关系式

$$R(s_1, s_2) \leqslant c \left(\frac{\log \log s_2}{\log s_1}\right)^{s_1 - 2} s_2^{s_1 - 2}$$

为了在图论中提出相应的拉姆塞类问题及有关结果，我们要引进下列概念(这些概念的原形是爱尔迪希和拉多在研究关于大基数的拉姆塞问题时引入的). 设 $H, G_1, G_2, \cdots, G_k$ 是图，用 $H \to (G_1, G_2, \cdots, G_k)$ 表示下述意义：给定 H 的有颜色 $C_1, C_2, \cdots, C_k$ 的一种 k -边着色，存在下标 i，使得 H 含一个同构于 G_i 的子图，该子图的边均着颜色 C_i(简单来说，H 含 C_i 的一个单色

G_i 或说 H 含一个 C_i 一色 G_i). 在上面的说法里若用图的顶点着色代替边着色,则用符号 $H\xrightarrow{v}(G_1,G_2,\cdots,G_k)$ 表示. 通常,若 $G_1=G_2=\cdots=G_k=G$,则将记号 $H\rightarrow(G_1,G_2,\cdots,G_k)$ 和 $H\xrightarrow{v}(G_1,G_2,\cdots,G_k)$ 简记作 $H\rightarrow(G_k)$ 和 $H\xrightarrow{v}(G)_k$. 我们称 G 的一个 k 一边着色 c 是线性的是指:如果能够找到一个顶点序 $x_1<x_2<\cdots<x_n$ 和顶点的一种 k 一着色 c'(依赖于 c 和这个序),使得当 $x_ix_j\in E(G)(i<j)$ 时有 $c(x_ix_j)=c'(x_j)$. 最后,我们以 $H\xrightarrow{\lim}(G)_k$ 表示:对 H 的任意k 一边着色存在 H 的一个线性着色子图G' 与G 同构.

对于图的情况,定理 2 可以表述成:若 $s_1,s_2,\cdots,s_k$ 是自然数,n 充分大(依赖于 $s_1,s_2,\cdots,s_k$),则 $k^n\rightarrow(k^{s_1},k^{s_2},\cdots,k^{s_k})$. 事实上

$$R_k(s_1,s_2,\cdots,s_k)=\min\{n\mid k^n\rightarrow(k^{s_1},k^{s_2},\cdots,k^{s_k})\}$$

在上面的式子中用任意图 $G_1,G_2,\cdots,G_k$ 代替完全图 $k^{s_1},k^{s_2},\cdots,k^{s_k}$,我们便得到广义拉姆塞数

$$V(G_1,G_2)=\min\{n\mid k^n\rightarrow(G_1,G_2)\}$$

$$V_k(G_1,G_2,\cdots,G_k)=\min\{n\mid k^n\rightarrow(G_1,G_2,\cdots,G_k)\}$$

广义拉姆塞数的存在性是定理 2 的一个直接推论. 事实上,显然有

$$\max_{1\leqslant i\leqslant k}|G_i|\leqslant R_k(G_1,G_2,\cdots,G_k)\leqslant R_k(|G_1|,|G_2|,\cdots,|G_k|)$$

与广义拉姆塞数有关的第一个非平凡的结果见 Gerencser 和 Gyarfas. 他们证明了:若 $m\geqslant n\geqslant 2$,则

$$R(p^m,p^n)=m+\left[\frac{h}{2}\right]-1$$

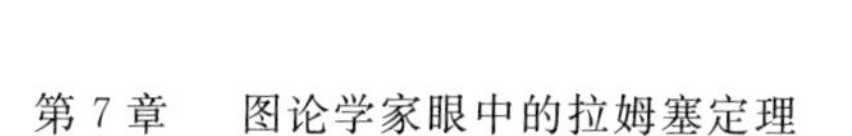

(其中 p^k 是 k 阶道路,即长为 $k-1$ 的道路). 尽管,对广义拉姆塞数系统的研究只是在几年后由 Cockayne 进行的,而问题的发现并公开提出却见之于 Chvatal 和 Harary. 因为已经得出的有关广义拉姆塞数的结果数量很大,有的结果令人惊讶. Burr 在一篇综合性论文中较详细地汇集了这方面的情况.

拉姆塞定理另一个自然的推广却有着完全不同的性质,它本身并不与出现在结果中的常数的值有关,却与拉姆塞数的存在性有关,它所研究的对象有比图或集系更复杂的结构. 这类拉姆塞类定理的经典例子是范·德·瓦尔登定理. 这个定理说:若 $N \geqslant N(r)$,则在正数 $1,2,\cdots,N$ 的任何一种 2－着色中存在长为 r 的一个单色算术级数. 拉姆塞定理的这些推广称之为划分理论. 划分理论中与有限图有关的很多问题具有下述模型:设 $G_1,G_2,\cdots,G_k$ 是给定的图,$\mathscr{H}$ 是一个图族,是否存在图 $H \in \mathscr{H}$,使得 $H \to (G_1,G_2,\cdots,G_k)$? 例如,给定一个正数 $r \geqslant 3$, 是否存在图 H, $\mathrm{cl}(H)=r$, 使得 $H \to (k^r)_2$? 这个问题由 Galvin 提出,但是,甚至对 $r=3$,这个问题也很难回答. 事实上,很容易发现存在图 H,$\mathrm{cl}(H)=5$,使得 $H \to (k^3)_2$. 但是可以断定,当 $\mathrm{cl}(H)=4$ 时就不那么容易了.

这一节的最后,我们给出 Něsetřil 和 Rödl 的一个较深刻的定理的证明,它对上述问题的一般化提法做了回答. 这一定理也是许多较弱的结果的推广,这些较弱的结果见:Folkman, Hajnol 和 Posa, Rödl, Něsetřil 和 Rödl 及 Deuber 的文章. 该定理指出:对每个 G 和 r,存在图 H,使得 $H \to (G)_r$,且 $\mathrm{cl}(H)=\mathrm{cl}(G)$. 在安排上,我们把这个定理作为关于"$\xrightarrow{v}$"和"$\xrightarrow{\lim}$"的类似定理的推论.

而一开始,我们先给出关于定理 2 的一个下述引理.

引理 1 设 q_1,q_2,s_1,s_2 和 k 均是自然数,则存在正数 R_1 和 R_2 适合:若 $[1,R_1]^{(q_1)}\times[1,R_2]^{(q_2)}$ 是 k—着色的,那么便存在集 $S_1\subsetneqq[1,R_1]$,$S_2\subsetneqq[1,R_2]$,$|S_1|=s_1$,$|S_2|=s_2$,使得 $S_1^{(q_1)}\times S_2^{(q_2)}$ 是单色的.

证明 注意,$R_1=R_k^{(q_1)}(s_1)$ 和 $R_2=R_r^{(q_2)}(s_2)$ 就有所要求的性质,其中 $r=k\binom{R_1}{q_1}$.

下面论证的基本思想要用到交织图(interlace graphs)的概念.它是爱尔迪希和 Hajnol 线圈概念的推广.设 X 是一个线性有序集,通常 X 是自然数的一个子集,设 M_1,M_2,N_1,N_2 是 X 的 p—集.我们说 M_1 和 M_2 有着与 N_1 和 N_2 相同的交织类是指:存在保持序的映射 $\phi:M_1\cup M_2\to N_1\cup N_2$,使得对每个 $i=1,2$,都有 $\phi(M_i)=N_{j(i)}$,其中 $\{j(1),j(2)\}=\{1,2\}$.用 $t(M_1,M_2)$ 表示 M_1 和 M_2 的交织类,用 $\mathscr{L}_{(p)}$ 表示 p—集(有序集)的交织类的全体集合.如果 $L\subsetneqq\mathscr{L}_{(p)}$,令 $\langle X,L,p\rangle$ 是这样的图:顶点集是 $X^{(p)}$,M_1M_2 是边(M_1,$M_2\in X^{(p)}$)当且仅当 $t(M_1,M_2)\in L$.图 $\langle X,L,p\rangle$ 称作交织图,为简化记号,我们令 $\langle n,L,p\rangle=\langle[1,n],L,p\rangle$,此外,定义 $\mathrm{cl}(L)=\sup\limits_n \mathrm{cl}(\langle n,L,p\rangle)$.

设 G 是图,X 是有序集,$\phi:V(G)\to X^{(p)}$ 是映射.令(稍有点滥用记号)

$$\phi(G)=\{t[\phi(x),\phi(y)],xy\in E(G)\}\subsetneqq\mathscr{L}_{(p)}$$

注意,ϕ 可以导出一个同态 $\bar{\phi}:G\to\langle X,\phi(G),p\rangle$,若 ϕ 是一个内射,则 $\bar{\phi}$ 是一个嵌入.

若 $M\in X^{(p)}$,$1\leqslant i\leqslant p$,则 $M(i)$ 表示 M 的第 i 个元素(在自然顺序下,由 X 的序导出).当 $Q\subsetneqq[1,p]$

时，我们令 $M(Q)=\{M(i)\mid i\in Q\}$. 此外，如果 $L\subsetneqq\mathscr{L}_{(p)}$，$|Q|=q$，则定义

$$L(Q)=\{t[M(Q),N(Q)]\mid t[M,N]\in L\}\subsetneqq\mathscr{L}_{(q)}$$

下面三个引理在定理的证明中是必需的：

引理2　假定 $L\subsetneqq\mathscr{L}_{(p)}$，$Q\subsetneqq[1,p]$，且当 $t[N,M]\in L$ 时，$N(Q)\neq M(Q)$，则

$$\mathrm{cl}(L(Q))\geqslant\mathrm{cl}(L)$$

证明　假定 $M_1,M_2,\cdots,M_r$ 是在 $\langle n,L,p\rangle$ 中的 k^r 的顶点，则 $M_1(Q),M_2(Q),\cdots,M_r(Q)$ 便是 $\langle n,L(Q),q\rangle$ 中的 k^r 的顶点，$q=|Q|$.

引理3　对每个图 G，存在 n,p 和一个交织 $\phi:V(G)\to[1,n]^{(p)}$，使得

$$\mathrm{cl}(\phi(G))=\mathrm{cl}(G)$$

证明　当 $|G|=1$ 时，引理显然成立，对一般图 G 我们可以用关于 $|G|$ 的归纳法来证明，所以我们假定阶数小于 $|G|$（$|G|>1$）的图引理成立. 取任意顶点 $x\in G$. 令 $G_1=G-x$，$G_2=G[\Gamma(x)]$. 由归纳假设，有内射 $\phi_1:V(G_1)\to[1,n_1]^{(p_1)}$ 和 $\phi_2:V(G_2)\to[n_1+1,n_2]^{(p_2)}$，使得

$$\mathrm{cl}(\phi_i(G_i))=\mathrm{cl}(G_i)\quad(i=1,2)$$

设 $V(G)-\{x\}\cup\Gamma(x)=\{z_1,z_2,\cdots,z_l\}$，$n=n_2+l(p_2+1)+1+p_1+p_2$，$p=p_1+p_2+1$，对 $y\in G$ 定义

$$\phi(y)=\begin{cases}\phi_1(y)\cup\phi_2(y)\cup\{n_2+l(p_2+1)+1\},若\ y\in\Gamma(x)\\ \phi_1(y)\cup[(j-1)(p_2+1)+1,j(p_2+1)],若\ y=z_j\\ [n_2+l(p_2+1)+1,n],若\ y=x\end{cases}$$

可以验证，内射 $\phi:V(G)\to[1,n]^{(p)}$ 适合 $\mathrm{cl}(\phi(G))=$

$\mathrm{cl}(G)$.

引理 4 设 G_0 是一个图，$G_1, G_2, \cdots, G_s$ 是阶数至少为 2 的一些导出子图，则存在 n, p 和内射 $\phi: V(G_0) \to [1, n]^{(p)}$，使得：

（ⅰ）$\mathrm{cl}(G_i) = \mathrm{cl}(\phi(G_i)), i = 0, 1, \cdots, s$；

（ⅱ）当 $1 \leqslant i \leqslant s$ 时，有 $t[M, N] \in \phi(G_i)$ 当且仅当

$$t[M, N] \in \phi(G_0), M(\rho - s + i) = N(p - s + i)$$

证明 令 $n_{-1} = 0, \phi_i: V(G_i) \to [n_{i-1} + 1, n_i]^{(p_i)}$ 是引理 3 所保证的内射. 我们希望适当地安排它们，并用新的元素去“标定”顶点的象，使（ⅱ）也能得到满足. 为做到这点，设 $\alpha_i: V(G_0) \to [n_{i-1} + 1, n_i]^{(p_i)}$ 是 ϕ_i 的一个任意扩张.

令 $n = n_s + s_m$，其中 $m = | G_0 |, p = \sum_{i=0}^{s} p_i + s$. 当 $1 \leqslant i \leqslant s$ 时，令 $\beta_i: V(G_0) \to [n_s + (i-1)m + 1, n_s + im]$ 是一个映射 —— 若 $x \neq y$，则 $\beta_i(x) = \beta_i(y)$ 当且仅当 $x, y \in G_i$.

用 $\phi(x) = (\bigcup_{i=0}^{s} \alpha_i(x)) \cup (\bigcup_{i=1}^{s} \beta_i(x)), x \in V(G)$，定义 $\phi: V(G) \to [1, n]^{(p)}$，而由 β_i 的构造知内射 ϕ 满足（ⅱ）. 为了证明（ⅰ）成立，令 $L_i = \phi(G_i)$，且

$$Q_i = \left[\sum_{j=0}^{i-1} p_j + 1, \sum_{j=0}^{i} p_j\right]$$

则 $L_i(Q_i) = \phi_i(G_i)$. 于是由引理 2，有

$$\mathrm{cl}(G_i) \leqslant \mathrm{cl}(\phi(G_i)) \leqslant \mathrm{cl}(L_i(Q_i)) = \mathrm{cl}(\phi_i(G_i)) = \mathrm{cl}(G_i)$$

定理 4 对每个图 G 和自然数 k，存在图 H，使得 $H \xrightarrow{v} (G)_k, \mathrm{cl}(H) = \mathrm{cl}(G)$.

证明 设 $\bar{\phi}:\langle n,L,p\rangle$ 是由引理 3 所保证的一个嵌入，$\mathrm{cl}(L)=\mathrm{cl}(G)$. 我们可以断言当 $N>R_k^{(p)}(n)$ 时，$H=\langle N,L,p\rangle$ 具有所要求的性质. 对给定的 $[1,N]^{(p)}$ 的一个 $k-$着色，存在集 $X\subsetneqq[1,N]$，$|X|=n$，使得它的所有的 $p-$子集有着相同的颜色，H 的由这些 $p-$子集生成的子图恰好是 $\langle n,L,p\rangle$，于是它含有同构于 G 的子图.

定理 5 对每个图 G 和自然数 k 存在一个图 H，使得 $H\xrightarrow{\lim}(G)_k$，$\mathrm{cl}(H)=\mathrm{cl}(G)$.

证明 我们对 $|G|$ 施用归纳法. 当 $|G|=1$ 时，结论显然成立，因此可以假定 $|G|>1$，定理对小于 $|G|$ 阶的图成立，取顶点 $x\in G$，令 $G_0=G-x$，$G_1=G[\Gamma(x)]$. 根据归纳假设，存在图 H_0，使得 $H_0\xrightarrow{\lim}(G_0)$，$\mathrm{cl}(H_0)=\mathrm{cl}(G_0)$. 显然，我们可以假设 $|G_1|\geqslant 2$，否则，定理的结论明显成立.

设 $\bar{\phi}:H_0\to\langle n,L,p\rangle$ 是引理 4 所保证的嵌入，这里 H_0 的导出子图设为 $H_1,H_2,\cdots,H_s$，都有 $\mathrm{cl}(H_i)<\mathrm{cl}(G)$，$|H_i|\geqslant 2$.

对 $N\geqslant n$，我们定义图 $H(N)$ 如下

$$V(H(N))=[1,N]^{(p)}\cup\{x_{ij}\mid 1\leqslant i\leqslant N,1\leqslant j\leqslant S\}$$

$$E(H(N))=E(\langle n,L,p\rangle)\cup\{x_{ij}M\mid M\in[1,N]^{(p)},M(p-s+j)=i\}$$

我们将要证明，当 N 足够大时，图 $H(N)$ 具有所要求的性质.

首先证明 $\mathrm{cl}(H(N))\leqslant\mathrm{cl}(G)$. 由于引理 2，我们只要验证：若 $x_{ij},M_1,M_2,\cdots,M_l$ 是 $H(N)$ 的一个完全子图的顶点，则 $\mathrm{cl}(G)\geqslant l+1$. 若 $1\leqslant u<v\leqslant l$，则

$M_u(p-s+j)=M_v(p-s+j)=i, t[M_u, M_v]\in L$. 于是由引理 4，我们有 $t[M_u, M_v]\in\phi(H_j)$. 因而 $l\leqslant \mathrm{cl}(H_j)$，故 $l+1\leqslant \mathrm{cl}(G)$.

现在假定 c 是 $H=H(N)$ 的边的 $k-$着色，令 $y=\{y_1, y_2, \cdots, y_n\}\subsetneqq[1, N]$，$\alpha_y: \langle n, L, p\rangle\to\langle y, L, p\rangle\subsetneqq H$ 是根据保序映射 $[1, n]\to y$ 导出的嵌入，这个嵌入导出 $\langle n, L, p\rangle$ 的一种着色，于是存在至多是 $w=k\binom{n}{p}$ 个 $\langle n, L, p\rangle$ 的不同的 $k-$着色. 因此，若 A 是任意给定的数，而 $N>R_w^{(n)}(A)$，则存在一个 $A-$子集 $z\subsetneqq[1, N]$，它的 $n-$子集的全体导出 $\langle n, L, p\rangle$ 的相同的 $k-$着色；反过来，这个 $k-$着色导出由 $\xrightarrow{\bar{\phi}}\langle n, L, p\rangle\xrightarrow{\alpha_y}\langle y, L, p\rangle$ 所确定的 H_0 的一个 $k-$着色，其中 $|y|=n$. 根据 H_0 的选择，在 H_0 中存在线性着色子图 G_0'，G_0' 与 G_0 同构，设 G_1' 是相应于 G_0 的子图 G_1 的 G_0' 的子图，注意到某个 $j_0\in[1, s]$，$G_1'=H_{j_0}$，且存在一个下标 i_0，使得当 $x\in H_{j_0}$ 和 $M=\phi(x)$ 时，便有 $M(p-s+j_0)=i_0$.

现在考虑所有的使得 $T(p-s+j_0)=z([\frac{A}{2}])=Q$ 的集 $T\in Z^{(p)}$. 每个这样的 T 给出两个集 T_1 和 T_2，使得 $T=T_1\cup\{a\}\cup T_2$，$T_1\subsetneqq[1, a-1]$，$T_2\subsetneqq[a+1, N]$，$|T_1|=t_1=p-s+j_0-1$，$|T_2|=t_2=s-j_0$. 我们给每一个点对 (T_1, T_2) 着以边 $x_{aj_0}T$ 的颜色. 按这种方法我们就可以得到 $Z_1^{(t_1)}\times Z_2^{(t_2)}$ 的一种 $k-$着色，其中 $z_1=z\cap[1, a-1]$，$z_2=z\cap[a+1, N]$. 引理 1 意味着：若 A 充分大（只依赖于 k, p 和 n），则存在子集 $U\subsetneqq Z_1$，$V\subsetneqq Z_2$，$|U|=i_0-1$，$|V|=n-i_0$，使所有

的对(T_1,T_2)着有同样的颜色,$T_i \subsetneq Z_i$,$|T_i|=t_i$,$i=1,2$. 设G''_i是G'_i在嵌入

$$G'_1 \subsetneq G'_0 \subsetneq H_0^{\bar{\phi}}$$
$$\langle n,L,p\rangle \xrightarrow{\alpha_0 \cup \{a\} \cup V}$$
$$\langle U \cup \{a\} \cup V,L,p\rangle \subsetneq$$
$$\langle Z,L,p\rangle \subsetneq H = H(N)$$

下的象,则根据选择,G''_0是线性着色的,而且所有的边$x_{aj_0}M(M \in G''_1)$有同样的颜色,所以,H的由$V(G''_0) \cup \{x_{aj_0}\}$导出的子图(同构于$G$)有线性着色.

我们说过的主要定理是最后这两个定理的直接推论.

定理6　对每个图G及自然数k,存在一个图H,使得

$$H \to (G)_k,\mathrm{cl}(H)=\mathrm{cl}(G)$$

证明　根据定理4和5,存在图F和H,使得$F \xrightarrow{v} (G)_k$,$H \xrightarrow{\lim} (F)_k$和$\mathrm{cl}(G)=\mathrm{cl}(F)=\mathrm{cl}(H)$. 设$c$是$H$的一种$k$-着色,则存在子图$F'$同构于$F$,使得$V(F')=\{x_1,x_2,\cdots,x_m\}$,且若$i<j$,$x_ix_j \in E(F')$,则对$F'$的顶点的某个$k$-着色$c(x_ix_j)=\tilde{c}(x_j)$;反过来,$F'$含有同构于$G$的一个子图$G'$,共顶点在着色$\tilde{c}$中有同样的颜色. 显然,图$G'$在线着色$c$下是$H$的一个单色子图.

练习,问题和猜想

1. (i) 证明:存在常数$c>0$,使得若$s=$

$[\frac{c\log n}{k\log k}]$,则 $R_k(s)\leqslant n$.

(ⅱ)证明:当 $t=[\frac{2\log n}{\log 2}]$ 时,$n\leqslant R_2(t)$.

提示:对(ⅱ)应用统计方法.

2. 利用将一个图代换另一个图的顶点的方法证明

$$(R_k(s)-1)(R_l(s)-1)\leqslant R_{k+l}(s)-1$$

再利用此式和题 1(ⅱ)导出适合下列要求的常数 $c>0$ 的存在性. 若 $s=[\frac{c\log n}{\log k}]$,则 $n\leqslant R_k(s)$.

3.(猜想)若 $X(G)=s$,则

$$R(s,s)\leqslant r(G,G)$$

4.(问题)假定 $H\rightarrow(G_1,G_2)$,$e(H)\leqslant\binom{n}{2}$. 问 $k^n\rightarrow(G_1,G_2)$ 成立吗?

5.(本题需要熟悉代数拓扑的基本内容)设 r 和 k 是自然数,X 是一个有限集,$|X|\geqslant r$. 用 $K=K(X,r,K)$ 表示顶点集为 $X^{(r)}$ 的单纯复形,其单形是不同的 $r-$ 集 $\{A_0,A_1,\cdots,A_m\}$

$$|\bigcup_{i=0}^{m}A_i|\leqslant r+k$$

证明:K 是 $(K-1)-$ 连通的.

提示:证明 K 的 $(K-1)-$ 维骨架到 $|K|$ 的嵌入是同伦于到 $|K(X,R,K-1)|\subsetneqq|K|$ 的一个映射.

6. 图 G 的用 S 种颜色的一个 $r-$ 集着色是一个函数 $\psi:V(G)\rightarrow\{1,2,\cdots,S\}^{(r)}$,它满足若 $xy\in E(G)$,则 $\psi(x)\cap\psi(y)=\varnothing$.

若用 $X^{(r)}(G)$ 表示 G 的 $r-$ 集着色所需颜色的最小数目,便有 $X^{(1)}(G)=X(G)=X_0(G)$.

证明：$X^{(r)}(G) \geqslant X(G) + 2r - 2$.

7. 设 t,r 是正数，$0 \leqslant t \leqslant r-1$，$X$ 是一个集，$|X| \geqslant 2r-t$（或当 $t=0$ 时，$|X| \geqslant 2r+1$）。又设 A 是 $X^{(r)}$ 的一个子集，它有性质：若 $\sigma \in A$，$\tau \in X^{(r)}$，$|\sigma \cap \tau| = t$，则 $\tau \in A$. 证明：$A = \varnothing$ 或 $A = X^{(r)}$.

8. 给定图 G 和 H，设 $G \times H$ 是有顶点集 $V(G) \times V(H)$ 和边集 $E(G \times H) = \{(a,b)(a',b') = aa' \in E(G), bb' \in E(H)\}$ 的图，令 $G(K,r,S) = K_S^{(r)} \times K^K$，其中 $K_S^{(r)}$ 是 Kneser 图，$G(K,r,S)$ 有 K 个颜色的正常（1－集）着色，它满足 $V(K_S^{(r)})$ 的第 i 部分着以颜色 i.

证明：如果 $X(G(K,r,S)) < K$，则不存在图 H 满足 $X(H)=K$，$X^{(r)}(H)=S$. 同时如果 $G(K,r,S)$ 不是唯一可着色的，则不存在唯一可着色图 H：$X(H) = K$，$X^{(r)}(H) = S$.

提示：给定 H 的一个 r－集着色 ψ 和（1－集）着色 Q，按下法构造图 H^*：如果 $\psi(u) = \psi(v)$ 并且 $Q(u) = Q(v)$，则把 u,v 等同为一个顶点，利用练习 7，找到 H^* 在 $G(K,r,S)$ 中的一个适当的嵌入.

9. 证明：如果 $G(K,r,S)$ 有一个非正常的 K'－着色，$K' \leqslant K$，则 $X(K_S^{(r)}) \leqslant K$，并且请导出

$$\min\{X^{(r)}(G) \mid X(G) = K\} = K + 2r - 2$$

§2　N 阶完全图 K_N 的 t 边着色*

本节讨论的图都是简单图，即有限阶无圈、无重边

---

* 李炯生，黄国勋，《应用数学学报》，1984 年，第 7 卷，第 4 期.

的无向图. N 阶完全图记为 K_N，其顶点集合记为 $V(K_N)$，边集合记为 $E(K_N)$. 设 $B,D \subsetneqq V(K_N)$，$B \cap D = \varnothing$. 所有联结 B 的顶点与 D 的顶点的边的集合记为 $B \times D$ 或 $D \times B$. 设 t 是正整数，$E_1, E_2, \cdots, E_t$ 是 $E(K_N)$ 的一个分划. $c_1, c_2, \cdots, c_t$ 表示 t 种不同颜色. 把 E_i 中每条边都着以颜色 c_i，$1 \leqslant i \leqslant t$，则称赋以 K_N 一种 t 边着色，而 K_N 也称为 t 边着色完全图，简称为 t 色完全图. 1 色完全图 K_3 称为单色三角形. K_N 中由顶点 $v_1, v_2, \cdots, v_n$ 诱导的完全子图记为 $K_n^{(v)}$. 设 $v \in V(K_N)$，以 v 为端点的边中颜色为 c_i 的边数记为 $\varepsilon_i(v)$，$1 \leqslant i \leqslant t$，则 $(\varepsilon_1(v), \varepsilon_2(v), \cdots, \varepsilon_t(v))$ 称为 v 的色型，$\varepsilon_1(v) + \varepsilon_2(v) + \cdots + \varepsilon_t(v) = N - 1$. 记 $\mu(v) = \max\{\varepsilon_1(v), \varepsilon_2(v), \cdots, \varepsilon_t(v)\}$，它称为 v 的最大同色边数. 在 t 色完全图 K_N 中，对任意 $v \in V(K_N)$，均有 $\mu(v) \geqslant \left[\dfrac{N-2}{t}\right] + 1$.

格林伍德与格利森[37] 研究了 t 色完全图 K_N 的下述问题：设 t 和 $k_1, k_2, \cdots, k_t$ 是正整数，求最小正整数 $n = n(k_1, k_2, \cdots, k_t)$，使得当 $N \geqslant n$ 时，任意 t 色完全图 K_N 都含有全是 c_i 色边的 k_i 阶完全子图 K_{k_i}，其中 i 是 $1, 2, \cdots, t$ 中的某个正整数. 数 $n(k_1, k_2, \cdots, k_t)$ 称为拉姆塞数. 他们给出了 $n(k_1, k_2, \cdots, k_t)$ 的若干上界，并给出一些有关单色三角形的结论. 当 $k_1 = k_2 = \cdots = k_t = 3$ 时，记 $n(k_1, k_2, \cdots, k_t)$ 为 r_t. 他们的一些结论是 $r_2 = 6$，$r_3 = 17$，以及下述定理：

定理 7 设 t 是任意正整数，则

$$r_{t+1} \leqslant (t+1)(r_t - 1) + 2$$

正如 Bollobas 指出，确定拉姆塞数 r_t 是相当难

的. 直到前不久才证明[38]，$51 \leqslant r_4 \leqslant 65$. 对于 $t \geqslant 5$，则拉姆塞数 r_t 尚未求得.

格林伍德与格利森之后，有人转而研究 t 色 N 阶完全图中单色三角形个数问题. Goodman[39] 解决了 2 色完全图中单色三角形个数问题，他的结论如下：

定理 8　2 色完全图 K_N 中单色三角形的个数 P_N 满足

$$P_N \geqslant \begin{cases} \dfrac{1}{3}m(m-1)(m-2)，\text{当 } N=2m \text{ 时} \\ \dfrac{2}{3}m(m-1)(4m+1)，\text{当 } N=4m+1 \text{ 时} \\ \dfrac{2}{3}m(m+1)(4m-1)，\text{当 } N=4m+3 \text{ 时} \end{cases}$$

其中 m 是非负整数，而且对每个 N，下界是可以达到的.

由定理 8 可知，任意 2 色完全图 K_6 至少含有两个单色三角形，而恰含两个单色三角形的 2 色完全图 K_6 是存在的，Harary[40] 完全确定了恰含两个单色三角形的 2 色完全图 K_6. 但是，3 色完全图 K_N 中单色三角形个数问题尚未解决，即便对 3 色完全图 K_{17}，单色三角形个数也未确定.

中国科学技术大学的李炯生，广西大学的黄国勋教授早在 1984 年推广了格林伍德与格利森的工作，并讨论了 3 色完全图 K_{17} 中单色三角形个数问题.

1. 关于 $R_t^{(j)}$ 的界

设 j 是正整数. 考虑以下问题：求最小正整数 $R_t^{(j)}$，使得当 $N \geqslant R_t^{(j)}$ 时，任意 t 色完全图 K_N 都至少含有 j 个单色三角形. 显然，$R_t^{(1)}=r_t$，并且由格林伍德、格利

森和 Goodman 等人的工作,有:

引理 5 $R_2^{(2)}=6$.

引理 6 $R_2^{(4)}=7$.

引理 7 $R_3^{(1)}=17$.

引理 8 $51\leqslant R_4^{(1)}\leqslant 65$.

对于一般的 j,关于 $R_t^{(j)}$ 的存在性与上、下界,有:

定理 9 对任意正整数 t 和 j,$R_t^{(j)}$ 存在,并且:

(1)$r_t\leqslant R_t^{(j)}\leqslant r_t+(j-1)$;

(2)$R_t^{(j)}\leqslant R_t^{(j+1)}\leqslant R_t^{(j)}+1$;

(3)$R_{t+1}^{(j)}\leqslant (t+1)(\mu_t^{(j)}-1)+2$;

(4)$R_{t+1}^{(j+1)}\leqslant (t+1)(\rho_t^{(j)}-1)+2$.

其中 $\mu_t^{(j)}=\max\{R_t^{(j)},j\}$,$\rho_t^{(j)}=\max\{R_t^{(j)},3j\}$.

证明 先证明 $R_t^{(j)}$ 的存在性与式(1)成立.记 $n=r_t+(j-1)$.由于 $n\geqslant r_t$,故任意 t 色完全图 K_n 含有单色三角形 A_1.记 v_1 是此单色三角形的一个顶点.K_n 中子图 $K_n-\{v_1\}=K_{n-1}$ 仍是 t 色完全图,且 $n-1\geqslant r_t$,故 K_{n-1} 中含有单色三角形 A_2.记 v_2 是 A_2 的一个顶点.再考虑 K_{n-1} 中子图 $K_{n-1}-\{v_2\}=K_{n-2}$,K_{n-2} 仍是 t 色完全图,且 $n-2\geqslant r_t$,故 K_{n-2} 中含有单色三角形 A_3.如此继续到第 j 步,得到 t 色完全图 $K_{n-(j-1)}=K_{r_t}$,K_{r_t} 含有单色三角形 A_j.于是 K_n 中含有 j 个单色三角形 $A_1,A_2,\cdots,A_j$.这就证明了 $R_t^{(j)}$ 存在,且 $R_t^{(j)}\leqslant r_t+(j-1)$.式(1)左端不等式是显然的.

(2)的证明只需用归纳法,略.

现在证明(3).当 $t=1$ 时,易证(3)成立.下设 $t\geqslant 2$,并记 $\mu=\mu_t^{(j)}$.取 $n=(t+1)(\mu-1)+2$.做假设 P:$t+1$ 色完全图 K_n 至多含有 $j-1$ 个单色三角形,任取 $v\in V(K_n)$,则 $\mu(v)\geqslant\mu$,即有某个 i,使 $\varepsilon_i(v)\geqslant\mu$,

$1 \leqslant i \leqslant t+1$. 不妨设 $vv_1, vv_2, \cdots, vv_\mu$ 是 c_i 色边. 由假设P, $K_\mu^{(v)}$ 含有 c_i 色边, 记为 v_1v_2, 则 $\triangle vv_1v_2$ 是单色三角形, 再任取 $u \in V(K_n) - \{v, v_1, v_2\}$. 重复上面的论证, 可设 $uu_1, uu_2, \cdots, uu_\mu$ 为 c_k 色边, 且 $K_\mu^{(u)}$ 含有 c_k 色边 u_1u_2, 而 $\triangle uu_1u_2$ 是单色三角形, 如此继续, 假定进行了 l 步, $l < j$, 则 K_n 至少含有 l 个单色三角形 $\triangle vv_1v_2, \triangle uu_1u_2, \cdots, \triangle ww_1w_2$, 其顶点集合记为 V_1. 记 $V_2 = V(K_n) - V_1$. 因为 $\mu \geqslant j$, $|V_1| \leqslant 3(j-1)$, 所以 $|V_2| \geqslant 2$. 任取 $z \in V_2$, 再重复上面的论证, $K_\mu^{(z)}$ 含有单色三角形 $\triangle zz_1z_2$. 因此, K_n 至少含有 $l+1$ 个单色三角形. 此过程可重复 j 次, 故 K_n 至少含有 j 个单色三角形, 与假设P矛盾, 这就证明任意 $t+1$ 色完全图 K_n 都至少含有 j 个单色三角形, 从而(3)成立.

最后证明(4)成立. 记 $\rho = \rho_t^{(j)}$, 且 $n = (t+1)(\rho-1)+2$. 因为 $\rho \geqslant \mu$, 所以任意 $t+1$ 色完全图 K_n 都至少含有 j 个单色三角形. 做假设T: $t+1$ 色完全图 K_n 恰含有 j 个单色三角形, 并设其中一个单色三角形是 c_{t+1} 色的. 记这 j 个单色三角形的顶点集合为 V_1, $|V_1| \leqslant 3j$. 记 $V_2 = V(K_n) - V_1$. 由于 $\rho \geqslant 3j$, 故 $|V_2| \geqslant t(\rho-1)+1$. 任取 $z \in V_2$. 由于 $\mu(z) \geqslant \rho$, 故可设 $zz_1, zz_2, \cdots, zz_\rho$ 是 c_k 色边. 由假设T, $K_\rho^{(z)}$ 不含 c_k 色边. 因此, t 色完全图 $K_\rho^{(z)}$ 至少含有 j 个单色三角形. 由假设T, 必有 $V_1 \subseteq V(K_\rho^{(z)})$, 故 $\{z\} \times V_1$ 都是 c_k 色边, 且 $k \neq t+1$. 因此, 若 $x \in V_1$, 则 $\{x\} \times V_2$ 中无 c_{t+1} 色边. 但因 $|V_2| \geqslant t(\rho-1)+1$, 故有某个 $i, i \neq t+1$, 使得 $\{x\} \times V_2$ 中有 ρ 条 c_i 色边, 设为 $xx_1, xx_2, \cdots, xx_\rho$. 显然, $V(K_\rho^{(x)}) \subsetneqq V_2$. 由假设T, $K_\rho^{(x)}$ 不含 c_i 色边, 故 t 色完全图 $K_\rho^{(x)}$ 至少含有 j 个单色三角形. 但因 $V(K_\rho^{(x)}) \subsetneqq$

V_2,又与假设 T 矛盾. 这就证明了(4).

推论 1 当 $1 \leqslant j \leqslant 3$ 时,对任意正整数 t,有

$$R_{t+1}^{(j)} \leqslant (t+1)(R_t^{(j)} - 1) + 2$$

证明 显然,当 $1 \leqslant j \leqslant 3$ 时,$R_t^{(j)} \geqslant 3$,故 $\mu_t^{(j)} = R_t^{(j)}$. 由定理 9(3) 即得本推论.

注 当 $j=1$ 时,由于 $R_t^{(1)} = r_t$,故推论 1 即是上述格林伍德与格利森的定理 1.

推论 2 当 $1 \leqslant j \leqslant 51$ 时,对任意 $t \geqslant 4$,有

$$R_{t+1}^{(j)} \leqslant (t+1)(R_t^{(j)} - 1) + 2$$

证明 当 $t \geqslant 4$ 时,由于 $R_t^{(j)} \geqslant R_4^{(j)} \geqslant R_4^{(1)} \geqslant 51$,故当 $1 \leqslant j \leqslant 51$ 时,$R_t^{(j)} \geqslant 4$,从而 $\mu_t^{(j)} = R_t^{(j)}$. 由定理 9(3),即得本推论.

推论 3 当 $1 \leqslant j \leqslant 17$ 时,对任意 $t \geqslant 4$,有

$$R_{t+1}^{(j+1)} \leqslant (t+1)(R_t^{(j)} - 1) + 2$$

证明 当 $t \geqslant 4$ 时,$R_t^{(j)} \geqslant R_4^{(j)} \geqslant R_4^{(1)} \geqslant 51 = 3 \times 17$,故当 $1 \leqslant j \leqslant 17$ 时,$R_t^{(j)} \geqslant 3j$,从而 $\rho_t^{(j)} = R_t^{(j)}$. 由定理 9(4) 即得本推论.

推论 4 设 $S_t = 1 + \sum\limits_{i=0}^{t} \frac{t!}{i!}$,则 $R_t^{(t)} \leqslant S_t$.

证明 对 t 用归纳法. 当 $t=1$ 时,$R_1^{(1)} = 3 \leqslant S_3$. 做归纳假设:$R_{t-1}^{(t-1)} \leqslant S_{t-1}$. 当 $t \geqslant 2$ 时,由于 $S_{t-1} \geqslant 3(t-1)$,故 $\rho_{t-1}^{(t-1)} \leqslant S_{t-1}$. 由定理 9(4),有

$$R_t^{(t)} \leqslant t(\rho_{t-1}^{(t-1)} - 1) + 2 \leqslant t(S_{t-1} - 1) + 2 = S_t$$

推论 5 $R_3^{(3)} = 17$.

证明 由推论 4,$R_3^{(3)} \leqslant S_3 = 17$. 由引理 7,$R_3^{(3)} \geqslant R_3^{(1)} = 17$.

2. 关于 $R_3^{(j)}$

定理 10 $R_3^{(4)} = 17$,且 $4 \leqslant \max\{j \mid R_3^{(j)} = 17\} \leqslant$

5.

证明　由推论 5，任意 3 色 17 阶完全图 K_{17} 至少含有三个单色三角形. 做假设 P：3 色完全图 K_{17} 恰含三个单色三角形 $K_3^{(1)}$，$K_3^{(2)}$ 和 $K_3^{(3)}$. 此时 $K_3^{(1)}$，$K_3^{(2)}$ 和 $K_3^{(3)}$ 只有十一种情形(图 21).

设 $A_i=V(K_3^{(i)})$，$1\leqslant i\leqslant 3$，$v_1=A_1\cup A_2\cup A_3$，$V_2=V(K_{17})-V_1$. 任取 $v\in V(K_{17})$. 因 $\mu(v)\geqslant 6$，故可设 $vv_1,vv_2,\cdots,vv_6$ 同色. 由 $v_1,v_2,\cdots,v_6$ 诱导的完全子图记为 $K_6^{(v)}$，$V(K_6^{(v)})$ 称为 v 的相伴集.

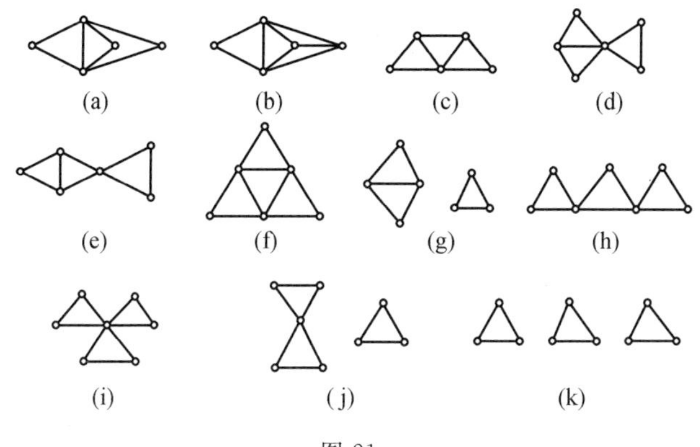

图 21

对任意 $v\in V_2$，取定 v 的相伴集 $V(K_6^{(v)})$. 由假设 P，$K_6^{(v)}$ 是 2 色完全图. 由引理 5 和假设 P，A_1，A_2，A_3 中至少有两个同时包含在 $V(K_6^{(v)})$ 中. 这表明，点 v 联结这两个单色三角形的所有顶点的边都同色. 由假设 P，这些边都和这两个单色三角形不同色. 由 A_i 与 v 诱导的子图记为 $K_3^{(i)}+\{v\}$，$i=1,2,3$，于是，在 $K_3^{(1)}+\{v\}$，$K_3^{(2)}+\{v\}$，$K_3^{(3)}+\{v\}$ 中至少有两个具有以下性质：$\{v\}\times A_i$ 的边同色，但与 $K_3^{(i)}$ 不同色. 当 v 遍历 V_2 时，这样的 $K_3^{(i)}+\{v\}$ 至少有 $2|V_2|$ 个. 因此，必有某个

A_i，使得 $A_i \times V_2$ 中至少有$\lceil \frac{2}{3}|V_2| \rceil$条边与 $K_3^{(i)}$ 不同色，其中$\lceil x \rceil$表示不小于 x 的最小整数. 这表明，存在某个 A_i 和 $B \subsetneqq |V_2|$，$|B|=\lceil \frac{2}{3}|V_2| \rceil$，使得 $A_i \times B$ 中的边都与 $K_3^{(i)}$ 不同色. 不妨恒设 $A_i=A_1$，$K_3^{(1)}$ 为 c_1 色.

记 $F=V(K_{17})-A_1$，$D_1=V_1-A_1$，$D_2=V_2-B$，$G=D_1 \cup D_2$. 与 $K_3^{(i)}$ 有公共边的单色三角形个数记为 λ，$\lambda=0,1,2$. 由假设 P，$D_1 \times A_1$ 中至少有 $2|D_1|-\lambda$ 条边与 $K_3^{(1)}$ 不同色. 对任意 $v \in D_2$，由假设 P，$\{v\} \times A_1$ 中至少有两条边与 $K_3^{(1)}$ 不同色. 因此，$G \times A_1$ 中至少有 $\sigma=2|D_1|+2|D_2|-\lambda$ 条边不是 c_1 色. 因 $|A_1|=3$，故存在 $u \in A_1$，$H \subsetneqq G$，$|H|=\left[\frac{1}{3}(\sigma-1)\right]+1$，使得$\{u\} \times H$ 中的边都不是 c_1 色，即只能是 c_2 色或 c_3 色. 令 $D=B \cup H$，$D \subsetneqq F$，则$\{u\} \times D$ 中的 $|D|$ 条边只能是 c_2 色或 c_3 色.

可以证明，$|D| \geqslant 12$. 事实上，对情形 1,2,3，$|V_1|=5$，$|V_2|=12$，$|B|=8$，$|D_1|=2$，$|D_2|=4$，$\lambda \leqslant 2$，$\sigma \geqslant 10$，$|H| \geqslant 4$，故 $|D| \geqslant 12$. 至于其他情形，计算是类似的，略. 这表明，$\{u\} \times F$ 中至少有 12 条边是 c_2 色或 c_3 色的.

下面证明，$u \in A_1 \cap A_2 \cap A_3$，且 $K_3^{(2)}$，$K_3^{(3)}$ 都与 $K_3^{(1)}$ 无公共边.

首先，设 $u \notin A_2 \cup A_3$，则由假设 P 和引理 6，应有 $\varepsilon_2(u) \leqslant 6$，$\varepsilon_3(u) \leqslant 6$. 但 $|D| \geqslant 12$，故 $\varepsilon_2(u)=\varepsilon_3(u)=6$. 设 $uu_1, uu_2, \cdots, uu_6$ 都是 c_2 色边，uv_1，$uv_2, \cdots, uv_6$ 都是 c_3 色边. 由假设 P，$K_6^{(u)}$ 中无 c_2 色边，

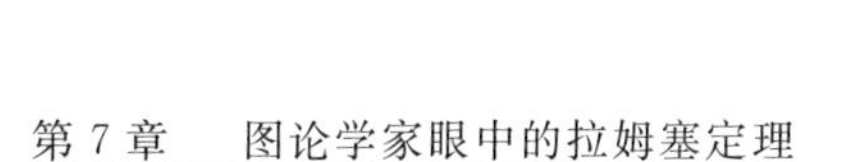

$K_6^{(v)}$ 中无 c_3 色边，再由引理 5，2 色完全图 $K_6^{(u)}$ 与 $K_6^{(v)}$ 各至少含有两个单色三角形，与假设 P 矛盾.

其次，设 $u \in A_2 \cup A_3$，但 $u \notin A_2 \cap A_3$，不妨设 $u \in A_2 - A_3$. 先设 $K_3^{(2)}$ 与 $K_3^{(1)}$ 同为 c_1 色. 此时若 $\varepsilon_2(u) \geqslant 6$，$uu_1, uu_2, \cdots, uu_6$ 同为 c_2 色，则由假设 P，$K_6^{(u)}$ 中无 c_2 色边；再由引理 5，$K_6^{(u)}$ 至少有两个单色三角形，与假设 P 矛盾. 因此 $\varepsilon_2(u) \leqslant 5$. 同样 $\varepsilon_3(u) \leqslant 5$，这与 $|D| \geqslant 12$ 矛盾. 再设 $K_3^{(2)}$ 与 $K_3^{(1)}$ 不同色，不妨设 $K_3^{(2)}$ 为 c_2 色. 此时若 $\varepsilon_2(u) \geqslant 7$，可设 $uv, uu_1, \cdots, uu_6$ 都是 c_2 色，且 $v \in A_2$. 由假设 P，$K_6^{(u)}$ 中无 c_2 色边；再由引理 5，2 色完全图 $K_6^{(u)}$ 中至少有两个单色三角形，这与假设 P 矛盾.

最后，设 $K_3^{(1)}$ 与 $K_3^{(2)}$ 或 $K_3^{(1)}$ 与 $K_3^{(3)}$ 有公共边，不妨设 $K_3^{(1)}$ 与 $K_3^{(2)}$ 有公共边 uv. 此时 $K_3^{(2)}$ 与 $K_3^{(1)}$ 同为 c_1 色. 先设 $K_3^{(3)}$ 为 c_1 色，由假设 P 与引理 5，$\varepsilon_2(u) \leqslant 5$，且 $\varepsilon_3(u) \leqslant 5$，与 $|D| \geqslant 12$ 矛盾. 再设 $K_3^{(3)}$ 不是 c_1 色，不妨设是 c_2 色，由假设 P 与引理 5，$\varepsilon_3(u) \leqslant 5$，从而 $\varepsilon_2(u) \geqslant 7$. 设 $uv, uu_1, \cdots, uu_6$ 同为 c_2 色，且 $v \in A_3$. 由假设 P，$K_6^{(u)}$ 中无 c_2 色边，再由引理 5，2 色完全图 $K_6^{(u)}$ 至少含有两个单色三角形，又与假设 P 矛盾.

至此，在假设 P 下，排除了情形 1～3，5～8，10 和 11.

今证明情形 4 不可能. 设情形 4 出现(图 22)，则由前所证，必有 $A_1 = \{u_1, u_2, u_3\}$，$u = u_1$，$K_3^{(2)}$ 与 $K_3^{(3)}$ 有公共边 u_1u_5，故同色. 若 $K_3^{(2)}$ 与 $K_3^{(3)}$ 是 c_1 色，则由假设 P 与引理 6，$\varepsilon_2(u) \leqslant 5$，$\varepsilon_3(u) \leqslant 5$，与 $|D| \geqslant 12$ 矛盾；若 $K_3^{(2)}$ 与 $K_3^{(3)}$ 不是 c_1 色，不妨设是 c_2 色，则由假设 P 与引理 5，$\varepsilon_3(u) \leqslant 5$，$\varepsilon_2(u) \geqslant 7$，可设 $uw, uv_1, \cdots, uv_6$ 同为 c_2 色，且 $w = u_5$. 由假设 P，$K_6^{(v)}$ 中无 c_2 色边；再由引

理 5,2 色完全图 $K_6^{(v)}$ 中至少有两个单色三角形,又与假设 P 矛盾.

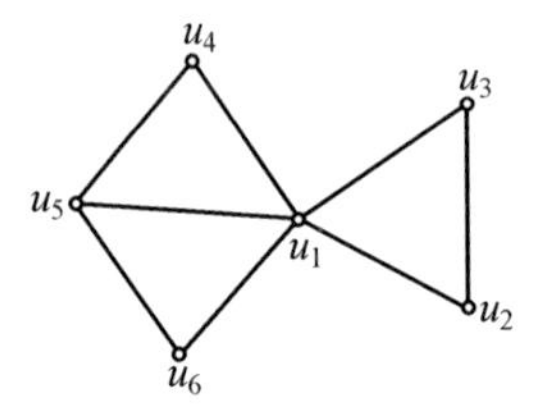

图 22

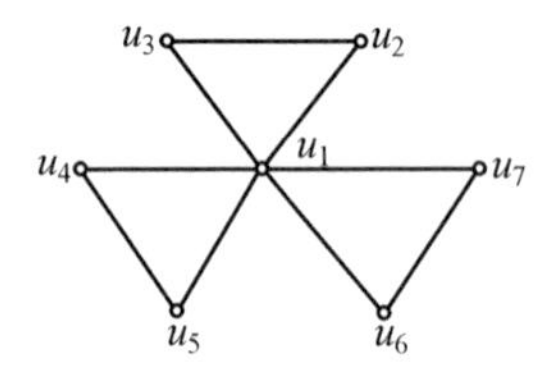

图 23

再证情形 9 不可能. 设情形 9 出现(图 23),则由前所证,必有 $u=u_1$. 不妨设 $A_1=\{u_1,u_2,u_3\}$. 此时 $|B|=7$, $|D_1|=4$, $|D_2|=3$, $\lambda=0$, $\sigma=14$, $G=D_1\cup D_2$. 如果 $\{u_2\}\times G$(同样,或 $\{u_3\}\times G$) 中至少有 5 条边不是 c_1 色,则因 $|B|=7$,故 $\{u_2\}\times F$ 中至少有 12 条边不是 c_1 色,但 $u_2\notin A_1\cap A_2\cap A_3$,由前所证,此不可能. 因此,$\{u\}\times G$ 中至少有$(\sigma-2\times 4)=6$ 条边不是 c_1 色. 于是 $\{u\}\times F$ 中至少有 13 条边不是 c_1 色. 但 $|F|=14$,故单色三角形 $K_3^{(2)}$ 与 $K_3^{(3)}$ 都不是 c_1 色. 若 $K_3^{(2)}$ 与 $K_3^{(3)}$ 同色,设为 c_2 色,则由引理 5 与假设 P,$\varepsilon_3(u)\leqslant 5$, $\varepsilon_2(u)\geqslant 8$. 设 $uu_4,uu_6,uv_1,\cdots,uv_6$ 同为 c_2 色. 由假设 P,$K_6^{(v)}$ 中无 c_2 色边;再由引理 5,2 色完全图 $K_6^{(v)}$ 至少有两个单色三角形,与假设 P 矛盾. 若 $K_3^{(2)}$ 与 $K_3^{(3)}$ 不同色,不妨设 $K_3^{(2)}$(即 $\triangle u_1u_4u_5$) 为 c_2 色,而 $K_3^{(3)}$ 为 c_3

色，则因 $\{u\} \times F$ 中至少有 13 条边不是 c_1 色，故 $\varepsilon_2(u) \geqslant 7$，或 $\varepsilon_3(u) \geqslant 7$. 不妨设 $\varepsilon_2(u) \geqslant 7$，$uu_4$，$uv_1$，…，$uv_6$ 同为 c_2 色. 由假设 P 与引理 5，$K_6^{(v)}$ 中无 c_2 色边；再由引理 5，2 色完全图 $K_6^{(v)}$ 至少有两个单色三角形，又与假设 P 矛盾.

至此证得 $R_3^{(4)}=17$，从而 $\max\{j \mid R_3^{(j)}=17\} \geqslant 4$.

在 Capobianco 与 Molluzzo[41] 给出了不含单色三角形的 3 色完全图 K_{16}. 把该图顶点重新标号为图 24 中的顶点 1，2，…，16，并添加顶点 17，使顶点 17 与顶点 1，7，8，9，10，11 所连的边为 c_1 色(实线)，与顶点 2，3，4，5，6 所连的边为 c_2 色(虚线)，与余下顶点所连的边为 c_3 色(不连线)，得 3 色完全图 K_{17}(图 24)，它恰含 5 个单色三角形：17·1·7，17·1·8，17·1·9，17·1·10，17·1·11. 因此，$\max\{j \mid R_3^{(j)}=17\} \leqslant 5$. 证毕.

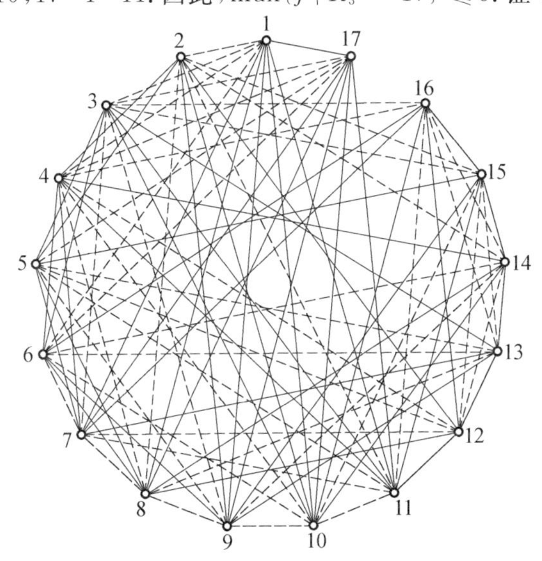

图 24　恰含五个单色三角形的三色完全图 K_{17}

由定理 10 和定理 9 直接得到：

推论 6 $17 \leqslant R_3^{(5)} \leqslant 18; 18 \leqslant R_3^{(5+j)} \leqslant 18+j$.

推论 7 $51 \leqslant R_4^{(5)} \leqslant 66; 51 \leqslant R_4^{(5+j)} \leqslant 66+j$.

推论 8 当 $1 \leqslant j \leqslant 8$ 时，$R_{t+1}^{(j+1)} \leqslant (t+1)(R_t^{(j)}-1)+2$.

在上述推论中，t 和 j 都是正整数.

§3 On Sets of Acquaintances and Strangers at Any Party

1. Introduction

In a recent issue of the MONTHLY, the following elementary problem[42] was posed:

Prove that at a gathering of any six people, some three of them are either mutual acquaintances or complete strangers to each other. ①

It is our purpose to prove a more general result when the number 6 is replaced by any positive integer N(see

---

① The same problem in a different disguise appeared on the thirteenth William Lowell Putnam Examination in 1953: Six points are in general position in space(no three in a line, no four in a plane). The fifteen line segments joining them in pairs are drawn and then painted, some segments red, some blue. Prove that some triangle has all its sides the same color. In connection with other generalizations of this problem, see the article by Greenwood and Gleason[44].

Theorem 13 below).

It is convenient to transform the problem into an equivalent problem concerning points and lines. The N persons involved are replaced by points A_k, $k=1,2,\cdots,N$, no three of which are collinear and if two persons are acquainted a line is drawn joining the corresponding pair of points. If the two persons are strangers, then no line is drawn. Thus each collection of N people gives rise to a corresponding configuration of N points and L lines where $0 \leqslant L \leqslant \frac{N(N-1)}{2}$. If three people are mutually acquainted the corresponding figure is a triangle which we will call a full triangle. If three people are pairwise strangers the corresponding figure consists of three points with no lines joining any pair. We call such a figure an empty triangle. Any set of three points not the vertices of a full triangle, nor an empty triangle, will be called a partial triangle. Notice that a given point may simultaneously be a vertex of several triangles from each category. With these definitions we have:

Theorem 11　Let E and F be the number of empty and full triangles respectively. Then in any configuration of N points

$$E+F \geqslant \begin{cases} \dfrac{u(u-1)(u-2)}{3}, \text{if } N=2u \\ \dfrac{2u(u-1)(4u+1)}{3}, \text{if } N=4u+1 \\ \dfrac{2u(u+1)(4u-1)}{3}, \text{if } N=4u+3 \end{cases} \quad (1)$$

where u is a nonnegative integer, and this lower bound is sharp for each positive integer N.

We observe that for $N=6, u=3$ and then (1) gives $E+F \geqslant 2$, which is a stronger result than the original problem suggested.

2. The fundamental equations

Let p_j denote the number of points, each of which is a terminal point for exactly j of the lines. Then obviously

$$N = p_0 + p_1 + \cdots + p_L \quad (2)$$

where $p_j \geqslant 0$ for $j=0,1,\cdots,L$. Since each of the L lines, joins two points a counting of the lines on each point gives $2L$; that is

$$2L = p_1 + 2p_2 + \cdots + Lp_L \quad (3)$$

Each line may be combined with each of the $N-2$ remaining points not on the line to form $N-2$ partial or full triangles. Hence there are $(N-2)L$ partial or full triangles, but in this counting some triangles have been counted more than once. Let us consider a particular point A at which j lines end. Any pair of these lines determines either a partial triangle with two sides, or a full triangle. The number of such partial triangles with two sides or

full triangles with one vertex at A is $\frac{j(j-1)}{2}$, and for the entire configuration we have the sum

$$S=\sum_{j=2}^{L}\frac{j(j-1)}{2}p_j \qquad (4)$$

Now in the expression $(N-2)L$, a partial triangle with two sides has been counted twice and a full triangle has been counted three times. In the expression (4) each partial triangle with two sides is counted only once. However in (4) the full triangles are counted three times. Hence the expression

$$(N-2)L-\sum_{j=2}^{L}\frac{j(j-1)}{2}p_j \qquad (5)$$

counts each partial triangle exactly once. Since the total number of triangles possible with N points is $\frac{N(N-1)(N-2)}{6}$ we have:

Lemma 9 For any configuration of N points and L lines

$$E+F=\frac{N(N-1)(N-2)}{6}-(N-2)L+\sum_{j=2}^{L}\frac{j(j-1)}{2}p_j \qquad (6)$$

To minimize $E+F$, we consider the right side of (6). First for each fixed L, we will minimize the sum S, and then we will determine a value for L which gives an absolute minimum for $E+F$.

Lemma 10 Let N and L be fixed with $0\leqslant L\leqslant \frac{N(N-1)}{2}$. Then there is a set of nonnegative integers$(p_0, p_1, \cdots, p_L)$ which satisfies (2) and (3) and among such sets there is a unique one which makes S a minimum. For the minimizing set, at most two of the p_j are nonzero, and these two must be adjacent (subscripts differ by one). Further the minimizing set corresponds to a real configuration of lines and points.

Proof It is obvious that the system of equations (2) and (3) has at least one solution in nonnegative integers, because L lines can always be drawn. It follows immediately that some solution minimizes S. Let $(p_0, p_1, \cdots, p_L)$ be some solution in which two nonadjacent entries are positive. Indeed, let $p_j > 0$ and $p_k > 0$ with $j + d = k, d > 1$. We construct a new solution $(p_0^*, p_1^*, \cdots, p_L^*)$ as follows. First suppose that $d > 2$. Then set

$$\begin{cases} p_i^* = p_i, \text{if } i \neq j, j+1, k-1, k \\ p_j^* = p_j - 1, p_{k-1}^* = p_{k-1} + 1 \\ p_{j+1}^* = p_{j+1} + 1, p_k^* = p_k - 1 \end{cases} \tag{7}$$

It is obvious that this new set of nonnegative integers also satisfies (2) and (3). Further an easy computation shows that

$$S^* = S - (k - j - 1) = S - (d - 1) < S \tag{8}$$

where S^* denotes the expression (4), evaluated for the new solution.

If $d = 2$, so that $p_j > 0$ and $p_{j+2} > 0$, then we set

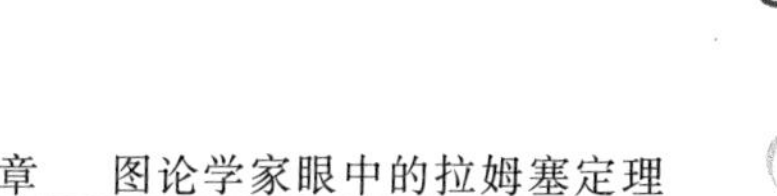

$$\begin{cases} p_i^* = p_i, \text{if } i \neq j, j+1, j+2 \\ p_j^* = p_j - 1 \\ p_{j+1}^* = p_{j+1} + 2 \\ p_{j+2}^* = p_{j+2} - 1 \end{cases} \tag{9}$$

Again it is obvious that the set $(p_0^*, p_1^*, \cdots, p_L^*)$ satisfies (2) and (3) and that for this set

$$S^* = S - 1 < S \tag{10}$$

Further, any solution of (2) and (3) corresponds to a realizable configuration, for it is easy to draw from each point the $2L$ half-lines as dictated by (3), assigning the proper number of half-lines to each point, and then join these half-lines pairwise to obtain L lines.

Thus starting with any solution, we can apply the two transformations described above stepwise until we arrive at a solution for which either $p_k > 0$ and $p_{k+1} > 0$ and the remaining p_j vanish, or a solution in which $p_k = N$ and the remaining p_j vanish. Finally the minimizing solution thus obtained does not depend on the initial solution chosen, because in any case where at most two of the p_j are nonzero the equation set (2) and (3) reduces to a pair of linear equations in at most two unknowns p_k and p_{k+1}. Solving these equations simultaneously gives

$$p_k = (k+1)N - 2L \tag{11}$$

But then the index k is uniquely determined by (11) and the fact that $0 < p_k \leqslant N$. This completes the proof of Lemma 10. For example if $N = 20$ and $L = 44$ then by (11) $k=4$, $p_4 = 12$ and $p_5 = 8$ and this pair minimizes S for these values of L and N.

3. **Determination of the absolute minimum**

Let $\Delta(L)$ denote the change in the minimum of $E+F$ as L increases from L to $L+1$. Two cases must be considered. With L fixed we suppose that the solution which makes S a minimum has the form

Ⅰ. $p_k \geqslant 2, p_{k+1}=N-p_k \geqslant 0$;

Ⅱ. $p_k=1, p_{k+1}=N-1$.

When L is increased to $L+1$, the solutions which minimize S are respectively

Ⅰ. $p_k^*=p_k-2, p_{k+1}^*=p_{k+1}+2$;

Ⅱ. $p_k^*=0, p_{k+1}^*=N-1, p_{k+2}^*=1$.

From the equation

$$\Delta(L)=-(N-2)(L+1)+(N-2)L+\sum_{j=2}^{L+1}(p_j^*-p_j)\frac{j(j-1)}{2} \tag{12}$$

we find in Case Ⅰ that

$$\Delta(L)=2k+2-N \tag{13}$$

and in Case Ⅱ, that

$$\Delta(L)=2k+3-N \tag{14}$$

Now suppose that $N=2u$ is even. As L increases from 0 to $\frac{N(N-1)}{2}$, (13) and (14) show that $E+F$ first decreases, then is stationary, and then increases. Whence the minimum occurs when $k=u-1$ and whenever the conditions of Case Ⅰ are satisfied. Thus the number of lines for a minimizing solution is not unique but is given by $2L=(u-1)p_{u-1}+up_u$,

where p_{u-1} and p_u are the only nonzero elements among the p_j. However either p_{u-1} or p_u may be zero. Thus for L we have the limits $u^2-u\leqslant L\leqslant u^2$. To compute the minimum of $E+F$, we assume that $p_{u-1}=N$, whence $L=u^2-u$, $S=(u-1)(u-2)u$. Using these values in (6) gives the minimum announced in the theorem for N even.

Next suppose that $N=4u+1$. We observe that in Case Ⅰ, $\Delta(L)$ is negative for $k=0,1,\cdots,2u-1$ and is positive thereafter. In Case Ⅱ, $\Delta(L)=0$ for $k=2u-1$. Then $p_{2u-1}=1$, $p_{2u}=N-1$, and from (3), $2L=8u^2+2u-1$. But this is impossible because L must be an integer. Therefore the absolute minimum occurs in Case Ⅰ, for the smallest index for which $\Delta(L)>0$. This gives $k=2u$, and $p_{2u}=N$, and hence $2L=2uN$, an even number. Then $S=\frac{2u(2u-1)(4u+1)}{2}$, and when these values are used in (6) we obtain $E+F=\frac{2u(u-1)(4u+1)}{3}$.

If $N=4u+3$, then Case Ⅱ gives $\Delta(L)=0$ when $k=2u$. Thus one solution occurs when $p_{2u}=1$, $p_{2u+1}=N-1=4u+2$, $L=4u^2+5u+1$, and $S=8u^3+10u^2+u$. When these values are used in (6), we obtain

$$E+F=\frac{2u(4u-1)(u+1)}{3}$$

A second minimizing solution occurs in this case, because $\Delta(L)=0$. For this second solution $p_{2u+1}=$

$N-1, p_{2u+2}=1$, and $L=4u^2+5u+2$.

Corollary Let $E+F$ be a minimum for some configuration. Then

$$u^2-u \leqslant L \leqslant u^2, \text{if } N=2u$$
$$L=u(4u+1), \text{if } N=4u+1$$
$$(u+1)(4u+1) \leqslant L \leqslant (u+1)(4u+1)+1,$$
$$\text{if } N=4u+3$$

Further if $N=4u+1$, each point lies on $2u$ lines. If $N=4u+3$, each point with one exception lies on $2u+1$ lines and the exceptional point lies either on $2u$ lines or on $2u+2$ lines.

4. **Some open questions**

It seems obvious that the methods used here should generalize to answer questions about the minimum number of full and empty quadrilaterals, and figures of a higher number of sides, but up to the present, I have not been able to carry through the computations successfully.

One could also ask if it is possible to have a configuration which minimizes $E+F$ in which either E or F is zero. In case $N=2u$ we can give an affirmative answer, but in the other cases, I have not been able to settle this question.

If C is a configuration, we construct C^*, a conjugate configuration, by drawing the line joining A_i and A_j in C^* if the line is missing in C, and by leaving the line out in C^* if they are joined by a line in C. Then empty triangles go into full triangles,

partial triangles go into partial triangles, and full triangles go into empty ones in passing from C to C^*. It follows from this that if we wish to consider the problem of minimizing $E+F$ with $F=0$ or $E=0$, we need only examine one of the cases, say, $F=0$.

Suppose now that $N=2u$. We join points A_i and A_j if and only if i and j have different parity ($i-j$ is an odd integer). Then obviously there are u^2 lines in the resultant configuration. There are no full triangles because given any three points A_i, A_j, A_k, at least two must be of the same parity, and hence two of them are not joined by a line. The only empty triangles are those $A_iA_jA_k$ in which all three subscripts have the same parity. Therefore $E=\frac{u(u-1)(u-2)}{3}$. Thus in the configuration just described, $E+F$ is a minimum and $F=0$. The same type of configuration is not minimizing when N is odd.

Ramsey [45] has proved a very general existence theorem. Suppose that N points (or objects) are given and we form from these points all possible subsets consisting of k points, so that we have $\binom{N}{k}$ such subsets. These subsets are then distributed into r classes $C_1, C_2, \cdots, C_r$. If m is an integer, $m>k$, can we find m points such that all of the subsets of k of these m points fall in one of the classes C_i?

Ramsey's Theorem There is a smallest integer $N_0 = N_0(k,m,r)$ such that if $N \geqslant N_0$, then for any distribution of the subsets of k points into r classes there is a set of m points for which all of its subsets of k points fall in one class.

The function $N_0(k,m,r)$ is known as Ramsey's function, and the determination of this function, except in the simplest cases, is an open problem and a very difficult one. The ideas which lie behind this theorem have been extended in a variety of directions, and one can find an account of these extensions and further references in an article by Erdös and Rado[43]. ①

The simplest case of Ramsey's theorem occurs when pairs of points are distributed into two classes($k=2, m=2$) and we are to find $m=3$ points such that all pairs of these 3 points are in one of the classes. As the problem proposed by Bostwick shows, this will always occur when $N \geqslant 6$, and it is easy to construct a distribution of the pairs when $N=5$, for which the property fails. This shows that $N_0(2,3,2)=6$.

If $k=2$, it is convenient to consider the pairs of points as connected by lines, and these lines painted

① I am indebted to John Isbell for calling my attention to this reference. I am also indebted to the referee for calling my attention to the article by Greenwood and Gleason[44].

with a suitable color corresponding to the particular class C_i ($i=1,2,\cdots,r$) in which it falls. When this is done the result is a chromatic graph. Greenwood and Gleason [44] have studied these chromatic graphs and have proved that $N_0(2,4,2)=18$ and $N_0(2,3,3)=17$. As far as the author is aware these three cases are the only nontrivial cases for which the Ramsey function has been evaluated, although various estimates have been obtained[43].

概率学家眼中的拉姆塞定理

第8章

“给出拉姆塞数 $R(s,s)$ 的一个‘好’下界，即证明：存在这样的大阶图，此图和它的补都不包含 K^s”.“证明：对于每个自然数 k，存在一个不包含三角形的 $k-$ 色图.”我们不久就会认识到，像这些问题看来所要求的各种构造是不容易得到的. 以后我们要证明，对于每个 k，都存在具有后一性质的图，但是，即便对于 $k=4$，我们的图至少要有 2^{32} 个顶点，本书不包括这样图的图形. 事实上，本章的目的是证明，为了解决这些问题，我们可以使用概率方法来表明这样的图的存在性而不是要实际构造它们(应该注意，我们仅仅为了方便而使用概率论的语言，因为我们需要的全部概率论证可以用计数各种集合中对象的数目的方法来代替). 这一现象不限于图论和组合学，在最近一二十年中，概率方法已经极成功地应用于傅里叶分析、函数空间理论、数论、巴拿赫空间几何，等等，但是，没有任何一个领域比在组合学中使用概率(或计数) 方法更自然了.

在大多数情形，我们使用两个密切相关的概率模型中的一个. 我们从有区别的(加标记的) 一些顶点的一个固定的集合开始，然后，或者以某个概率 $p(0<p<1)$ 选取每一条边，并且每一条边的选取独立于其他边的选取；或者，我们取所有的 n 阶和 m 级的图，把它们作为概率空间中的点，这些点具有等概率. 在第一种情形，我们用 $\Phi(n,P(\text{edge})=p)$ 表示概率空间，在第二种情形，我们用 $\Phi(n,M)$ 表示概率空间. 当然，在更复杂的模型中，我们将从边的几个不相交的子集中，选取具有一些给定概率的边.

在前两节中，我们将会看到，在试图解决包括上面提到的一些问题的有关图的直接的问题时，随机图可以是一种有力的工具，并且，随机图本身也是很令人感兴趣的. 一个随机图可以看作是当 p 或 M 增加时，随着所得到的边越来越多而发展起来的一个组织，一个给定的性质可能在某个发展阶段突然出现，这是使人着迷而又相当惊人的，在最后两节中，我们介绍这一现象的一些例子.

§1　完全子图和拉姆塞数 —— 期望的应用

令 n，N 和 M 是自然数，$0\leqslant M\leqslant N=\binom{n}{2}$. 我们考虑具有顶点集 $V=\{1,2,\cdots,n\}$ 的所有 M 级图的集 $\Omega=\Phi(n,M)$，显然，Ω 有 $\binom{N}{M}$ 个元素，特别的，若 $M=0$，则

$\Omega=\{E^n\}$. 若 $M=N=\binom{n}{2}$,则 $\Omega=\{K^n\}$.(我们用 M 表示边数,是为了强调 M 以比 n 高的阶趋向于无穷. 我们不能使用 e,是因为自然对数的底将在许多公式中出现.)为了方便起见,我们把 Ω 看作一个概率空间,在其中,各个点(即图)有等概率 $\frac{1}{|\Omega|}$,这时,所有图的不变量都看作是 Ω 上的随机变量,因此,我们可以讨论它们的期望值、标准差,等等. 在计算中,我们常常使用二项式系数的各种估计,为方便起见,现在把它们列出来. 首先回忆斯特林公式

$$n!=\left(\frac{n}{\mathrm{e}}\right)^n\sqrt{2\pi n}\,\mathrm{e}^{\frac{\alpha}{12n}} \tag{1}$$

此处 α 依赖于 n,但它在 0 和 1 之间. 下面的估计,其中 $0\leqslant x\leqslant x+y\leqslant a$ 和 $x\leqslant b\leqslant a$,是用展开二项式系数和应用斯特林公式(1) 得到的

$$\frac{1}{2\sqrt{a}}\left(\frac{a}{b}\right)^b\leqslant\frac{1}{2\sqrt{a}}\left(\frac{a}{a-b}\right)^{a-b}\left(\frac{a}{b}\right)^b\leqslant$$

$$\binom{a}{b}\leqslant\left(\frac{a}{a-b}\right)^{a-b}\left(\frac{a}{b}\right)^b\leqslant\left(\frac{\mathrm{e}a}{b}\right)^b \tag{2}$$

和

$$\left(\frac{a-b-y}{a-x-y}\right)^y\left(\frac{b-x}{a-x}\right)^x\leqslant\binom{a-x-y}{b-x}\binom{a}{b}^{-1}\leqslant$$

$$\left(\frac{a-b}{a}\right)^y\binom{b}{a}^x\leqslant\mathrm{e}^{-\left(\frac{b}{a}\right)y-\left(1-\frac{b}{a}\right)x} \tag{3}$$

作为在图论中使用概率语言的第一个实例,我们给出拉姆塞数 $R(s,t)$ 的一个下界,这个下界基于有给定阶的完全子图数目的期望值. 对于 $G\in\Omega$,用 $X_s=X_s(G)$ 表示在 G 中的 K^s 子图的数目,于是 X_s 是

概率空间 Ω 上的整值随机变量.

定理 1　包含在图 $G\in\Omega=\Phi(n,M)$ 中的 K^s 子图的数目的期望值是

$$E(X_s)=\binom{n}{s}\binom{N-\binom{s}{2}}{M-\binom{s}{2}}\binom{N}{M}^{-1}$$

证明　我们已经注意到，$|\Omega|=\binom{N}{M}$.

为了计算在 $G\in\Omega$ 中的 K^s 子图的数目的期望值，我们首先计算包含一个固定的 s 阶完全子图 K_0 的图 $G\in\Omega$ 的数目. 若 $K_0\subsetneqq G$，则 G 的各边中有 $\binom{s}{2}$ 条被确定(即在 K_0 中的边)，而剩下的 $M-\binom{s}{2}$ 条边必须从 $N-\binom{s}{2}=\binom{n}{2}-\binom{s}{2}$ 条边的集中选取，这样，有

$$\binom{N-\binom{s}{2}}{M-\binom{s}{2}}$$

个图 $G\in\Omega$ 包含 K_0. 因为对于 K 存在 $\binom{n}{s}$ 种选法，所以包含在 $G\in\Omega$ 中的 K^s 子图的数目的期望值就如定理所述.

定理 2　若 $s,t\geqslant 3$，则

$$R(s,t)>\exp\left\{\frac{(s-1)(t-1)}{2(s+t)}\right\}$$

特别是

$$R(s,s) > e^{\frac{1}{4}(s-1)^{\frac{2}{n}}}$$

证明 首先注意，图 $G=(t-1)K^{s-1}$ 不包含 K^s，而它的补 $K_{s-2}(t-1)$ 不包含 K^t，故

$$R(s,t) \geqslant (s-1)(t-1)+1$$

因此我们可以假设

$$n=\left[\exp\left\{\frac{(s-1)(t-1)}{2(s+t)}\right\}\right] \geqslant (s-1)(t-1)+1$$

故 $8 \leqslant s \leqslant t$.

令

$$M=\left[\frac{s}{s+t}N\right], M'=N-M<\frac{t}{s+t}N+1$$

并令 E_s 是在 n 阶和 M 级图中 K^s 子图的期望值，同样，令 E_t 是在这样图的补中(即在图 $G(n,M')$ 中) K^t 子图的期望值. 我们使用不等式(2) 和(3) 来估计定理 1 中给出的 E_s 的表示式，得到

$$\log E_s \leqslant s(\log n+1-\log s)-\frac{t}{s+t}\frac{s(s-1)}{2} \leqslant$$

$$-\frac{s(s-1)}{2(s+t)}+1-s(\log s-1)<-3$$

同样有

$$\log E_t \leqslant t(\log n+1-\log t)-$$

$$\frac{s}{s+t}\frac{t(t-1)}{2}+\frac{t(t-1)}{n(n-1)}=$$

$$-\frac{t(t-1)}{2(s+t)}+1-t(\log t-$$

$$1)+\frac{t(t-1)}{n(n-1)}<-3$$

因此，$E_s+E_t<1$，故存在图 $G\in\Omega$，它不包含 K^s，它的补不包含 K^t，因此，$R(s,t) \geqslant n$，这正是所要求的.

显然，对于 $s=3$ 和大的 t，定理 2 给出的界是很不好的. 在 §2 中，我们将概要地叙述上面证明的更精细的变形，它给出 $R(3,t)$ 的一个好得多的界，但是，我们先使用直接论证的方法来获得 Zarankiewicz 问题中的下界.

定理 3　令 $2\leqslant s\leqslant n_1, 2\leqslant t\leqslant n_2, \alpha=\frac{s-1}{st-1}$ 和 $\beta=\frac{t-1}{st-1}$，则存在级为

$$\left[\left(1-\frac{1}{s!\ t!}\right)n_1^{1-\alpha}n_2^{1-\beta}\right]$$

的二部图 $G_2(n_1,n_2)$，它不包含 $K(s,t)$（第一类有 s 个顶点，而第二类有 t 个顶点）.

证明　令

$$n=n_1+n_2$$
$$V_1=\{1,2,\cdots,n_1\}$$
$$V_2=\{n_1+1,n_1+2,\cdots,n_1+n_2\}$$
$$E=\{ij\mid i\in V_1, j\in V_2\}$$
$$M=[n_1^{1-\alpha}n_2^{1-\beta}]$$

我们考虑概率空间 $\Omega=\Phi(n,M;E)$，它由 $\binom{|E|}{M}$ 个图组成，这些图具有顶点集 $V=V_1\cup V_2$，在 E 中恰有 M 条边而在 E 外没有边（注意：这不是前面各定理中考虑的概率空间）. 包含在图 $G\in\Omega$ 中的 $K(s,t)$ 子图的期望值是

$$E_{s,t}=\binom{n_1}{s}\binom{n_2}{t}\binom{|E|-st}{M-st}\binom{|E|}{M}^{-1}$$

因为第一个因子是 $K(s,t)$ 的第一类可以被选取的方法的数目，第二个因子是第二类可以被选取的方法的

数目，而且因为 $K(s,t)$ 有 st 条边，依据(3)，我们有

$$E_{s,t}\leqslant\frac{1}{s!\ t!}n_1^s n_2^t\left(\frac{M}{n_1n_2}\right)^{st}<\frac{1}{s!\ t!}n_1^{1-\alpha}n_2^{1-\beta}$$

这样，存在图 $G_0\in\Omega$，它包含的完全二部图 $K(s,t)$ 少于 $\left(\frac{1}{s!\ t!}\right)n_1^{1-\alpha}n_2^{1-\beta}$ 个. 从 G_0 中的每个 $K(s,t)$ 中删除一条边，所得到的图 $G=G_2(n_1,n_2)$ 至少有

$$[n_1^{1-\alpha}n_2^{1-\beta}]-\frac{1}{s!\ t!}n_1^{1-\alpha}n_2^{1-\beta}\geqslant$$

$$\left[\left(1-\frac{1}{s!\ t!}\right)n_1^{1-\alpha}n_2^{1-\beta}\right]$$

条边，但不包含 $K(s,t)$.

用类似的方法，我们可以构造一个 n 阶和为级 $\left[\frac{1}{2}\left(1-\frac{1}{s!\ t!}\right)n^{2-(s+t-2)/(st-1)}\right]$，它不包含 $K(s,t)$.

实践表明，用随机图的方法得到的答案与最好的可能的答案通常差一个因子 2. 例如，随机图给出 $R(s,s)>2^{\frac{s}{2}}$，而我们料想 $R(s,s)$ 的实际值是在 2^s 附近. 同样，我们认为，存在具有 $c_t n^{2-\frac{1}{t}}$ 条边且不包含 $K(t,t)$ 的 n 阶图，此处 c_t 是仅依赖于 t 的正常数，而随机图表明它能有 $c_t n^{2-\frac{2}{t}}$ 条边，然而，在这两种情形中随机图都给出已知的最好的下界.

§2 围长和色数 —— 改造随机图

当寻求具有某种性质的图时，有时，我们把图的一个集变成一个概率空间，并希望在该空间中的大部分图有所要求的性质，如果不这样也不要紧，因为我们可

以把图稍加改变，使其具有要求的那种性质.我们将用一个很简单的例子来说明这一点.整个这一节，我们讨论顶点集为有 n 个可区别的顶点的一个固定的集，而级为 M 的全部图组成的概率空间 $\Omega=\Phi(n,M)$.

定理 4　给定自然数 $\delta\geqslant 3$ 和 $g\geqslant 4$，存在阶至多为 $(2\delta)^g$ 的一个图，它的最小度至少为 δ，而围长至少为 g.

证明　令 $\Omega=\Phi(n,M)$，此处 $n=(2\delta)^g$ 和 $M=\delta n$.用 $Z_l(G)$ 表示图 G 中长为 l 的圈的数目，这样，Z_l 是空间 Ω 上的随机变量.Z_l 的期望值 $E(Z_l)$ 等于什么？长为 l 的圈 C_0 确定包含此圈的图 G 中的 l 条边，G 的其余 $M-l$ 条边必须从 $\binom{n}{2}-l=N-l$ 条边的集中选取.因为对于 C_0 的顶点集有 $\binom{n}{l}$ 种取法，而给定了顶点集，C_0 有 $\frac{1}{2}(l-1)!$ 种取法，所以

$$E(Z_l)=\frac{1}{2}(l-1)!\binom{n}{l}\binom{N-l}{M-l}\binom{N}{M}^{-1}\leqslant\frac{1}{2l}n^l\left(\frac{M}{N}\right)^l$$

在上面的不等式中，对于 $a=N,b=M,x=l$ 和 $y=0$，我们应用了式(3).对 l 求和，我们求得

$$\sum_{l=3}^{g-1}E(Z_l)\leqslant\sum_{l=3}^{g-1}\frac{1}{2l}n^l\left\{\frac{\delta n}{N}\right\}^l<\sum_{l=3}^{g-1}(2\delta)^l<n$$

因此，存在图 $G\in G(n,\delta n)$，它包含长至多为 $g-1$ 的圈最多 $n-1$ 个.因此，从长至多为 $g-1$ 的每个圈中删除一条边，我们得到一个 n 阶和 $M'>(\delta-1)n$ 级的图 H.故 H 包含最小度至少为 δ 的图.

定理 5　给定自然数 $k\geqslant 4$ 和 $g\geqslant 4$，存在围长为 g(和阶为 $k^{4g}+g$) 的一个 $k-$色图.

证明 令 $\Omega=\Phi(n,M)$，此处 $n=k^{4g}$ 和 $M=k^3n$. 然后像在前面证明中那样，有

$$\sum_{l=3}^{g-1}E(Z_l)<\sum_{l=3}^{g-1}(2k^3)^l<(2k^3)^g<\frac{1}{g}n^{\frac{1}{s}}$$

记 $f=(2k^3)^g$，并用 Ω_1 表示在 Ω 中的包含至多35个长小于 g 的圈的图的集. 则(或依据切比雪夫不等式，参看 §4)

$$P(\Omega_1)\geqslant\frac{2}{3}$$

现在，记 $p=\frac{n}{k}+1=k^{4g-1}+1$ 并估计集 Ω_2 的测度 $P(\Omega_2)$，此处 Ω_2 是满足下列条件的图 G 的集：G 中任意 p 个顶点导出的子图中含有的边的条数多于 $3f$. 显然，在 Ω_2 中的图都不是 $(k-1)$－可着色的，并且我们删去它们的边中的任何 $3f$ 条，仍不能用 $k-1$ 种颜色对它们着色. 为了估计 $P(\Omega_2)$，我们计算 $I_p^{+l}=I_p^{+l}(G)$ 的期望，I_p^{+l} 是在其中恰有 G 的 l 条边的顶点的 p－集的数目. 选取 p 个顶点的集有 $\binom{n}{p}$ 种方法，联结这样一个集的各顶点的 l 条边的取法有

$$\binom{\binom{p}{2}}{l}$$

种，而其余的 $M-l$ 条边的取法有

$$\binom{N-\binom{p}{2}}{M-l}$$

种，这样

$$E(I_p^{+l})=\binom{n}{p}\binom{\binom{p}{2}}{l}\binom{N-\binom{p}{2}}{M-l}\binom{N}{M}^{-1}$$

应用(3)并对 l 求和,我们求得

$$\sum_{l=0}^{3l}E(I_p^{+l})\leqslant\sum_{l=0}^{3f}\left(\frac{\mathrm{e}n}{p}\right)^{p}\left(\frac{\mathrm{e}p^{2}}{2}\right)^{l}\cdot$$

$$\exp\left\{-M\binom{p}{2}\binom{n}{2}^{-1}\right\}<$$

$$k^{p}\mathrm{e}^{p+3f}p^{6f}\exp\{-kn\}$$

右边的对数至多为

$$n+\frac{n}{3}+n^{\frac{1}{s}}+\frac{3}{2}n^{\frac{1}{s}}\log n-kn<-\frac{1}{2}n$$

因此

$$\sum_{l=0}^{3f}E(I_p^{+l})<\mathrm{e}^{-\frac{n}{2}}<\frac{1}{3}$$

故

$$p(\Omega_2)>\frac{2}{3}$$

所以

$$P(\Omega_1\cap\Omega_2)\geqslant\frac{1}{3}$$

每个图 $H\in\Omega_1\cap\Omega_2$ 可用很简单的方式加以改造,以提供一个具有所要求的性质的图.事实上,因为 $H\in\Omega_1$,它包含最多 $3f$ 个长小于 g 的圈.令 F 是由 H 删除 $3f$ 条边而得到的图,而且 G 中每个长小于 g 的圈至少删去一条边,则 F 有围长 $g(F)\geqslant g$.因为 $H\in\Omega_2$,此图 F 不包含 $p=\frac{n}{k}+1$ 个独立顶点,所以 $x(F)\geqslant k$.令 G 是一个圈 C^{g} 和 F 的一个 $k-$色子图的不相交并.

在 §1 中我们约定要叙述出爱尔迪希给出的拉姆塞数 $R(3,t)$ 的一个下界的证明的概要. 这个概要是相当粗糙的,因为这个证明的细节有些专门化而很繁杂.

定理 6 存在一个常数 $c>0$,使对于每个 $t\geqslant 2$ 有

$$R(3,t)\geqslant c\left(\frac{t}{\log t}\right)^2$$

只要证明,存在这样一个(大的)正常数 A,对于每个 n,都存在没有三角形也没有$[An^{\frac{1}{2}}\log n]$ 个独立顶点的图 G^n. 事实上很容易验证,如果存在这样的常数,则 $c=\frac{1}{4}A^{-2}$ 将满足定理中的不等式.

为了证明 A 的存在,我们选取一个常数 $B>0$,并考虑概率空间 $\Omega=\Phi(n,M)$,此处 $M=[B^{-\frac{1}{2}}n^{\frac{3}{2}}]$. 给定 $G\in\Omega$,令 E^* 是把它们取掉之后破坏 G 中的每个三角形的边的极小集. 若 $H=G-E^*$ 包含 $p=[Bn^{\frac{1}{2}}\log n]$ 个独立顶点的集 W,则 $G[W]$ 的每条边也必包含在 G 的一个三角形中,这个三角形的第三个顶点在 W 之外. 我们可以证明,若 B 和 n 都充分大,比如说 $B\geqslant B_0$ 和 $n\geqslant n_0$,则大部分图 $G\in\Omega$ 不包含这样的集 W,显然,$A=B_0n_0^2$ 有所要求的性质.

§3 几乎所有图的简单性质——概率的基本应用

在这一节中,我们将引进并研究模型 $\Phi(n,P(\text{edge})=p)$,这个模型中的每个图的各条边都是独

立的并以相同的概率 p 选取，$0<p<1$. 这样，$\Phi(n, P(\text{edge})=p)$ 由以一个固定的具有 n 个有区别的顶点作为顶点集的全部图组成，而一个具有 m 条边的图的概率是 $p^m q^{N-m}$，此处 $q=1-p$，如前，$N=\binom{n}{2}$，这样，q 是给定的一对顶点不被联结的概率，而 N 是最大可能的边数. 在前一节中我们已经看到，知道模型中的大部分图都具有某种性质是多么有用. 现在，我们将进一步讨论几乎所有的图所共有的性质. 令 Ω_n 是所有 n 阶图组成的一个概率空间，给定一个性质 Q，如果 $n\to\infty$ 时，$P(G\in\Omega_n:G$ 有 Q$)\to 1$，我们就说几乎每个(a,e)图都有性质 Q. 在这一节中，我们总是取 $\Omega_n=\Phi(n, P(\text{edge})=p)$，此处 $0<p<1$ 可能依赖于 n.

我们首先假设 $0<p<1$ 是固定的，即 p 是独立于 n 的.

有许多简单的性质对于 $\Phi(n,P(\text{edge})=p)$ 中的 $a.e.$ 图成立. 例如，若 H 是任一固定的图，则 $a.e.$ 图 $G\in\Phi(n,P(\text{edge})=p)$ 包含 H 作为生成子图. 事实上，若 $|H|=h$，则由给定的 h 个顶点的一个集生成的同构于 H 的 G 的子图的概率是正的，设为 $r>0$. 因为 $V(G)$ 包含 $\left[\frac{n}{h}\right]$ 个由顶点组成的互不相交的子集，其中每个子集各有 h 个顶点，G 的任何生成子图均不同构于 H 的概率是 $(1-r)^{\left[\frac{n}{h}\right]}$，当 $n\to\infty$ 时，它趋于 0. 下面的定理是上述结论的加强形式.

定理 7　令 $1\leqslant h\leqslant k$ 是两个固定的自然数，并令 $0<p<1$ 也是固定的，则在 $\Phi(n,P(\text{edge})=p)$ 中 $a.e.$ 图 G 都满足下列条件：对于 k 个顶点的每一个序列 x_1，

$x_2,\cdots,x_k$,都存在一个顶点 x,使得若 $1 \leqslant i \leqslant h$,则 $xx_i \in E(G)$;若 $h < i \leqslant k$,则 $xx_i \notin E(G)$.

证明 令 $x_1,x_2,\cdots,x_k$ 是任意一个序列,顶点 $x \in W = V(G) - \{x_1,x_2,\cdots,x_k\}$ 具有所要求的性质的概率是 $p^h q^{k-h}$. 因为,对于 $x,y \in W$,$x \neq y$,边 xx_i 的选取是独立于边 yx_i 的选取的,对于这个特定的序列,找不到定理中要求的顶点 x 的概率是 $(1 - p^h q^{k-h})^{n-k}$. 因为对于序列 $x_1,x_2,\cdots,x_k$ 有 $n(n-1)\cdots(n-k+1)$ 种取法,存在找不到定理中要求的 x 的序列 $x_1,x_2,\cdots,x_k$ 的概率至多为

$$\varepsilon = n^k (1 - p^h q^{k-h})^{n-k}$$

显然,当 $n \to \infty$ 时,$\varepsilon \to 0$.

依据 Gaifman 的有关一阶语句的一个结果,定理 7 蕴涵:对于固定的 $0 < p < 1$,关于图的每个一阶语句,或对于 $\Phi(n,P(\text{edge}) = p)$ 中 $a.e.$ 图为真,或对 $a.e.$ 图为假. 这个结果看起来似乎相当复杂,实际上,它比简单的定理 7 弱,因为给定任何一阶语句,定理 7 能使我们直接推断一个语句是对 $a.e.$ 图成立,还是对 $a.e.$ 图不成立. 特别的,对于一个固定的 p,$0 < p < 1$,关于模型 $\Phi(n,P(\text{edge}) = p)$ 的下列各命题都是定理 7 的直接结果.

1. 对于固定的整数 k,$a.e.$ 图都是 k - 连通的.

2. $a.e.$ 图有直径 2.

3. 给定图 H,$a.e.$ 图 G 都满足下列条件:若 $F_0 \subsetneqq G$ 同构于 H 的子图 F,则存在一个同构于 H 的图 H_0,满足 $F_0 \subsetneqq H_0 \subsetneqq G_0$.

很自然,使我们感兴趣的大部分命题都不是一阶语句,因为它们是关于顶点的大子集. “对于给定的

$\varepsilon>0$, $a.e.$ 图至少有 $\frac{1}{2}(p-\varepsilon)n^2$ 条边且至多有 $\frac{1}{2}(p+\varepsilon)n^2$ 条边.”“几乎没有图能用 $n^{\frac{1}{2}}$ 种颜色着色.”“$a.e.$ 图都包含 $\frac{\log n}{\log \frac{1}{p}}$ 阶完全图.”“给定 $\varepsilon>0$, $a.e.$ 图都是 $\frac{1}{2}(p-\varepsilon)n$－连通的.”这些命题对于固定的 p 皆为真实的,但是容易证明,它们中没有一个是一阶语句.

现在,我们假设 $0<p<1$ 并依赖于 n,但当 $n\to\infty$ 时, $pn^2\to\infty$ 和 $(1-p)n^2\to\infty$,再来研究模型 $\Phi(n, P(\text{edge})=p)$. 如前,我们记 $N=\binom{n}{2}$,对于 $M=0, 1,\cdots,N$,用 Ω_M 表示 $\Phi(n,M)$ 中图的集. 显然 $\Omega=\bigcup\limits_{M=0}^{N}\Omega_M$,而 Ω_M 中的各元素在 $\Phi(n,M)$ 中和在 $\Phi(n, P(\text{edge})=p)$ 中都有相等的概率.

我们将证明,当 M 在 pN(即 Ω 中的图的边数的期望值)附近时,模型 $\Phi(n,M)$ 和 $\Omega=\Phi(n,P(\text{edge})=p)$ 是很接近的.

把 Ω 中的概率写作 p,我们看出

$$P(\Omega_M)=\binom{N}{M}p^M q^{N-M}$$

因此

$$\frac{P(\Omega_M)}{P(\Omega_{M+1})}=\frac{M+1}{N-M}\frac{q}{p} \tag{1}$$

这表明, $\frac{P(\Omega_M)}{P(\Omega_{M+1})}$ 随 M 递增,而且对于满足条件 $pN-1\leqslant M\leqslant pN+1$ 的某个 M, $P(\Omega_M)$ 达到最大值. 并且,若 $0<\varepsilon<1$ 且 n 是充分大的数,则因为当 $n\to\infty$ 时,

$pn^2 \to \infty$，当 $M < (1-\varepsilon)pN$ 时，有

$$\frac{P(\Omega_M)}{P(\Omega_{M+1})} < 1-\varepsilon$$

而当 $M > (1+\varepsilon)pN$ 时，有

$$\frac{P(\Omega_M)}{P(\Omega_{M+1})} < (1+\varepsilon)^{-1}$$

记 $N_\varepsilon = [(1+\varepsilon)pN]$ 和 $N_{-\varepsilon} = [(1-\varepsilon)pN]$，由这些不等式我们看出，在 Ω 中的 $a.e.$ 图满足 $N_{-\varepsilon} \leqslant e(G) \leqslant N_\varepsilon$，即当 $n \to \infty$ 时，有

$$P(\bigcup_{M=N_{-\varepsilon}}^{N_\varepsilon} \Omega_M) \to 1 \tag{2}$$

式(1)的另一个推论是，存在这样一个 $\eta > 0$（实际上，任何一个 $0 < \eta < \frac{1}{2}$ 都可以），如果 n 充分大，有

$$P(\bigcup_{M=0}^{pN} \Omega_M) > \eta \tag{3}$$

现在，(2)和(3)蕴涵：若 $\Omega^* \subsetneqq \Omega$ 满足条件当 $n \to \infty$ 时，$P(\Omega^*) \to 1$，则对于任何 $\varepsilon > 0$，存在 M_1 和 M_2，使

$$(1-\varepsilon)pN \leqslant M_1 \leqslant pN \leqslant M_2 \leqslant (1+\varepsilon)pN$$

且当 $n \to \infty$ 时，有

$$\frac{|\Omega_{M_i} \cap \Omega^*|}{|\Omega_{M_i}|} \to 1 \quad (i=1,2) \tag{4}$$

如果 $G_1 \subsetneqq G \subsetneqq G_2$ 和 $G_1, G_2 \in \Omega^*$ 蕴涵 $G \in \Omega^*$，我们称集 $\Omega^* \subsetneqq \Omega$ 是凸的，图的凸性质可类似地定义．容易看出，对于凸集 Ω^*，关系式(4)蕴涵：如果 $M_1 \leqslant M \leqslant M_2$，特别的，如果 $M = [pN]$，那么当 $n \to \infty$ 时，有

$$\frac{|\Omega_M \cap \Omega^*|}{|\Omega_M|} \to 1 \tag{4'}$$

我们把上述的断言重新表述为一个定理，它有关于模

型 $\Phi(n,P(\text{edge})=p)$ 和 $\Phi(n,M)$ 之间的联系.

定理 8　令 $0<p=p(n)<1$ 满足：当 $n\to\infty$ 时，$pn^2\to\infty$ 和 $(1-p)n^2\to\infty$，并令 Q 是图的一个性质.

（ⅰ）假设 $\varepsilon>0$ 是固定的，并且当 $(1-\varepsilon)pN<M<(1+\varepsilon)pN$ 时，在 $\Phi(n,M)$ 中的 a.e. 图都有 Q，则在 $\Phi(n,P(\text{edge})=p)$ 中的 a.e. 图有 Q.

（ⅱ）若 Q 是凸性质且在 $\Phi(n,P(\text{edge})=p)$ 中的 a.e. 图都有 Q，则在 $\Phi(n,[pN])$ 中的 a.e. 图都有 Q.

§4　几乎确定的变量——方差的应用

若 $X=X(G)$ 是 $\Omega=\Phi(n,M)$ 或 $\Omega=\Phi(n,P(\text{edge})=p)$ 上的一个非负的变量，而且 X 的期望至多是 a，则对 $t>1$ 有

$$P(X\leqslant ta)\geqslant\frac{t-1}{t}$$

因此，若 X 的期望很小，则对于大部分图来说 X 很小. 这个简单的事实已经在前两节中反复使用过，但是，若我们想证明，对于 Ω 中的几乎每个图 X 很大或非零，则期望值本身很难帮助我们，因此，我们必须试用一个稍微复杂一些的工具. 通常，我们求助于方差. 记得，若 $\mu=E(X)$ 是 X 的期望，则

$$\operatorname{Var}(X)=\sigma^2(X)=E((X-\mu)^2)=E(X^2)-\mu^2$$

是 X 的方差，而 $\sigma=\sigma(X)>0$ 是标准差. 切比雪夫（它由基本原理直接得出）表明，若 $t>0$，则

$$P(|X-\mu|\geqslant t)\leqslant\frac{\sigma^2}{t^2}$$

特别的，若 $0<t<\mu$，则

$$P(X=0) \leqslant P(|X-\mu| \geqslant t) \leqslant \frac{\sigma^2}{t^2}$$

故

$$P(X=0) \leqslant \frac{\sigma^2}{\mu^2} \tag{1}$$

在我们考虑的一些例子中，$X=X(G)$ 总是包含在某个类 $\Psi=\{F_1, F_2, \cdots\}$ 中的 G 的导出子图的数目，这里类 Ψ 可能依赖于 n，而且每个图 $F \in \Psi$ 与 G 有同一个标了号的顶点集，则显然有

$$E(X^2) = \sum_{(F', F'')} P(G \text{ 包含 } F' \text{ 和 } F'') \tag{2}$$

此处是对所有有序对 (F', F'') 求和，$F', F'' \in \Psi$.

在这一节中，我们将考虑空间 $\Omega=\Phi(n, P(\text{edge})=p)$，此外 $0<p<1$ 是固定的. 我们知道，这个空间接近于 $\Phi(n,M)$，此处 $M=\left[\frac{pn^2}{2}\right]$. 如前，对于两个给定的顶点，它们不邻接的概率记作 $q=1-p$. 并且，若当 $n \to \infty$ 时，一项被 $f(n)$ 除的商是有界的，则我们用 Landau 记号 $O(f(n))$ 表示这一项，同样，如果当 $n \to \infty$ 时，一项被 $f(n)$ 除的商趋向于 0，则用 $o(f(n))$ 表示这一项. 这样，$O(1)$ 是有界项，而 $o(1)$ 是趋于 0 的项.

我们的目标是使用方差来证明，某些图不变量在我们的模型 $\Phi(n, P(\text{edge})=p)$ 中是几乎确定的. 第一个定理是有关最大度的，在它的证明中，我们将使用经典的 De Moivre Laplace 定理的一种特殊情形，这个定理是关于用正态分布逼近二项式分布的. 令 $0<c=c(n)=O(1)$，并记 $d(c)=[pn+c(pqn\log n)^{\frac{1}{2}}]$，假设 $x(c)=c(\log n)^{\frac{1}{2}} \to \infty$，则

$$\sum_{k=d(c)}^{n}\binom{n}{k}p^{k}q^{n-k}=(1+o(1))\frac{1}{\sqrt{2\pi}}\int_{x(c)}^{\infty}\frac{1}{2}\mathrm{e}^{-u^{2}}\,\mathrm{d}u=$$

$$\frac{(1+o(1))(2\pi c^{2}\log n)^{-\frac{1}{2}}n^{-c^{2}}}{2}\tag{3}$$

并且

$$\sum_{k=d(c)}^{n}\left\{\binom{n}{k}p^{k}q^{n-k}\right\}^{2}=(1+o(1))(2\pi pqn)^{-\frac{1}{2}}$$

$$\int_{x(c)}^{\infty}\mathrm{e}^{-u^{2}}\,\mathrm{d}u=$$

$$(1+o(1))(8\pi pqc^{2}n\log n)^{-\frac{1}{2}}n^{-c^{2}}=$$

$$o(n^{-c^{2}-\frac{1}{2}})\tag{4}$$

定理9　若 $0<p<1$ 是固定的，则在 $\Omega=\Phi(n,P(\text{edge})=p)$ 中的几乎每个图的最大度是

$$pn+(2pqn\log n)^{\frac{1}{2}}+o(n\log n)^{\frac{1}{2}}$$

证明　令 $c>0$ 并用 $X_c=X_c(G)$ 表示度至少为 $d(c)=[pn+c(pqn\log n)^{\frac{1}{2}}]$ 的顶点的数目，则依据(3)有

$$\mu_c=E(X_c)=n\sum_{k=d(c)}^{n-1}\binom{n-1}{k}p^{k}q^{n-1-k}=$$

$$(1+o(1))(2\pi c^{2}\log n)^{-\frac{1}{2}}n^{1-\frac{c^{2}}{2}}$$

和

$$E(X_c^2)\leqslant E(X_c)+n(n-1)\cdot$$

$$\sum_{k_1=d(c)}^{n-1}\sum_{k_2=d(c)}^{n-1}\binom{n-2}{k_1-1}\binom{n-2}{k_2-1}p^{k_1+k_2-2}q^{2n-2-k_1-k_2}=$$

$$\mu_c+(1+o(1))\mu_c^2$$

在 $E(X_c^2)$ 的估计中，项

$$\binom{n-2}{k_1-1}\binom{n-2}{k_2-1}p^{k_1+k_2-2}q^{2n-2-k_1-k_2}$$

是下列事件的概率,给定顶点 $a,b\in G,a\neq b$,顶点 a 联结于 $V(G)-\{a,b\}$ 中的 k_1-1 个顶点,而顶点 b 联结于 $V(G)-\{a,b\}$ 中的 k_2-1 个顶点.

一方面,若 $c=\sqrt{2}-\varepsilon$,此处 $0<\varepsilon<\frac{1}{2}$,则 $\mu_c\geqslant(1+o(1))n^{\varepsilon}$,故 $E(X_c^2)=(1+o(1))\mu_c^2$,而 $\sigma^2(X_c)=o(\mu_c^2)$,因此,依据式(1) 有

$$P(X_c=0)=o(1)$$

所以几乎可以肯定 G 有一个顶点,其度至少为

$$pn+(\sqrt{2}-\varepsilon)(pqn\log n)^{\frac{1}{2}}$$

另一方面,若 $c=\sqrt{2}+\varepsilon,\varepsilon>0$,则

$$\mu_c=o(n^{-\varepsilon})$$

故

$$P(X_c\geqslant 1)=o(n^{-\varepsilon})$$

上面的结果有一个有趣的推论.

推论 1 若 $0<p<1$ 和 $c>\sqrt{\frac{3}{2}}$,则在 $\Phi(n,P(\text{edge})=p)$ 中几乎没有图有两个等度顶点,使其度至少为

$$d(c)=[pn+c(pqn\log n)^{\frac{1}{2}}]$$

证明 存在两个这样顶点的概率至多为

$$n^2\sum_{k=d(c)}^{n-1}\left\{\binom{n-2}{k-1}p^{k-1}q^{n-1-k}\right\}^2$$

而依据(4),它是 $o(1)$.

综合定理 9 和推论 1,我们看出,a.e. 图有唯一的一个最大度顶点.

在下一个定理中，我们再考虑当 p 随 n 变化的情形. 如果

$$\lim_{n\to\infty} P_{n,p}(Q)=\begin{cases}0,\text{如果}\dfrac{p}{t(n)}\to 0\\ 1,\text{如果}\dfrac{p}{t(n)}\to\infty\end{cases}$$

我们就说函数 $t(n)$ 对图的性质 Q 是一个阈函数. 此处 $P_{n,p}(Q)$ 表示在 $\Phi(n,P(\text{edge})=p)$ 中一个图有性质 Q 的概率. 阈函数的存在意味着在一个随机图的发展中，即在图获得越来越多的边的过程中，该性质出现得相当突然. 在这一节中，我们证明有关阈函数的一个基本结果，在下一节中，我们将给出一个非常好的结果，即哈密顿性有一个强调函数.

定理 10　令 $k\geqslant 2,k-1\leqslant l\leqslant\binom{k}{2}$，令 $F=G(k,l)$ 是这样的图，其平均度不小于它的任何子图的平均度，则 $n^{-\frac{k}{l}}$ 是对 F 的阈函数，即若 $pn^{\frac{k}{l}}\to 0$，则在 $\Phi(n,P(\text{edge})=p)$ 中几乎没有图包含 F；而若 $pn^{\frac{k}{l}}\to\infty$，则几乎每个图都包含 F.

证明　令 $p=\gamma n^{-\frac{k}{l}},0<\gamma<n^{\frac{k}{l}}$，用 $X=X(G)$ 表示在 $G\in\Phi(n,P(\text{edge})=p)$ 中同构于 F 的子图的数目，用 k_F 表示具有固定的 k 个标了号的顶点的集合并同构于 F 的图的数目. 显然，$k_F\leqslant k!$，于是

$$\mu=\mu_\gamma=E(X)=\binom{n}{k}k_F p^l(1-p)^{\binom{k}{2}-l}\leqslant$$

$$n^k(\gamma^l n^{-k})=\gamma^l$$

故当 $\gamma\to 0$ 时，$E(X)\to 0$，这就证明了第一个断言.

现在，当 γ 很大时，我们来估计 X 的方差. 注意，存

在常数 $c_1>0$，对每个 γ 有

$$\mu_\gamma \geqslant c_1\gamma^l \tag{5}$$

依据(2)，我们必须估计 G 包含两个固定的同构于 F 的子图 F' 和 F'' 的概率. 记

$$A_s=\sum_s P(G \text{ 包含 } F' \text{ 和 } F'')$$

此处"$\sum\limits_s$"意味着，求和是对具有 s 个公共顶点的一切对 (F',F'') 进行的. 显然

$$A_0<\mu^2$$

并且，在 s 个顶点的一个集中，F' 有 $t\leqslant\frac{l}{k}\cdot s$ 条边，因此，首先计算对 F' 的取法，然后，计算与 F' 有 $s\geqslant 1$ 个公共顶点的 F'' 的取法，我们发现，对于某两个常数 c_2 和 c_3，有

$$\frac{A_s}{\mu}=\sum_{t\leqslant\frac{ls}{k}}\binom{k}{s}\binom{n-k}{k-s}k!\ \ p^{l-t}q^{\binom{k}{2}-l+t}\leqslant$$

$$\sum_{t\leqslant\frac{ls}{k}}c_2 n^{k-s}(\gamma n^{-\frac{k}{l}})^{l-t}\leqslant$$

$$c_2 m^{-s}\gamma^l+c_3\gamma^{l-1}$$

这里，在最后一步，我们把 $t=0$ 这一项与其余的项分开，因此，使用式(5)，我们求得某个常数 c_4，有

$$\frac{E(X_2)}{\mu^2}=\frac{\sum\limits_{s=0}^{k}A_s}{\mu^2}\leqslant 1+c_4\gamma^{-1}$$

因此，依据式(1)有

$$P(X=0)\leqslant\frac{\sigma^2}{\mu^2}\leqslant c_4\gamma^{-1}$$

故当 $\gamma\to\infty$ 时，$P(X=0)\to 0$.

在随机图中可以几乎确定的图不变量的一个最突

出的例子是团数，即完全子图的最大阶. 研究表明：对于固定的 p，$0<p<1$，在 $\Phi(n,P(\text{dege})=p)$ 中，几乎每个图的团数都是两个可能值之一. 事实上，对于 n 的大部分值（在某种完全确定的意义下），几乎每个图的团数只是 p 和 n 的函数，我们仅限于证明这方面的一个简单结果. 像在定理1中那样，用 $X_r=X_r(G)$ 表示在 $G\in\Phi(n,P(\text{edge})=p)$ 中 K^r 子图的数目，则

$$E(X_r)=\binom{n}{r}p^{\binom{r}{2}}$$

因为对于 K^r 的顶点集，我们有 $\binom{n}{r}$ 种取法，而且若已选取了顶点集后，我们就没有选择 $\binom{r}{2}$ 条边的余地了. 令 $d=d(n,p)$ 是正实数，它满足

$$\binom{n}{d}p^{\binom{d}{2}}=1$$

为了简单起见，我们记 $b=\frac{1}{p}$. 很容易就可用斯特林公式检查

$$b^{\frac{d}{2}}<n$$

从而

$$d=\frac{2\log n}{\log b}+O(\log\log n) \tag{6}$$

定理 11　令 $0<p<1$ 是固定的，则几乎每个图 $G\in\Phi(n,P(\text{edge})=p)$ 的团数是 $[d]$.

证明　此断言与下面的两个断言相同：

$P(X_r>0)\to 0$，如果 $r\geqslant d+1$；

$P(X_r>0)\to 1$，如果 $r\leqslant d-1$.

现在，若 $r \geqslant d+1$，则依据式(6)有

$$E(X_r)=\binom{n}{r}p^{\binom{r}{2}} \leqslant \frac{n}{r}p^r\binom{n}{r-1}p^{\binom{r-1}{2}} \leqslant \frac{n}{r}p^r \to 0$$

故第一个断言是很显然的.

现在，令 $r \leqslant d-1$，我们使用式(2)来计算 X_r 的第二个矩，分别对恰有 l 个公共顶点的 K^r 子图的对求和

$$E(X_r^2)=\sum_{l=0}^{r}\binom{n}{r}\binom{r}{l}\binom{n-r}{r-l}p^{2\binom{r}{2}}=\binom{n}{r}^2 p^{2\binom{r}{2}-\binom{l}{2}}$$

因为

$$\mu_r^2=E(X_r)^2=\sum_{l=0}^{r}\binom{n}{r}\binom{n}{l}\binom{n-r}{r-l}p^{2\binom{r}{2}}=\binom{n}{r}^2 p^{2\binom{r}{2}}$$

对于 $\sigma_r=\sigma(X_r)$，我们有

$$\frac{\sigma_r^2}{\mu_r^2}=\frac{E(X_r^2)}{\mu_r^2}-1 \leqslant$$

$$\sum_{l=2}^{r}\frac{\binom{r}{l}\binom{n-r}{r-l}}{\binom{n}{r}}p^{\binom{l}{r}} \leqslant$$

$$\sum_{l=2}^{r}r^{2l}n^{-l}b^{\frac{(l-1)l}{2}}$$

现在记得 $b^{\frac{d}{2}}<n$，故 $b^{\frac{(l-1)l}{2}}<n^{l-1}$. 因此，当 $n \to \infty$ 时，有

$$\frac{\sigma_r^2}{\mu_r^2} \leqslant r^{2r+1}n^{-1} \to 0$$

这就证明了第二个断言.

§5　哈密顿圈——图论工具的应用

在到目前为止的证明中，我们总是不同程度地采用了正面进攻的方式. 我们所需要的图论知识，并不多于所涉及的概念的定义，而重点是在概率的应用上. 这一节中，主要介绍 Pòsa 的一个绝妙的结果. 它的证明是基于图论中的一个非平凡的结果. 当然，对于在图论中概率方法的一个理想的应用，我们希望混合使用这四节中介绍的所有思路. 这样，我们要用非平凡的图论结果打基础，并要利用概率论来获得有关针对这一问题而取的概率空间中的图的知识，然后，我们将选取一个适当的图，接着，将借助于各种有力的图论工具来对这个图加以改造.

容易看出，若 $\varepsilon > 0$，则几乎所有的 n 阶和 $M = \left[\left(\frac{1}{2}+\varepsilon\right)n\log n\right]$ 级的图都是连通的，我们也可以证明，n 阶和 $M=\left[\left(\frac{1}{2}-\varepsilon\right)n\log n\right]$ 级图中几乎没有一个是连通的. 特别是几乎没有 n 阶和 $M = \left[\left(\frac{1}{2}-\varepsilon\right)n\log n\right]$ 级的图包含哈密顿圈. 令人迷惑不解的是，与用来保证连通性大致相等的边数已经保证了哈密顿圈的存在性. 我们的下一个目标就是证明 Pòsa 的这个绝妙的定理.

令 S 是一个图 H 中一条最长的 x_0 — 路，把 S 的各变换的各端点的集记作 L，用 N 表示 L 的顶点在 S 上的邻接顶点的集，记 $R=V(H)-L\cup N$. H 没有 $L-R$

边.在这些定理中,我们只需要下列结果:若 $|L|=l\leqslant\frac{|H|}{3}$,则存在两个分别含 l 和 $|H|-3l+1$ 个元素的不相交集,它们不被 H 的边连接.

为方便起见,我们将利用空间

$$\Phi(n,P(\text{edge})=p),p=\frac{c\log n}{n}$$

我们从与定理 4 同一系统的一个简单的引理开始,用 D_t 表示 V 中不相交的子集的对 (X,Y) 的数目,使 $|X|=t$, $|Y|=n-1-3t$,而且 G 没有 $X-Y$ 边.

引理 1 令 $c>3$ 和 $0<\gamma<\frac{1}{3}$ 都是常数,且令 $p=\frac{c\log n}{n}$,则在 $\Phi(n,P(\text{edge})=p)$ 中有

$$P(D_t>0\text{ 对某个 }t,1\leqslant t\leqslant\gamma n)=O(n^{3-c})$$

证明 记 $\beta=\frac{c-3}{4c}$,显然有

$$\sum_{t=1}^{\gamma n}E(D_t)=\sum_{t=1}^{\gamma n}\binom{n}{t}\binom{n-t}{n-3t}(1-p)^{t(n-3t)}\leqslant$$

$$n\binom{n-1}{2}(1-p)^{n-1}+\sum_{t=2}^{\beta n}\frac{1}{t!}n^{3t}(1-p)^{t(n-3t)}+$$

$$\sum_{t=\beta n+1}^{\gamma n}2^{2n}(1-p)^{t(n-3t)}$$

现在,因为 $(1-p)^n<n^{-c}$,我们有

$$n^3(1-p)^{n-3}<(1-p)^3n^{3-c}$$

并且,若 $2\leqslant t\leqslant\beta n$,则有

$$n^{3t}(1-p)^{t(n-3t)}<n^{t(3-\frac{c(n-3t)}{n})}\leqslant n^{3-c}$$

而若 $\beta n\leqslant t\leqslant\gamma n$,则有

$$2^{2n}(1-p)^{t(n-3t)}<n^{\frac{2n}{\log n}-\frac{(n-3t)t}{n}}=$$

$$O(n^{-\beta(1-3t)n})$$

因此

$$\sum_{t=1}^{\gamma n} E(D_t) = O(n^{3-c})$$

这蕴涵引理的断言.

定理 12　令 $c=\frac{c\log n}{n}$,并考虑空间 $\Phi(n,P(\text{edge})=p)$. 若 $c>3$ 而且 x 和 y 是任意两个顶点,则几乎每个图都包含一条从 x 到 y 的哈密顿路;若 $c>9$,则几乎每个图都是哈密顿连通的,即每对不同的顶点都被一条哈密顿路联结起来.

证明　选取 $\gamma<\frac{1}{3}$,若 $c>9$,则 $c\gamma>3$;若 $c>3$,则 $c\gamma>1$.

我们对于 $\Phi(n,P(\text{edge})=p)$ 中的某些事件,引入下面的记法,$\Phi(n,P(\text{edge})=p)$ 中的一个一般元素用 G 来表示

$D=\{D_t=0$ 对每个 $t, 1\leqslant t\leqslant[\gamma n]\}$

$E(W,x)=\{G[W]$ 有其端点联结于 x 的一条最长路$\}$

$E(W,x\mid w)=\{G[W]$ 中有一条在所有 $w-$路中最长的 $w-$路,并且这条路的端点联结于 $x\}$

$F(x)=\{$每条包含 x 最长的路$\}$

$H(W)=\{G[W]$ 有哈密顿路$\}$

$H(x,y)=\{G$ 有哈密顿 $x-y$ 路$\}$

$HC=\{G$ 是哈密顿连通的$\}$

事件 A 的补是 $\overline{A}$.

注意,依据引理 1,我们有

$$P(\overline{D})=1-P(D)=O(n^{c-3})$$

令 $|W|=n-2$ 或 $n-1$,我们来估计

$$P(D\cap\overline{E}(W,x))$$

此处 $x\notin W$. 令 $G\in D\cap\overline{E}(W,x)$,考虑 $G[W]$ 中的一条最长的路 $S=x_0x_1\cdots x_k$(在 W 中引进某种序,我们容易完成,由 $G[W]$ 确定 S),令 $L=L(G[W])$ 是 x_0 一路 S 的各变换的各端点的集. 记得,$|M|\geqslant|W|+1-3|L|$,且不存在 $L-M$ 边,故也没有 $L-M\cup\{x\}$ 边. 因为 $G\in D$ 和 $|M\cup\{x\}|\geqslant n-3|L|$,我们求得 $|L|\geqslant\gamma n$. 因为 L 独立于与 x 关联的边被确定的,我们有

$$P(D\cap\overline{E}(W,x))\leqslant$$
$$P(G\in D\text{ 而 }x\text{ 不联结于 }L(G[W]))\leqslant$$
$$(1-p)^{\gamma n}<n^{-c\gamma}$$

完全同样的证明蕴涵,当 $|W|=n-2$ 或 $n-1$,$w\in W$,$x\notin W$ 时,有

$$P(D\cap\overline{E}(W,x\mid w))<n^{-c\gamma}$$

现在注意,$\overline{F}(x)\subsetneqq\overline{E}(V-\{x\},x)$,故

$$P(\overline{H}(V))=P(\bigcup_{x\in V}\overline{F}(x))\leqslant$$
$$P(D\cap\bigcup_{x\in V}\overline{F}(x))+P(\overline{D})\leqslant$$
$$\sum_{x\in V}P(D\cap\overline{F}(x))+P(\overline{D})\leqslant$$
$$nP(D\cap\overline{E}(V-\{x\},x))+P(\overline{D})\leqslant$$
$$n^{1-c\gamma}+O(n^{3-c})$$

这就证明了:若 $c>3$,则几乎每个图都有哈密顿路.

现在,令 x 和 y 是两个不同的顶点,记 $W=V-\{x,y\}$. 依据第一部分,有

$$P(\overline{H}(W))\leqslant 2n^{1-c\gamma}+O(n^{3-c})$$

因为

$$H(x,y) \subsetneqq H(W) \cap E(x,y) \cap E(W,x \mid y)$$

我们有

$$P(\overline{H}(x,y)) \leqslant P(\overline{H}(W)) + P(D \cap \overline{E}(W,y)) + P(D \cap \overline{E}(W,x \mid y)) + P(\overline{D}) \leqslant 2n^{1-\alpha} + 2n^{-\alpha} + O(n^{c-3})$$

因此，若 $c > 3$，则几乎每个图都包含从 x 到 y 的哈密顿路.

最后，因为对于无序对 (x,y)，$x \neq y$，存在 $\binom{n}{2}$ 种取法，有

$$P(\overline{HC}) \leqslant \sum_{x=y} P(\overline{H}(x,y)) \leqslant n^{3-\alpha} + O(n^{2-\alpha})$$

这样，若 $c > 9$，则几乎每个图都是哈密顿连通的.

因为每个哈密顿连通图都是哈密顿图(包含哈密顿圈)，特别是依定理8，我们有：若 $c > 9$，则在 $\Phi\left(n,\left[\frac{(c\log n)}{n}\right]\right)$ 中几乎每个图都是哈密顿图. 事实上，我们能看出，这个证明的主要部分对于 $c > 6$ 也给出了这个结果，独立于 Pòsa，Korshunov 证明了定理12的一个更强且本质是最好的可能的形式：对于每个 $c > 1$，定理12的断言都成立.

练　习

1. 令 $G=(V,E)$ 是一个具有 m 条边但无自环的有向图，证明：V 可以划分成两个集 V_1 和 V_2，使 G 包含多

于$\frac{m}{4}$条从V_1到V_2的边.

2. 给定一个整数$k\geqslant 2$和图G,用$P^{(k)}(G)$表示G的边的最小数目,使这些边删除后产生一个$k-$部图.证明:若$G=G(n,m)$,则

$$p^{(k)}(G)\leqslant m\left\{l\binom{r+1}{2}+(k-l)\binom{r}{2}\right\}\binom{n}{2}^{-1}$$

此处,$n=kr+l,0\leqslant l<k$,并进一步证明

$$m-kp^{(k)}(G)\leqslant\frac{k-1}{n-1}m$$

提示:考虑具有顶点集$V(G)$的形如$H=lK^{r+1}\cup(k-l)K^r$的所有图,注意,G和H的公共边的期望值是

$$\frac{e(G)e(H)}{e(K^n)}$$

3. 证明:存在n阶竞赛图,它包含至少$n!\ 2^{-n+1}$条有向哈密顿路.

4. 证明:存在不包含$K(s,t)$的n阶和$\left[\frac{1}{2}\left(1-\frac{1}{s!\ t!}\right)n^{2-\frac{(s+t-2)}{st-1}}\right]$级的图.

5. 给定$2\leqslant s\leqslant n$,令d是最大的整数,使对于它存在一个没有$K_3(s,s,s)$的$G_3(n,n,n)$,在其中,每个顶点由至少d条边与另外两个类中的每一个联结.证明d的一个下界.

6. 使用定理3证明:若$r>2,0<\varepsilon<\frac{1}{2}(r-1)^{-2}$和

$$d_r^*>-\frac{2}{\log(2(r-1)^2\varepsilon)}$$

则对于每个充分大的n,都存在不包含$K_r(t)$的图

$G(n,m)$，此处 $m \geqslant \left\{\frac{(r-2)}{2(r-1)}+\varepsilon\right\}n^2$，而 $t = [d_r^* \log n]$.

7. 证明：一个给定的顶点度为 1 且在大约 $\Phi(n,n)$ 中的 $\frac{2}{e^2}$ 个图中成立.

在练习 8 ~ 13 中使用模型 $\Phi(n, P(\text{edge})=p)$，并假设 $0<p<1$ 是固定的. 在练习 14 ~ 19 中使用同一个模型，但 p 像说明的那样随 n 变化.

8. 证明：对于 $\varepsilon>0$，$a.e.$ 图至少有 $\frac{1}{2}(p-\varepsilon)n^2$ 条边，而至多有 $\frac{1}{2}(p+\varepsilon)n^2$ 条边.

9. 给出 $a.e.$ 图色数的一个下界.

10. 证明：$a.e.$ 图都包含阶至少为 $\frac{\log n}{\log \frac{1}{p}}$ 的完全图.

11. 证明：$a.e.$ 图 G 都满足

$$\delta(G)=\lambda(G)=\chi(G)=$$
$$pn-(2pqn\log n)^{\frac{1}{2}}+o(n\log n)^{\frac{1}{2}}$$

此处 $q=1-p$.

12. 估计 t 的最大值，对于这个 t，$a.e.$ 图包含生成图 $K^{(t,t)}=K(t,t)$，对于

$$K_r(t)=K(t,\cdots,t)$$

估计相应的值.

13. 令 $0<c<1$. 证明 $a.e.$ 图有性质：对于有 $k=[c\log_2 n]$ 个顶点的每个集 W，对 W 的每个子集 Z，都存在顶点 x_z，使 x_z 与 Z 中的每个顶点联结，但不与 $W-$

Z 中任何顶点联结. 注意,对于 $c=1$,甚至不可能求得一个与 W 不相交的 2^k 个顶点的集(提示:改进定理 7 的证明).

14. 证明:$\frac{\log n}{n}$ 是对于连通性的强阈函数,即若 $\varepsilon>0$ 和 $p=\frac{(1-\varepsilon)\log n}{n}$,则几乎没有一个图是连通的,而若 $\varepsilon>0$ 和 $p=\frac{(1+\varepsilon)\log n}{n}$,则 $a.e.$ 图都是连通的.

15. 加强前面的结果如下:若 $p=\frac{\log n}{n}+\frac{2x}{n}$,则 G 连通的概率是 $\varepsilon^{-\varepsilon^{-2\omega}}$.(首先证明:$a.e.$ 图由一个分支和一些孤立点组成.)

16. 令 $p=\frac{\log n}{n}+\frac{c(n)}{n}$,此处 $c(n)\to\infty$ 可以任意慢. 证明:$a.e.$ 图 G 都包含 $1-$ 因子.(使用 Tutte 定理,不必理会各分支的奇偶性.)

17. 证明:$\frac{1}{n}$ 是对于图 25 中的 F_1 的阈函数,即若 $pn\to 0$,则几乎没有图包含 F_1;而若 $pn\to\infty$,则 $a.e.$ 图包含 F_1.

18. 图 25 中的 F_2 的阈函数是什么?

19. 令 $\varepsilon>0$,证明:若 $p=n^{-\frac{1}{2}-\varepsilon}$,则几乎没有图包含图 25 中的 F_3;若 $p=n^{-\frac{1}{2}+\varepsilon}$,则 $a.e.$ 图都包含 F_3.(寻求适当的图 F_3^*,它有平均度 $2+\varepsilon$.)

20. 考虑随机有向图,在其中所有的边都是独立地选取的,并且所有边均有相等的概率 p. 证明:存在这样的常数 c,若 $p=c\left(\frac{\log n}{n}\right)^{\frac{1}{2}}$,则 $a.e.$ 有向图都包含有

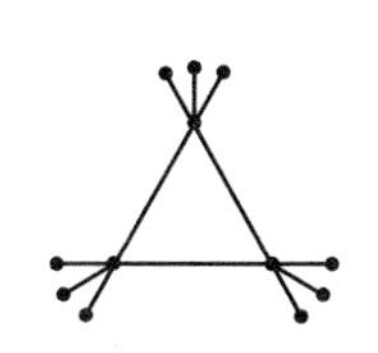
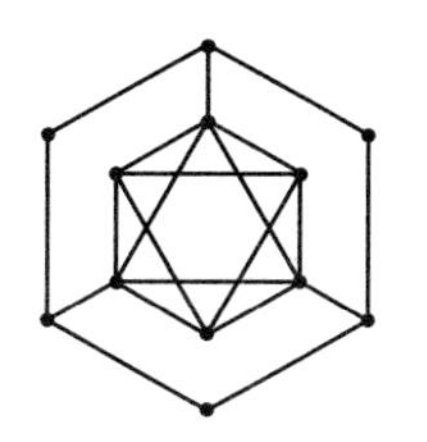

图 25　F_1, F_2 和 F_3

向哈密顿圈.

提示:两条边$\overrightarrow{ab}$ 和$\overrightarrow{ba}$ 都含在图中的概率是多少?把定理 12 应用于由这些双重边构成的随机图.

21. 注意练习 20 提出的解给出两个具有同样基础(非有向的)边集的有向哈密顿圈. 证明:对于 $p=(1-\varepsilon)\left(\frac{\log n}{n}\right)^{\frac{1}{2}}$ 几乎没有有向图包含这样一对哈密顿圈.

22. 证明:至少存在$\frac{2^n}{n!}+o\left(\frac{2^n}{n!}\right)$ 个 n 阶的不同构的图.

提示:在 $\Phi(n, P(\text{dege})=\frac{1}{2})$ 中, $a.e.$ 图都有平凡的自同构群.

计算机专家眼中的拉姆塞数

第9章

§1 有史以来最大的数学证明：数据多达200TB

得克萨斯大学的三位计算机科学家宣布他们完成了世界上最大的数学证明：完整证明有200TB. 公开供人检验的部分压缩后也有68GB.

目前已经有很多数学家使用计算机辅助证明数学问题，但这个200TB的证明还是让数学家们吃了一惊. UCSD的数学家Ronald Graham表示，在此之前，世界上最大的数学证明是关于一个离散数学的问题，只有13GB.

这几位计算机科学家解决的问题有着近一个世纪的历史，是拉姆塞定理中的舒尔平方数定理，也被称为布尔－毕达哥拉斯三元数问题(Boolean Pythagorean triples problem). 该问题在1917年由舒尔提出，问

的是:能否将所有正整数分成两个部分,其中所有毕达哥拉斯三元数组(即满足 $a^2+b^2=c^2$ 的 a,b,c 三个数)都不处于同一部分?否则,最小的反例是什么?

该类问题常被转化为着色问题来解决.比如如果 3 和 5 被用同一种颜色标记,那么 4 必须用另外一种颜色标记.研究者发现,从 1 到 7 824 的所有正整数都能用这种方式归类(图 26).

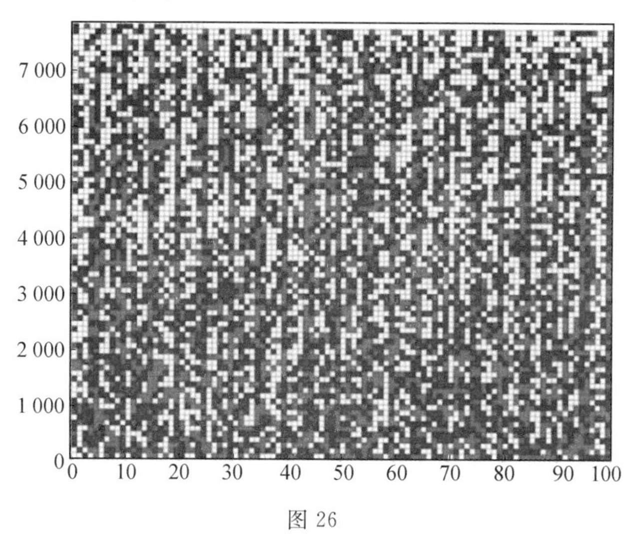

图 26

在这 7 824 个方格中,没有任何满足 $a^2+b^2=c^2$ 的三个数同为一种颜色(白色数字不属于毕达哥拉斯三元数).

在 Marijn Heule,Oliver Kullmann 和 Victor Marek 三人发表在 arXiv 上的那篇论文里,他们把该问题拆分成了两个 SAT 可满足性问题,然后发现该问题达到 $\{1,2,\cdots,7\ 825\}$ 时无解,最后展示了自己给 7 824 个方格上色的方法(图 27).

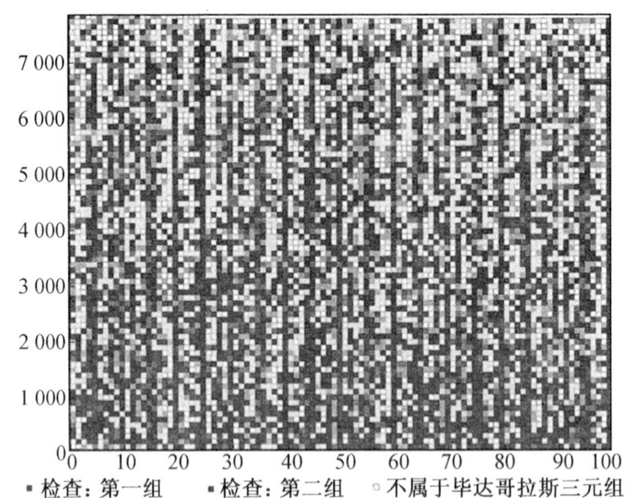

图 27

有关拉姆塞定理的设想往往涉及着巨量的数据，这个问题更不例外. 在有这么多数字的情况下，给方格上色的可能方案达到了 $10^{2\,300}$ 那么多. 但研究者借助了对称分析等技巧，让电脑只需要检查 10^{12} 种可能方案. 得克萨斯大学的 Stampede 超级计算机的 800 台处理器共同连续运转了两天两夜才完成了计算.

虽然计算机已经解决了这个布尔－毕达哥拉斯三元数问题，但它并没有告诉我们为什么到了 7 825 时问题就变得无解. 这反映了电脑辅助证明中的一个常见的思想挑战：这样“正确”的证明，还算不算是“数学”？如果数学家的工作是通过理论帮助人类更好地理解数学，那么通过穷举来解决问题的计算机究竟有什么存在的意义？

或许我们只能希望早日有人给出这个问题的逻辑

推理. 那个为解决爱尔迪希差异问题(Erdös discrepancy problem)的13GB证明提出后仅过了一年,UCLA数学家陶哲轩(《当今在世的智商最高的十位天才》)就用传统方式成功破解了这一难题,真正震动了全球数学界.

§2 拉姆塞数 $R(K_3,K_q-e)$*

北京大学信息工程学院计算机系的王清贤,北京大学分校的王攻本,北京大学数学学院的阎淑达三位教授1998年利用一种系统地构造循环着色的算法,借助计算机证明了拉姆塞数 $R(K_3,K_q-e)$ 的下述新下界

$$R(K_3,K_{11}-e)\geqslant 42$$
$$R(K_3,K_{13}-e)\geqslant 54$$
$$R(K_3,K_{14}-e)\geqslant 59$$
$$R(K_3,K_{15}-e)\geqslant 69$$

设 G,H 是两个无向简单图,拉姆塞数 $R(G,H)$ 是满足下述条件的最小正整数 n:用两种颜色(红和绿)对 n 顶点完全图 K_n 的边任意着色,则着色图中或者有红色的子图 G,或者有绿色的子图 H. 关于拉姆塞数 $R(G,H)$,人们对 G,H 的各种不同情形进行了深入的研究,特别是关于 $G=K_p,H=K_q$(p,q 为正整数)这种大家所熟知的古典拉姆塞数得到许多重要的结果. 与

* 王清贤,王攻本,阎淑达,《北京大学学报(自然科学版)》,1998年,第34卷,第1期.

古典拉姆塞数最接近的形式就是 $G=K_p-e$ 和/或 $H=K_q-e$时的情形，这里的“$-e$”表示从完全图中去掉一条边.对于这种形式的拉姆塞数，已知的主要结果见表 16.

表 16 中第一行和第一列的值可以利用公式

$$R(K_3-e,K_q-e)=2q-3$$

和

$$R(K_3-e,K_q)=2q-1$$

直接得出(这两个公式按定义可立即推出).对于 $R(K_3,K_q-e)$ 的结果分别见文献[48]($q=4$)，[49]($q=5$)，[53]($q=6$)，[56]($q=7$)和[59]($q=8,9,10$).McNamara 和拉德齐佐夫斯基[58] 证明了

$$R(K_4-e,K_6-e)=17 \text{ 和 } R(K_4-e,K_7-e)=28$$

其他结果可见文献[46 ~ 48,50 ~ 52,54]等.

表 16 $R(G,H)$ 的值或上下界

G	H							
	K_3-e	K_4-e	K_5-e	K_6-e	K_7-e	K_8-e	K_9-e	$K_{10}-e$
K_3-e	3	5	7	9	11	13	15	17
K_3	5	7	11	17	21	25	31	36 ~ 39
K_4-e	5	10	13	17	28			
K_4	7	11	19					
K_5-e	7	13	22					
K_5	9	16	30 ~ 34					

拉德齐佐夫斯基[59] 给出 $K_{4m}(m\geqslant 4)$ 上既无红色 K_3 又无绿色 $K_{m+2}-e$ 的着色方法，从而得到一个下界公式

$$R(K_3,K_q-e)\geqslant 4q-7 \quad (q\geqslant 6)$$

纵观求得表 16 中结果所采用的方法,仍是通过不断改进上下界从而最终使上下界相等来求得准确值的. 确定下界一般是构造既无红色 G 又无绿色 H 的着色(称为 (G,H) — 临界着色). 如 Exoo[51] 利用计算机找到 K_{29} 的一个 (K_5-e,K_5) — 临界着色,从而证明了 $R(K_5-e,K_5)\geqslant 30$. 确定上界一般采用由 Graver 和 Yackel[55] 提出、Grinstead 和 Roberts[57] 等人发展的优先顶点法的思想,其实质是由低层次的临界着色来讨论高层次的临界着色. 如在[55]中,首先讨论 K_{10}, K_{11} 的 (K_4-e,K_5-e) — 临界着色的性质,据此再讨论 K_{22} 的 (K_5-e,K_5-e) — 临界着色(假设存在的话),并最终证明这种临界着色是不存在的,因此得 $R(K_5-e,K_5-e)\leqslant 22$. 确定下界的困难在于按什么原则构造临界着色以及如何快速构造出来. 确定上界也是一件具有挑战性的工作:用数学推理证明需要高度的技巧和冗长的分情形讨论;用计算机辅助证明需要快速算法以及大量的机时.

本节只讨论 $G=K_3$, $H=K_q-e$ 的情形. 我们用一种系统的方法来构造 (K_3,K_q-e) — 循环临界着色,得到了 $q=11,13,14,15$ 时 $R(K_3,K_q-e)$ 的非平凡新下界. 我们的方法及主要结果将在下面讨论,这里先给出本节所采用的几个记号:

K_q:q 个顶点的完全图;

K_q-e:从 K_q 中去掉一条边后的图;

(G,H) — 临界着色:完全图上的既无红色 G 又无绿色 H 的边着色;

$[x]$:不超过 x 的最大整数,x 为实数.

本节寻找拉姆塞数 $R(K_3,K_q-e)$ 下界的方法就是构造(K_3,K_q-e)－临界着色.对于一个给定的正整数n,完全图K_n的边着色方式是相当多的(不考虑同构的情况,有$2^{\frac{n(n-1)}{2}}$种边着色方式),因此我们不能采用穷举的方法,只能考虑一类容易构造且是(K_3,K_q-e)－临界着色可能性较大的着色.为此,先给出如下定义.

定义 1　设完全图K_n的顶点以$0,1,\cdots,n-1$编号标记,对任一条边(u,v),称$s=\min\{|u-v|,n-|u-v|\}$为边(u,v)的长度.

定义 2　设C是K_n的一种红绿着色,若存在正整数集合$RA\{1,2,\cdots,[\frac{n}{2}]\}$,使得可以某种方式用$0,1,\cdots,n-1$对$K_n$的顶点进行编号,且边$(u,v)$着红色当且仅当$(u,v)$的边长$s\in R$,则称$C$是$K_n$的循环着色,称$R$是$C$的红边集.

本节构造(K_3,K_q-e)－临界着色的方法是先构造一系列没有红色K_3的循环着色,然后从中筛选出(K_3,K_q-e)－临界着色,从而得出$R(K_3,K_q-e)$的一个下界.在这里我们遇到的第一个问题就是n取多大?n的取值范围依据下述引理.

引理 1　$R(K_3,K_{q-1})\leqslant R(K_3,K_q-e)\leqslant R(K_3,K_q)$.

证明　因为K_{q-1}是K_q-e的子图,而K_q-e是K_q的子图,故由拉姆塞数的定义可得上述不等式.

根据上述引理,当想找出$R(K_3,K_q-e)$的新下界时,可以利用$R(K_3,K_{q-1})$的值或下界以及$R(K_3,K_q)$的值或上界确定n的大致范围,然后构造K_n的(K_3,K_q)－临界着色,只有这样的着色才可能是$(K_3,K_q-$

e)－临界着色. 用[61] 中我们提出的算法可以构造(K_3, K_q)－临界循环着色. 对这样的着色,要判断它是否为$(K_3, K_q - e)$－临界着色可利用下述引理来大大减少判断时间.

引理 2　设 C 是 K_n 的红边集为 R 的循环着色,若它有绿色的 $K_q - e$,则必有满足下述条件的绿色 $K_q - e$:$\{v_1, v_2, \cdots, v_{q-1}, v_q\}$:

(1)$\{v_1, v_2, \cdots, v_{q-1}\}$ 是绿色 K_{q-1};

(2)$0 = v_1 < v_2 < \cdots < v_{q-1}$;

(3)$n - v_{q-1} \geqslant v_2, v_{i+1} - v_i \geqslant v_2, i = 2, 3, \cdots, q-1$;

(4)$v_{[\frac{q-1}{2}]+1} \leqslant [\frac{n}{2}]$. 当 n 为偶数时进一步有:若 $\frac{n}{2} \in R$,或 q 为偶数,则严格不等式成立.

证明　容易验证映射

$$g_1: v \to v + 1 (\bmod n), v \in \{0, 1, 2, \cdots, n-1\}$$

$$g_2: v \to n - v (\bmod n), v \in \{0, 1, 2, \cdots, n-1\}$$

是 K_n 的循环着色的自同构(或换句话说,把红色边看成一个 n 顶点的循环图[61],g_1, g_2 是循环图的自同构).

设$\{x_1, x_2, \cdots, x_{q-1}, x_q\}$ 是 C 的任一绿色 $K_q - e$,且不妨设$\{x_1, x_2, \cdots, x_{q-1}\}$ 是绿色 K_{q-1},并有 $x_1 < x_2 < \cdots < x_{q-1}$.

使用 g_1 作用于$\{x_1, x_2, \cdots, x_{q-1}\}$ 若干次(相当于旋转),可将其映射到一个满足条件(2) 和(3) 的绿色 K_{q-1}:$\{y_1, y_2, \cdots, y_{q-1}\}$.

为简单起见,以下令 $\text{mid } q = [\frac{q-1}{2}]$.

首先假设 $y_{\text{mid } q+1} > [\frac{n}{2}]$,那么必存在整数 t 使得

$y_t \leqslant [\frac{n}{2}], y_{t+1} > [\frac{n}{2}]$ 且 $t \leqslant \mathrm{mid}\ q$. 对 $\{y_1, y_2, \cdots, y_{q-1}\}$ 使用自同构 g_1 作用 $n - y_2$ 次(旋转)后再使用 g_2(反射),可把它映射到

$$\{y_2, 0, n - y_3 + y_2, n - y_4 + y_2, \cdots, n - y_{q-1} + y_2\}$$

令 $v_1 = 0, v_2 = y_2, v_i = n - y_{q+2-i} + y_2 (i = 3, 4, \cdots, q - 1)$,则容易验证 $\{v_1, v_2, \cdots, v_{q-1}\}$ 满足条件(1)(2)(3).

因为 $t \leqslant \mathrm{mid}\ q$,所以

$$q - t \geqslant q - \mathrm{mid}\ q \geqslant \mathrm{mid}\ q + 1$$

从而有 $v_{\mathrm{mid}\ q+1} \leqslant v_{q-t}$. 再根据 $y_{t+1} > [\frac{n}{2}]$ 可推得

$$y_{t+2} > [\frac{n}{2}] + y_2, v_{q-t} = n - y_{t+2} + y_2 < n - [\frac{n}{2}]$$

不等式 $v_{\mathrm{mid}\ q+1} \leqslant v_{q-t} < n - [\frac{n}{2}]$ 意味着:若 n 是奇数,则 $v_{\mathrm{mid}\ q+1} \leqslant [\frac{n}{2}]$;若 n 是偶数,则 $v_{\mathrm{mid}\ q+1} < [\frac{n}{2}]$. 故有 $\{v_1, v_2, \cdots, v_{q-1}\}$ 也满足条件(4).

下面假设 $y_{\mathrm{mid}\ q+1} \leqslant [\frac{n}{2}]$. 此时 $\{y_1, y_2, \cdots, y_{q-1}\}$ 满足条件(1)(2)(3) 和(4) 的前半部分.

若 n 为偶数且 $\frac{n}{2} \in R$,因为 $y_{\mathrm{mid}\ q+1}$ 不在 R 中,故 $y_{\mathrm{mid}\ q+1} < [\frac{n}{2}]$. 令 $v_i = y_i (i = 1, 2, \cdots, q - 1)$,则 $\{v_1, v_2, \cdots, v_{q-1}\}$ 满足条件(1)(2)(3)(4).

当 n, q 都为偶数时,如果 $y_{\mathrm{mid}\ q+1} = \frac{n}{2}$,用与上面相同的自同构和类似的方法可证存在符合全部条件的绿色 $K_{q-1}: \{v_1, v_2, \cdots, v_{q-1}\}$.

对上面讨论中未提到的 x_q，设它在上述自同构等作用下对应的顶点为 v_q，则 $\{v_1, v_2, \cdots, v_{q-1}, v_q\}$ 就是符合引理条件的绿色 $K_q - e$.

为了确定 $R(K_3, K_q - e)$ 的下界需要寻找 $(K_3, K_q - e)$ — 临界着色. 我们首先利用在[61]中设计的算法构造出许多 (K_3, K_q) — 临界循环着色，然后再检验其中是否有绿色的 $K_q - e$.

一个绿色的 $K_q - e$ 中有一个绿色 K_{q-1}，另外一个顶点和这 $q-1$ 个顶点之间只有一条红色边，其余全为绿色边. 据此，为了判断一个绿色 K_{q-1} 能否扩展成一个绿色 $K_q - e$，算法中利用覆盖计数技术：对该绿色 K_{q-1} 的每一顶点，对被该点由红色边所覆盖的顶点计数加 1；计数全部结束后检查是否有计数值为 1 的顶点. 若有，则扩展成一个绿色 $K_q - e$；否则表示该绿色 K_{q-1} 不包含在任何绿色 $K_q - e$ 中.

任给一个 (K_3, K_q) — 临界循环着色，检验算法的大致步骤为：

(1) 按字典序找出第一个满足引理 2 条件的绿色 K_{q-1}；

(2) 对此绿色 K_{q-1} 作覆盖计数统计；

(3) 若有计数结果为 1 的顶点，则该着色有绿色 $K_q - e$，故它不是 $(K_3, K_q - e)$ — 临界着色，算法结束；

(4) 否则找下一个满足引理2条件的绿色 K_{q-1}. 若找到，则转第 2 步；若找不到，表示所有绿色 K_{q-1} 都扩展不成绿色的 $K_q - e$. 此时，该着色是 $(K_3, K_q - e)$ — 临界着色，算法结束.

利用上述算法，我们用计算机辅助证明了下述结果.

定理 1 对 $q=11,13,14,15$,下面的循环着色是相应的(K_3,K_q-e)一临界着色:

(1)$q=11$,K_{41} 的红边集$R=\{1,4,10,16,18\}$的循环着色;

(2)$q=13$,K_{53} 的红边集$R=\{1,4,6,13,21,24\}$的循环着色;

(3)$q=14$,K_{58} 的红边集 $R=\{1,3,8,10,17,23,29\}$ 的循环着色;

(4)$q=15$,K_{68} 的红边集 $R=\{1,6,8,10,13,25,28\}$ 的循环着色.

根据定理 1 以及拉姆塞数的定义立即可得:

定理 2 (1)$R(K_3,K_{11}-e)\geqslant 42$;

(2)$R(K_3,K_{13}-e)\geqslant 54$;

(3)$R(K_3,K_{14}-e)\geqslant 59$;

(4)$R(K_3,K_{15}-e)\geqslant 69$.

遗憾的是,用我们的方法未能给出$R(K_3,K_{10}-e)$和 $R(K_3,K_{12}-e)$ 的新下界.

本节利用系统地构造循环着色的方法去寻找既无红色 K_3 又无绿色 K_q-e 的完全图的边着色,从而得到了 $q=11,13,14,15$ 时拉姆塞数 $R(K_3,K_q-e)$ 的新下界.此外,用我们的方法还可得:

(1)K_{10} 的红边集 $R=\{1,4\}$ 的循环着色是(K_3,K_5-e)一临界着色,从而有 $R(K_3,K_5-e)\geqslant 11$;

(2)K_{24} 的红边集 $R=\{1,3,7,12\}$ 的循环着色是(K_3,K_8-e)一临界着色,从而有$R(K_3,K_8-e)\geqslant 25$;

(3)K_{30} 的红边集 $R=\{1,3,9,14\}$ 的循环着色是(K_3,K_9-e)一临界着色,从而有$R(K_3,K_9-e)\geqslant 31$.

由表 16 知道 $R(K_3,K_5-e)=11$,$R(K_3,K_8-e)=$

25, $R(K_3, K_9 - e) = 31$. 因此，用本节的方法所得下界也恰好是这 3 个拉姆塞数的最好下界.

由引理 1 有

$$R(K_3, K_{q-1}) \leqslant R(K_3, K_q - e) \leqslant R(K_3, K_q)$$

从目前已知的结果看，最接近的情形相差 1，如

$$R(K_3, K_3 - e) = 5 < R(K_3, K_3) = 6 < R(K_3, K_4 - e) = 7$$

$$R(K_3, K_6 - e) = 17 < R(K_3, K_6) = 18$$

研究 $R(K_3, K_q - e)$ 与 $R(K_3, K_q)$ 的关系是一件很有意义的工作.

对于 $R(K_3, K_q - e)(q = 3, 6, 7)$，$R(K_4 - e, K_4 - e)$，$R(K_4 - e, K_7 - e)$，$R(K_5 - e, K_5 - e)$，由表 16 知它们的值都已求出. 另一个有趣的事实是，得到这些拉姆塞数最好下界的临界着色都是唯一的（参看文献[54, 58 ~ 60]）. 因此临界着色的唯一性与拉姆塞数的值之间是否也有某种联系.

不论何种形式的拉姆塞数，要确定它们的值都是很困难的. 因此只有开阔思路，探索各种不同的方法，才有可能最终找到拉姆塞数的解决之路.

§3　7 个 3 色拉姆塞数 $R(3, 3, q)$ 的新下界*

广西壮族自治区科技厅的张正铀，中国科学院计算技术研究所的李桂清，广西壮族自治区计算中心的

---

* 张正铀，李桂清，覃健文，《甘肃科学学报》，1999 年，第 11 卷，第 2 期.

覃健文三位研究员 1999 年研究了正则的素数阶循环图，提出了计算多色拉姆塞数 $R(q_1,q_2,\cdots,q_n)$ 的下界的一种算法，得到 7 个 3 色拉姆塞数的新下界

$$R(3,3,9)\geqslant 98,R(3,3,11)\geqslant 132$$
$$R(3,3,12)\geqslant 158,R(3,3,13)\geqslant 182$$
$$R(3,3,19)\geqslant 314,R(3,3,21)\geqslant 410$$
$$R(3,3,22)\geqslant 432$$

1. 多色拉姆塞数

多色拉姆塞数 $R(q_1,q_2,\cdots,q_n)$ 是具有下述性质的最小整数 r. 用 $n(n\geqslant 3)$ 种颜色把 r 阶完全图 K_r 的边任意染色后，K_r 中一定存在单色的 K_{q_i}，这里 i 是 $1,2,\cdots,n$ 中的某一个. 一般地说，用 n 种颜色把 r 阶完全图 K_r 的各边任意染色要考虑 $n^{\frac{r(r-1)}{2}}$ 种情形，其运算量随 r 的增加呈指数型增长. 于是人们只好以降低准确度为代价换取运算效率的提高. 30 多年来人们在用构造性的方法研究拉姆塞数的下界时通常采用循环图的方法，但当 r 较大时寻求有效参数构造一般阶的循环图仍然是极其困难的. 为此，我们研究了素数阶循环图的同构变换，提出了寻求有效参数构造正则循环图计算多色拉姆塞数的一种算法，得到

$$R(3,3,9)\geqslant 98,R(3,3,11)\geqslant 132$$
$$R(3,3,12)\geqslant 158,R(3,3,13)\geqslant 182$$
$$R(3,3,19)\geqslant 314,R(3,3,21)\geqslant 410$$
$$R(3,3,22)\geqslant 432$$

2. 素数阶循环图的同构变换

给定整数 $n\geqslant 3$ 和素数 $p=2m+1$，记

$$Z_p=\{-m,\cdots,-1,0,1,\cdots,m\}=[-m,m]$$

（对于整数 $s\leqslant t$，记 $[s,t]=\{s,s+1,\cdots,t\}$）. 以下除非

另有说明，所有整数及其运算结果都理解为模 p 后属于 Z_p，并用通常的等号“=”表示“模 p 相等”.

定义3　对于集合 $S=[1,m]$ 的一个 n 部分拆 $S=\bigcup_{i=1}^{n} S_i$，设 p 阶完全图 K_p 的顶点集 $V=Z_p$，其边集 E 是 Z_p 的所有2元子集的集且有分拆 $E=\bigcup_{i=1}^{n} E_i$，其中

$$E_i=\{\{x,y\}\in E \mid |x-y|\in S_i\}$$

把 E_i 中的边叫作 S_i 色的，再记 K_p 中 S_i 色边所导出的子图为 $G_p(S_i)$，$i\in[1,n]$. 于是我们按照参数集合 $S=\bigcup_{i=1}^{n} S_i$ 把 K_p 的边 n－染色，简记为 $G_p(S)$.

引理3　设 g 是 p 的一个原根，则对于任意 $j,b\in Z_p$，Z_p 到自身的线性变换 $f: x\to g^j x+b$ 是 $G_p(S)$ 的同构变换

$$f: G_p(S)\to G_p(\overset{*}{S}), G_p(S_i)\to G_p(\overset{*}{S}_i), S=\bigcup_{i=1}^{n} \overset{*}{S}_i$$

$$\overset{*}{S}_i=\{|g^j x| \mid x\in S_i\}$$

其中 $i\in[1,n]$.

证明　对于任意 $x,y\in Z_p$，恒有

$$f(x)-f(y)=g^j(x-y)$$

即得

$$f(x)=f(y)\Leftrightarrow x=y$$

并且有

$$|x-y|\in S_i\Leftrightarrow |f(x)-f(y)|=|g^j(x-y)|\in \overset{*}{S}_i$$

因此 f 是顶点集 V 的一一变换，且把 $G_p(S)$ 的 S_i 色边变换成 $G_p(\overset{*}{S})$ 的 $\overset{*}{S}_i$ 色边，即得引理3的结论.

图 $G_p(S)$，从而每个 $G_p(S_i)$（$i\in[1,n]$）是一类特殊的 Gayley 图，称为循环图（circulant graphs，见文献[63]）. 按照定义3，图 $G_p(S)$ 有分拆 $G_p(S)=$

$\bigcup_{i=1}^{n} G_p(S_i)$，根据拉姆塞数的定义即得：

定理 3 记图 $G_p(S_i)$ 的团数为 $c_i=(G_p(S_i))$，$i\in[1,n]$，则有

$$R(c_1+1,c_2+1,\cdots,c_n+1)\geqslant p+1$$

3. **正则循环图**

定义 4 称 $|S_i|$ 为子图 $G_p(S_i)$ 的度数. 两个图 $G_p(S)$ 与 $G_p(\overset{*}{S})$，其中 $S=\bigcup_{i=1}^{n} S_i$，$\overset{*}{S}=\bigcup_{i=1}^{n}\overset{*}{S}_i$. 如果对于 $i\in[1,n]$ 有 $|S_i|=|\overset{*}{S}_i|$，就说这两个图的度数是相同的.

考察 $G_p(S)$ 的某个特定的子图 $G_p(S_i)$，约定其度数 $t=|S_i|\geqslant 2$. 设 g 是 p 的原根，则有

$$S=[1,m]=\{|g^j|\mid j\in S\}$$

因此 $G_p(S_i)$ 的参数集合可表示为

$$S_i=\{|g^{a_j}|\mid j\in[0,t-1]\} \tag{1}$$

定义 5 子图 $G_p(S_i)$ 称为正则的，如果参数集合(1) 满足正则条件

$$0=a_0<a_1<\cdots<a_{t-1}\leqslant m \tag{2}$$

$$a_1=\min\{a_j-a_{j-1}\mid j\in[1,t-1]\}<\frac{m}{t-1} \tag{3}$$

含正则子图 $G_p(S_i)$ 的图 $G_p(S)$ 称为正则循环图.

引理 4 任意一个度数大于或等于 2 的图 $G_p(S)$ 都同构于一个度数相同的正则循环图 $G_p(\overset{*}{S})$.

证明 不失一般性，设集合(1) 满足

$$0<a_0<a_1<\cdots<a_{t-1}\leqslant m \tag{4}$$

引进记号 $a_{t+j}=a_j+m$，$j\in[0,t-1]$. 注意到 g 是 p 的原根有 $g^m=g^{\frac{p-1}{2}}=-1$，从而

$$|g^{a_{t+j}}|=|g^{a_j+m}|=|g^{a_j}|$$

因此集合(1) 可以改写为

$$S_i = \{|g^{a_j}| \mid j \in [0, 2t-1]\}$$

由式(4)得

$$0 < a_0 < a_1 < \cdots < a_{t-1} \leqslant m < a_t < a_{t+1} < \cdots < a_{2t-1} \leqslant 2m \tag{5}$$

设

$$e = \min\{a_j - a_{j-1} \mid j \in [0, 2t-1]\} \tag{6}$$

注意到 $a_{t+j} - a_{t+j-1} = a_j - a_{j-1}(j \in [1, 2t-1])$，故有

$$e = \min\{a_j - a_{j-1} \mid j \in [1, t]\}$$

不妨设 $e = a_h - a_{h-1}$，这里 h 是$[1,t]$中的某一个. 对于 $G_p(S)$ 作变换 $f: x \to g^{-a_{h-1}} x$，据引理3知 $G_p(S)$ 与 $G_p(\overset{*}{S})$ 同构

$$f: G_p(S) \to G_p(\overset{*}{S}), G_p(S_i) \to G_p(\overset{*}{S}_i)$$

其中

$$\overset{*}{S}_i = \{|g^{-a_{h-1}} x| \mid x \in S_i, i \in [1, n]\}$$

故有

$$\overset{*}{S}_i = \{|g^{a_j - a_{h-1}}| \mid j \in [0, 2t-1]\}$$

注意到 $|\overset{*}{S}_i| = |S_i| = t$，因此 $\overset{*}{S}_i$ 可以表示为

$$\overset{*}{S}_i = \{|g^{a_{j+h-1} - a_{h-1}}| \mid j \in [0, t-1]\} = \{|g^{b_j}| \mid j \in [0, t-1]\}$$

其中 $b_j = a_{j+h-1} - a_{h-1}, j \in [0, t-1]$. 由式(5)(6)得到

$$b_{j+1} - b_j = a_{j+h} - a_{j+h-1} \geqslant e > 0 \quad (j \in [0, t-2]) \tag{7}$$

$$0 = b_0 < b_1 = e < b_2 < \cdots < b_{t-1} \tag{8}$$

$$b_1 = \min\{b_j - b_{j-1} \mid j \in [1, t-1]\} \tag{9}$$

当 $h = 1$ 时注意到 $a_0 > 0$，由 b_j 的定义有

$$b_{t-1} = a_{t-1} - a_0 < a_{t-1} \leqslant m$$

当 $2 \leqslant h \leqslant t$ 时注意到 $a_{h-2} < a_{h-1}$，由 b_j 的定义有

$$b_{t-1} = a_{t+h-2} - a_{h-1} = m + a_{h-2} - a_{h-1} < m$$

因此当 $h\in[1,t]$ 时恒有 $b_{t-1}<m$. 由式(8)知数列 $\{b_j \mid j\in[0,t-1]\}$ 满足不等式(2). 由式(7)(9)得

$$b_{t-1}=(b_{t-1}-b_{t-2})+(b_{t-2}-b_{t-3})+\cdots+(b_1-b_0)\geqslant e(t-1)$$

即得

$$e(t-1)\leqslant b_{t-1}<m\Rightarrow e=b_1<\frac{m}{t-1}$$

由式(9)知数列 $\{b_j \mid j\in[0,t-1]\}$ 也满足不等式(3).

综上所述,参数集合 $\overset{*}{S}_i=\{|g^{b_j}| \mid j\in[0,t-1]\}$,满足正则条件(2)(3),因此图 $G_p(S)$ 同构于具有相同度数的正则循环图 $G_p(\overset{*}{S})$.

4. 计算多色拉姆塞数下界的算法

约定,集合 $M=[0,m-1]$ 的子集按通常的字典排列法排列有序. 如果子集 A 前于子集 B,就记 $A<B$.

给定有序的 n 个整数 $t_1,t_2,\cdots,t_n$,它们满足 $\sum_{i=1}^{n}t_i=m$. 考察集合 M 的 n 部分拆

$$T=\{B_1,B_2,\cdots,B_n\}\quad(|B_i|=t_i,i\in[1,n])$$

所有这样的 n 部分拆构成的集合记为 W. 规定两个 n 部分拆

$$T=\{B_1,B_2,\cdots,B_n\}<U=\{\overset{*}{B}_1,\overset{*}{B}_2,\cdots,\overset{*}{B}_n\}$$

当且仅当 $B_1<\overset{*}{B}_1$ 或者存在 $k\in[1,n-1]$ 使 $B_j=\overset{*}{B}_j(j\in[1,k])$ 并且 $B_{k+1}<\overset{*}{B}_{k+1}$.

显然$(W,<)$是全序集. 以下考察它的一个与正则循环图有关的子集.

定义 6 设 $T=\{B_1,B_2,\cdots,B_n\}\in W$,其中 $\bigcup_{i=1}^{n}B_i=[0,m-1]$,$B_i=\{a_j \mid j\in[0,t_i-1]\}$,$i\in[1,n]$. 令

$$S_i=\{|g^{a_j}|\,|\,a_j\in B_i\},S=\bigcup_{i=1}^{n}S_i$$

据定义 3 作图 $G_p(S)$，称 $G_p(S)$ 为 T 生成的；称 $W_i=\{T\in W\mid T$ 生成的图 $G_p(S)$ 是正则循环图，其中子图 $G_p(S_i)$ 是正则的$\}(i\in[1,n])$ 为 W 的正则子集.

易知 $S=[1,m]$，因此 W_i 是明确定义的有限集，并且是良序的. 在实际应用中，n 个正则子集 $W_1,W_2,\cdots,W_n$ 可以随意选用任一个. 不失一般性，以下约定只选用 W_1，并设 W_1 的初始元为 T_1，第 $k(1\leqslant k\leqslant|W_1|)$ 个元为 T_k.

考察 $T_k\in W_1$ 生成的 $G_p(S)$ 的子图 $G_p(S_i)(i\in[1,n])$ 的团数. 我们熟知循环图是顶点可迁的. 因此 $G_p(S_i)$ 的团数等于 $G_p(S_i)$ 中含顶点 0 的团的最大阶，我们只需考察含顶点 0 的团. 根据定义 3 可知这样的团的其他非零顶点是集合 $A_i=\{x\,|\,|x|\in S_i\}$ 的元. 在图 $G_p(S_i)$ 中，顶点集为 A_i 的导出子图记为 $G_p[A_i]$，$G_p[A_i]$ 的团数记为$[A_i]$. 显然有

$$G_p(S_i)\text{ 的团数}=[A_i]+1\quad(i\in[1,n])$$

于是求 $G_p(S_i)$ 的团数就转化为求 $G_p[A_i]$ 的团数. 这在实际操作上，通常是借助计算做辅助运算，并且一般都是采用深度优先搜索法(depth-first search) 进行的. 我们知道，用这种方法所需要的运算时间随着结点个数的增加而呈指数型增长，因此计算 $G_p[A_i]$ 的团数要比直接计算 $G_p(S_i)$ 的团数容易得多.

现在给出利用正则循环图计算多色拉姆塞数的下界的算法，步骤如下：

(1) 对于给定的整数 $n\geqslant 3$ 和有序的 n 个整数 $q_1,q_2,\cdots,q_n$，选取适当的素数 $p=2m+1$，求出 p 的一个原根 g，再选定与 $q_1,q_2,\cdots,q_n$ 相应的 n 个整数 t_1，

$t_2,\cdots,t_n$(据经验有$\frac{m}{13}\leqslant t_i\leqslant\frac{m}{2}$,具体的选取视 p 与 q_i 的大小而定).

(2) 据定义6作W的正则子集W_1. 给变元 T_k 的下标赋初始值 $k=1$.

(3) 如果 $k>|W_1|$,运算结束;否则据定义 6 作 $T_k\in W_1$ 生成的正则循环图 $G_p(S)$,此时 $S_i(i\in[1,n])$ 都确定了. 设 $i=1$.

(4) 作 $A_i=\{x\mid |x|\in S_i\}$,用通常的深度优先搜索法计算 $G_p(S_i)$ 的导出子图 $G_p[A_i]$ 的团数$[A_i]$. 如果$[A_i]\geqslant q_i-1$,令 $k=k+1$,转到(3);否则,令 $i=i+1$,如果 $i\leqslant n$,转到(4).

(5) 此时,$G_p(S)$ 的所有 n 个子图的团数都计算出来了:$G_p(S_i)$ 的团数 $c_i=[A_i]+1\leqslant q_i-1,i\in[1,n]$. 由定理 3 得到 $R(c_1+1,c_2+1,\cdots,c_n+1)\geqslant p+1$. 运算结束.

由于计算拉姆塞数的下界是极其困难的,因此在上述算法中进入第(5) 步而结束运算的成功的机会并不多,绝大多数的情形是由(4) 转到(3) 时 $k>|W_1|$ 而运算结束,结果是对于选定的度数 $t_i(i\in[1,n])$ 寻求 $R(q_1,q_2,\cdots,q_n)\geqslant p+1$ 的探索得不到预期的结果,这是最坏的情形. 此时可考虑选取稍大或稍小的度数 t_i,或者换一个素数 p 重新开始运算.

利用循环图计算多色拉姆塞数下界的困难主要来自两个方面,其一是寻求有效参数构造循环图;其二是计算 $G_p(S)$ 的各子图的团数. 由于我们的算法已经对怎样寻求有效参数和计算各子图的团数做出了具体的阐述,因此我们只写出其中最关键的部分,即构造

$G_p(S)$ 的各子图的有效参数的集合 S_i. 注意到 $S = \bigcup_{i=1}^{n} S_i = [1, m]$,因此 S_n 不必写出来.

(1) 取 $n=3$,素数 $p_1 = 97$ 及其原根 $g_1 = 5$,图 $G_{97}(S)$ 的各子图的参数集合为

$$S_1 = \{1,6,8,15,18,22,25,32,35,39,42,46\}$$

$$S_2 = \{5,7,13,16,19,28,30,34,36,40\}$$

按照算法的第(4) 步经过 9 min 12 s 的运算,得到

$$[A_1] = [A_2] = 1, [A_3] = 7$$

因此得到结论

$$R(3,3,9) \geqslant 98$$

(2) 取 $n=3$,素数 $p_2 = 131$ 及其原根 $g_2 = 2$,图 $G_{131}(S)$ 的各子图的参数集合为

$$S_1 = \{1,5,13,21,27,30,36,38,44,46,50,53,62\}$$

$$S_2 = \{7,9,10,25,26,31,37,39,42,43,54,59,60\}$$

按照算法的第(4) 步经过 12 min 35 s 的运算,得到

$$[A_1] = [A_2] = 1, [A_3] = 9$$

因此得到结论

$$R(3,3,11) \geqslant 132$$

(3) 取 $n=3$,素数 $p_3 = 157$ 及其原根 $g_3 = 5$,图 $G_{157}(S)$ 的各子图的参数集合为

$$S_1 = \{5,13,17,21,24,32,36,40,43,44,46,50,52,66\}$$

$$S_2 = \{1,4,9,12,15,22,25,28,35,38,45,48,51,59,62,69,72,75\}$$

按照算法的第(4) 步经过 14 min 28 s 的运算,得到

$$[A_1] = [A_2] = 1, [A_3] = 10$$

因此得到结论

$$R(3,3,12) \geqslant 158$$

(4) 取 $n=3$,素数 $p_4 = 181$ 及其原根 $g_4 = 2$,图

$G_{181}(S)$ 的各子图的参数集合为

$S_1=\{1,4,12,17,19,25,32,39,41,47,52,55,62,65,68,76,83,89\}$

$S_2=\{2,6,9,10,13,27,30,31,34,38,42,45,46,50,66,67,71,74,78,82\}$

按照算法的第(4)步经过 17 min 15 s 的运算,得到

$$[A_1]=[A_2]=1,[A_3]=11$$

因此得到结论

$$R(3,3,13)\geqslant 182$$

(5) 取 $n=3$,素数 $p_5=313$ 及其原根 $g_5=10$,图 $G_{313}(S)$ 的各子图的参数集合为

$S_1=\{1,5,16,19,25,28,36,39,43,54,57,74,80,87,95,98,118,122,125,129,133,136,140,151\}$

$S_2=\{17,22,42,47,48,52,53,66,67,71,72,73,76,77,78,79,82,85,97,103,110,111,112,141\}$

按照算法的第(4)步经过 29 min 38 s 的运算,得到

$$[A_1]=[A_2]=1,[A_3]=17$$

因此得到结论

$$R(3,3,19)\geqslant 314$$

(6) 取 $n=3$,素数 $p_6=409$ 及其原根 $g_6=21$,图 $G_{409}(S)$ 的各子图的参数集合为

$S_1=\{10,16,34,46,51,55,58,69,73,82,87,88,90,94,95,99,114,135,147,158,162,166,171,173,191,195,199,203\}$

$S_2=\{1,15,19,24,27,31,45,52,56,66,70,74,96,100,107,109,113,121,125,139,143,146,160,168,172,176,178,180,190,194,201\}$

按照算法的第(4) 步经过 38 min 42 s 的运算,得到

$$[A_1]=[A_2]=1,[A_3]=19$$

因此得到结论

$$R(3,3,22)\geqslant 410$$

(7) 取 $n=3$,素数 $p_7=431$ 及其原根 $g_7=7$,图 $G_{431}(S)$ 的各子图的参数集合为

$$S_1=\{8,10,12,29,43,46,57,60,64,66,77,84,88,97,99,102,108,119,133,136,147,153,164,169,171,173,175,184,188,189,191,195,206,208,209\}$$

$$S_2=\{1,5,7,9,20,26,44,47,50,68,71,89,92,95,103,116,120,122,124,128,130,143,149,151,155,159,161,165,176,182,186,194,197,207,210\}$$

按照算法的第(4) 步经过 40 min 20 s 的运算,得到

$$[A_1]=[A_2]=1,[A_3]=20$$

因此得到结论

$$R(3,3,22)\geqslant 432$$

5. 几点附注

(1) 现在人们在寻求 2 色拉姆塞数的下界时,已经注意到利用素数阶的循环图而不是一般阶的循环图[62],在文献[62]中还对这样做的好处进行了论证.但其并未曾探索到素数阶循环图的更多性质,所得到的 4 个下界 $R(5,7)\geqslant 80$,$R(5,9)\geqslant 114$,$R(4,12)\geqslant 98$ 和 $R(4,15)\geqslant 128$ 中,只有第 1 个仍是目前最好的,第 2 个已被 $R(5,9)\geqslant 116$[63] 超过,第 3 个、第 4 个被我们得到的 $R(4,12)\geqslant 128$[64] 盖过.至于利用素数阶循环图寻求多色拉姆塞数的下界,除了我们在文献[65,

66]中获得的结果，目前尚未见有其他报道. 在文献[67]中得到的$R(3,3,4)\geqslant 30$和在文献[62]中得到的$R(3,3,3,4)\geqslant 87$都是利用一般阶循环图的方法而获得的.

(2) 由于$|W_1|<|W|$，因此利用正则循环图可以避免大量同构的图的重复计算. 由定义5的正则条件(2)(3)可知a_1只需在很小的范围内变动，并且当$a_1>1$时的集合

$\{a_j\mid j\in[0,t_1-1]\}$的各元递增的步长$\geqslant a_1>1$

使这个集合能够更快地跑过$[0,m-1]$的t_1元子集，从而a_k能够更快地跑过集合W_1，运算量大大减少了，寻求有效参数的运算就具有较高的效率. 此外，我们在计算$G_p(S)$中各子图$G_p(S_i)$的团数方面也有所改进，计算$[A_i]$能够节省回溯(back-tracking)的运算量. 因此，上述算法在寻求多色拉姆塞数的下界时具有较高的运算效率.

拉姆塞定理的应用

第10章

§1　几个经典定理

1. 舒尔定理

舒尔定理被认为是拉姆塞理论中最早问世的著名定理，它是德国数学家舒尔在1916年研究有限域上的费马定理时发现的. 现在用拉姆塞定理可以很轻松地加以证明.

定理1　对任意给定的正整数k，存在数n_0，使得只要$n \geqslant n_0$，则把$[n]$任意k－染色后，必有同色的$x, y, z \in [n]$满足$x+y=z$，这里的x, y和z不一定互不相同.

证明　取$n_0 = R_k(3)-1$即可，这里的$R_k(3) = R^{(2)}(\overbrace{3, 3, \cdots, 3}^{k个})$是拉姆塞定理中定义的数.

设$n \geqslant n_0$，$[n]$的一个k－染色为

$f:[n]\to[k]$. 通过 f 可以产生 $[n+1]^{(2)}$ 的一个如下定义的 k—染色 f^*:对 $1\leqslant i<j\leqslant n+1$,定义

$$f^*(\{i,j\})=f(j-i)\in[k]$$

因为 $n+1\geqslant R_k(3)$,根据拉姆塞定理,$[n+1]$ 中一定有 3 元子集 $\{a,b,c\}$,它的 3 个 2 元子集被 f^* 染成同色. 不妨设 $a<b<c$,则上述性质可以写成

$$f^*(\{a,b\})=f^*(\{b,c\})=f^*(\{a,c\})$$

根据 f^* 的定义,上式就是

$$f(b-a)=f(c-b)=f(c-a)$$

令 $x=b-a$, $y=c-b$ 和 $z=c-a$,即合于所求.

通常把定理 1 中的数 n_0 的最小可能值记成 s_k+1,称 s_k 为舒尔数. 和拉姆塞数一样,人们对舒尔数所知很少. 迄今已完全确定的 s_k 只有 4 个:$s_1=1$, $s_2=4$, $s_3=13$ 和 $s_4=44$,而且 $s_4=44$ 还是在 1965 年借助计算机最终确定的.

2. 一个几何定理

虽然拉姆塞早在 1928 年就证明了现在以他命名的定理,并在 1930 年他不幸去世的那一年发表了他的论文,但这个定理并未引起注意. 它的广为传播在很大程度上始于爱尔迪希和塞克尔斯在 1935 年发表的一篇题为《几何中的一个组合问题》的论文. 他们在论文中证明了这样一个几何定理:

定理 2 对任意给定的整数 $m\geqslant 3$,一定存在数 n_0,使得在平面上无 3 点共线的任意 n_0 个点中,一定有 m 个点是凸 m 边形的顶点. 具有上述性质的数 n_0 的最小者记为 $ES(m)$.

他们的研究起始于一个简单而又新奇的几何命题:

引理　平面上无 3 点共线的任意 5 点中，一定有 4 点是凸四边形的顶点.

用定理 2 的记号，这正是 $m=4$ 的情形，而且这里的数 5 显然不能再小了，所以引理的结论正是 $ES(4)=5$. 我们先承认引理的结论，再利用拉姆塞定理给出定理 2 的证明.

定理 2 的证明　当 $m=3$ 时定理显然成立，这时 $ES(3)=3$. 现证当 $m\geqslant 4$ 时，令 $n_0=R^{(4)}(m,5)$，即合于所求.

对平面上任意给定的无 3 点共线的 n_0 个点，可以把这 n_0 个点的所有 4 点子集分成两类：如果 4 个点是凸四边形的 4 个顶点，则此 4 点集规定为第一类，其余的 4 点集都算成第二类. 根据数 $n_0=R^{(4)}(m,5)$ 的定义(这时设想这 n_0 个点标记成 $1,2,\cdots,n_0$，从而用 $[n_0]$ 来代表，所有 4 点子集分成两类就是 $[n_0]^{(4)}$ 的一个 2－染色)，或者其中有 m 点，它的每个 4 点子集都属于第一类；或者其中有 5 点，它的每个 4 点子集属于第二类，即都不是凸四边形的 4 个顶点. 但根据引理，后一种情形不可能发生. 所以我们只要再证明这样的结论：如果平面上 m 个点中无 3 点共线，且其中任意 4 点都是凸四边形的顶点，则这 m 个点一定是凸 m 边形的顶点. 下面对 m 用归纳法来证明这个结论.

当 $m=4$ 时结论自然成立. 设 $m>4$，首先不难证明这 m 个点中一定有 3 点 A，B 和 C，使得其余 $m-3$ 个点都位于 $\angle BAC$ 区域的内部，这时在 $\triangle ABC$ 内一定没有所给的点. 现在考察这 m 个点中除去 A 的 $m-1$ 个点，根据归纳假设，它们是某个凸 $m-1$ 边形的顶点. 又易知 BC 一定是这个 $m-1$ 边形的一边. 把边 BC

换成 AB 和 AC 两边后得到的凸 m 边形即合于结论所求.

现在回过来看引理，相信读到这里的每位读者都能给出其证明.

定理 2 又一次体现了“任何一个足够大的结构中必定包含一个给定大小的规则子结构”的思想. 当然，爱尔迪希和塞克尔斯当年根本不知道拉姆塞定理，所以他们实际上重新发现了这个定理.

和拉姆塞数以及舒尔数一样，要确定数 $ES(m)$ 也极其困难. 除了 $ES(3)=3$ 和 $ES(4)=5$，还不难证明 $ES(5)=9$. 但还不知道 $m>5$ 时的任一 $ES(m)$ 值. 不过爱尔迪希和塞克尔斯当年就得到了 $ES(m)$ 的界

$$2^{m-2}+1\leqslant ES(m)\leqslant\binom{2m-4}{m-2}+1$$

他们猜想其中的下界就是精确值.

在存在性方面还有一个与上述定理紧密相关的未解决难题：对 $m\geqslant 5$，是否存在正整数 N，使得在平面上无三点共线的任意 $n\geqslant N$ 个点中，一定有 m 个点是凸 m 边形的顶点，而且其余 $n-m$ 个点都在此凸 m 边形的外部？即使对 $m=5$，这种数 N 的存在性尚未得到肯定或否定的回答.

3. **范・德・瓦尔登定理**

前面所讲的定理 1 和定理 2 现在看来可以说成是拉姆塞定理的精彩应用. 下面要讲的定理 3 则不能这样简单地证明，它是荷兰数学家范・德・瓦尔登在 1928 年首先证明的一个著名结果.

定理 3　对任意给定的正整数 l 和 k，必存在具有如下性质的数 $W=W(l,k)$：对 $[W]$ 的任一 k - 染色，

$[W]$ 中有各项同色的 l 项等差数列.

当 $l=2$ 时,因为任意两数都构成等差数列,所以由抽屉原理显然可取 $W(2,k)=k+1$. 范·德·瓦尔登当初给出的证明写起来很烦琐,以后一直有人给出新证明. 下面我们讲述美国数学家 Graham 和 Rothschild 在 1974 年发表的一个简短证明,他们实际上证明了比定理 3 更一般的结论. 为了叙述他们的结论和证明,先规定一些符号和名词. 以下的 l,m 都是正整数

$$[0,l]^m=\{(x_1,x_2,\cdots,x_m)\mid x_i\in\{0,1,\cdots,l\},i=1,2,\cdots,m\}$$

在 $[0,l]^m$ 中定义 $m+1$ 个子集 $C_j(j=0,1,\cdots,m)$,称为 $[0,l]^m$ 的 $m+1$ 个临界类

$$C_j=\{(x_1,\cdots,x_m)\in[0,l]^m\mid x_1=\cdots=x_j=l,\ x_{j+1},\cdots,x_m<l\}$$

例如, $[0,l]^1$ 的两个临界类是 $C_0=\{0,1,\cdots,l-1\}$, $C_1=\{l\}$,这里记 (i) 为 i. $[0,3]^2$ 的三个临界类是

$$C_0=\{(0,0),(0,1),(0,2),(1,0),(1,1),(1,2),(2,0),(2,1),(2,2)\}$$

$$C_1=\{(3,0),(3,1),(3,2)\}$$

$$C_2=\{(3,3)\}$$

下面就是比定理 3 更一般的结论,简记为 $S(l,m)$:

"对任意给定的正整数 l,m 和 k,必存在具有如下性质的正整数 $N=N(l,m,k)$:对 $[N]$ 的任一 k-染色 $f:[N]\to[k]$,有正整数 $a,d_1,d_2,\cdots,d_m$,使得 $a+\sum\limits_{i=1}^{m}ld_i\leqslant N$,且 $f\left(a+\sum\limits_{i=1}^{m}x_id_i\right)$ 当 $(x_1,x_2,\cdots,x_m)$ 属于 $[0,l]^m$ 的同一临界类时同值."

从记号的定义可知结论 $S(l,1)$ 就是定理 3,因为 $a+x_1d_1$ 当 $x_1\in C_0=\{0,1,\cdots,l-1\}$ 时构成 l 项等差数列.

我们证明下述两个归纳步骤:

(i)若 $S(l,1)$ 和 $S(l,m)$ 成立,则 $S(l,m+1)$ 成立;

(ii)若 $S(l,m)$ 对所有 m 成立,则 $S(l+1,1)$ 成立.

归纳地证明结论 $S(l,m)$ 对所有 $l,m\geqslant 1$ 成立.因为 $S(1,1)$ 显然成立,从而由对 m 的归纳法以及(i)可知 $S(1,m)$ 对 $m\geqslant 1$ 成立,再由(ii)得 $S(2,1)$ 成立.同样由对 m 的归纳法以及(i)又可知 $S(2,m)$ 对 $m\geqslant 1$ 成立,再由(ii)得 $S(3,1)$ 成立,等等.现在证明(i)(ii).

证明 (i)对任意给定的数 k,因设 $S(l,1)$ 和 $S(l,m)$ 都成立,故有数 $N=N(l,m,k)$ 和 $N'=N(l,1,k^N)$.现在证明只要取 $N(l,m+1,k)=NN'$ 就能保证 $S(l,m+1)$ 成立.也就是证明对任一 k-染色 $f:[NN']\to[k]$,有正整数 $a,d_1,\cdots,d_m,d_{m+1}$ 使得 $a+\sum_{i=1}^{m+1}ld_i\leqslant NN'$,而且 $f\left(a+\sum_{i=1}^{m+1}x_id_i\right)$ 当 $(x_1,\cdots,x_m,x_{m+1})$ 属于 $[0,l]^{m+1}$ 的同一临界类时同值.

对 $j=1,2,\cdots,N'$,记 $I_j=[(j-1)N+1,jN]$(以下对整数 $a\leqslant b$,用 $[a,b]$ 表示 $\{a,a+1,\cdots,b\}$).根据 f 限制在每个 N 数段 I_j 上的 k-染色可以这样来定义 $[N']$ 的一个 k^N-染色 $f':[N']\to[k]^N$,这里取 $[k]^N=\{(c_1,c_2,\cdots,c_N)\mid c_i\in[k],i=1,2,\cdots,N\}$ 为颜色集,$f'(j)=(f((j-1)N+1),f((j-1)N+2),\cdots,$

$f(jN-1),f(jN))$. 因 $S(l,1)$ 成立，而且 $N'=N(l,1,k^N)$，故有正整数 a' 和 d'，使得 $a'+ld'\leqslant N'$，而且有

$$f'(a')=f'(a'+d')=\cdots=f'(a'+(l-1)d') \tag{1}$$

式(1) 相当于说 f 在 l 个 N 数段 $I_{a'},I_{a'+d'},\cdots,I_{a'+(l-1)d'}$ 上的限制都(在平移下) 相等.

现在来考虑 $I_{a'}=[(a'-1)N+1,a'N]$ 以及其上的 k—染色 f. 因 $S(l,m)$ 成立，而且 $N=N(l,m,k)$，故有正整数 $a,d_1,\cdots,d_m$，使得

$$(a'-1)N+1\leqslant a<a+\sum_{i=1}^{m}ld_i\leqslant a'N$$

且 $f\left(a+\sum_{i=1}^{m}x_id_i\right)$ 当 $(x_1,x_2,\cdots,x_m)$ 属于 $[0,l]^m$ 的同一临界类时同值. 现令 $d_{m+1}=d'N$，则 $a,d_1,\cdots,d_m,d_{m+1}$ 使得

$$a+\sum_{i=1}^{m+1}ld_i\leqslant NN'$$

且 $f\left(a+\sum_{i=1}^{m+1}x_id_i\right)$ 当 $(x_1,\cdots,x_m,x_{m+1})$ 属于 $[0,l]^{m+1}$ 的同一临界类时同值. 这是因为当 $(x_1,x_2,\cdots,x_m)\in[0,l]^m$ 时，已知 $a+\sum_{i=1}^{m}x_id_i\in I_{a'}$. 再从式(1) 又可知有

$$f\left(a+\sum_{i=1}^{m}x_id_i\right)=f\left(a+\sum_{i=1}^{m}x_id_i+d'N\right)=\cdots=$$

$$f\left(a+\sum_{i=1}^{m}x_id_i+(l-1)d'N\right)$$

下面是说明最后一步论证的示意图(图 28).

(ⅱ) 对所给定的 k，只要取 $N(l+1,1,k)=N(l,k,k)$ 即合于所求. 设 $f:[N(l,k,k)]\to[k]$ 是任一 k—

f 1 N … … … N N'

I_1 $I_{a'}$ $I_{a'+d'}$ $I_{a'+(l-1)d'}$ $I_{N'}$

f' 1 a' $a'+d'$ $a'+(l-1)d'$ N'

图 28

染色. 根据 $S(l,k)$ 成立和数 $N(l,k,k)$ 的性质,可知有正整数 $a,d_1,\cdots,d_k$,使得 $a+\sum_{i=1}^{k}ld_i\leqslant N(l,k,k)$,而且 $f\left(a+\sum_{i=1}^{k}x_id_i\right)$ 当 $(x_1,x_2,\cdots,x_k)$ 属于 $[0,l]^k$ 的同一临界类时同值.

在 $[0,l]^k$ 的 $k+1$ 个临界类中各取一个代表元 $(0,0,\cdots,0)$, $(l,0,\cdots,0)$, $(l,l,0,\cdots,0)$, $\cdots$, $(l,l,\cdots,l)$. 则由抽屉原理可知有 $0\leqslant u<v\leqslant k$,使

$$f\left(a+\sum_{i=1}^{u}ld_i\right)=f\left(a+\sum_{i=1}^{v}ld_i\right)$$

令 $a'=a+\sum_{i=1}^{u}ld_i, d'=\sum_{j=u+1}^{v}d_j$,则当 $x=0,1,\cdots,l-1$ 时 $f(a'+xd')$ 同值. 再加上已有的等式 $f(a')=f(a'+ld')$,即可知 $f(a'+xd')$ 当 x 属于 $[0,l+1]^1$ 的同一临界类时同值.

和前面几个定理一样,定理 3 仅仅肯定了数 $W(l,k)$ 的存在性. 如果把这种数 $W(l,k)$ 的最小者仍记为 $W(l,k)$,可以预料,要想确定这些数(实际上是函数)将非常难. 事实上也是如此. 已知的全部非平凡 $W(l,k)$ 的精确值只有表 17 所列出的 5 个,而且除 $W(3,2)=9$ 这个不难求得的值外,其余都是借助计算机得到的.

表 17

l \ k	2	3	4
3	9	27	76
4	35		
5	178		

至于 $W(l,k)$ 的界,是近期研究的一个热点,原因在于所求得的上、下界有天壤之别. 已求得的 $W(l,2)$ 的下界是 l 的指数函数

$$W(l,2)\geqslant\frac{2^l}{2el}-\frac{1}{l}$$

但自从 1928 年以来,$W(l,2)$ 上界的估计一直居高不下,直到 1988 年才取得突破. 但所得的上界仍然大得惊人. 用记号来表示,先定义函数(称为 2 的塔幂函数)$T(n)$ 为

$$T(1)=2,T(n)=2^{T(n-1)}$$

$T(n)$ 的递增速度远超过指数函数. 但 $W(l,2)$ 的上界的递增速度更上一层楼,它可以写成递推形式

$$W(l,2)\leqslant T(2W(l-1,2))$$

Graham 提出下述猜想

$$W(l,2)\leqslant T(l)$$

即使这一猜想获得证实,$W(l,2)$ 的这个上界和已知的下界比起来仍然相差极大. 范·德·瓦尔登定理中肯定其存在的数 $W(l,k)$ 的定量性质仍然是数学家的一大挑战.

4. **小结**

迄今我们在这一章所论述的定理,包括抽屉原理在内，都可以用一种统一的模式来概括：设 X 是一个（有限或无限）集，$\mathscr{F}$ 是 X 上的一个（简单）集系. 那么所研究的问题是：

"对正整数 k 和一个特定的集系 $(X,\mathscr{F})$ 来说，是否对 X 的任一 k — 染色都有各元同色的 $E \in \mathscr{F}$？"

在 §1 中我们提到一个集系 $(X,\mathscr{F})$ 也称作超图，X 的元和 $\mathscr{F}$ 的元分别称为超图的顶点和边. 超图 $(X,\mathscr{F})$ 的一个顶点 k — 染色 $f: X \to [k]$ 称为正常 k — 染色，如果对这个染色来说 $\mathscr{F}$ 中没有单色边（即没有边使得其中各顶点同色）. 定义 $(X,\mathscr{F})$ 的色数为使 $(X,\mathscr{F})$ 具有顶点的正常 k — 染色的最小正整数 k，记为 $\chi(X,\mathscr{F})$. 用超图及其色数的语言可把上述问题叙述为：

"对正整数 k 和给定的超图 $(X,\mathscr{F})$，是否有 $\chi(X,\mathscr{F}) > k$？"

为排除平凡情形，以下都假定 $(X,\mathscr{F})$ 的每一边的规模大于 1. 因为如果有一边只含一个顶点，则 $(X,\mathscr{F})$ 的任一顶点 k — 染色都是正常的，从而 $\chi(X,\mathscr{F}) = 1$. 如果 $(X,\mathscr{F})$ 是简单图，这里所定义的顶点正常染色和色数的概念与图论中所给出的完全一样.

当 X 是无限集时称 $(X,\mathscr{F})$ 是无限超图，这时拉姆塞理论所探求的结论通常有这种模式：

"无限超图没有有限色数（即其色数大于任一给定的正整数）."

我们用无限形式的范·德·瓦尔登定理来说明，它是有限形式（即定理 3）的简单推论：

定理 4 对任意给定的正整数 k, l 以及 N 的任一 k — 染色，N 中一定有单色的 l 项等差数列.

用超图和色数的语言来说：

定理5　对任意给定的正整数k,l,超图$(N,\mathscr{F}_l)$的色数大于k.这里$\mathscr{F}_l$是所有l项正整数等差数列的集系.

注意在定理4中没有断言N中一定有单色的无限项等差数列,事实上这一结论不成立.这与拉姆塞定理的无限形式的结论不同.后者可以叙述如下:

定理6　对任意给定的正整数k,r,超图$(\mathbf{N}^{(r)},\mathscr{F})$的色数大于$k$.这里$\mathscr{F}=\{S^{(r)}\mid S$是$\mathbf{N}$的无限子集$\}$.

下面再用一个经典定理来说明上述模式.在舒尔的指导下,拉多在他1933年的学位论文和随后的一系列研究成果中,对舒尔的定理(定理1)做出了深刻的推广.拉多把一个整数系数齐次方程组

$$\sum_{j=1}^{n}a_{ij}x_j=0\quad(i=1,2,\cdots,m)$$

称作正则的,如果对$\mathbf{N}$的任一有限染色,此方程组一定有单色的正整数解$x_1,x_2,\cdots,x_n$.如定义超图$(X,\mathscr{F})$为$X=\mathbf{N},\mathscr{F}=\{$方程组的正整数解$\}$,那么方程组正则就是超图$(X,\mathscr{F})$没有有限色数.舒尔定理断言方程

$$x_1+x_2-x_3=0$$

是正则的,而拉多则给出了一般的整系数线性齐次方程正则的充分必要条件.拉多的结果的一个简单特例是:

"整系数方程$a_1x_1+a_2x_2+\cdots+a_nx_n=0$($a_1,a_2,\cdots,a_n$是非零整数)正则的充分必要条件是方程的某些系数$a_i$之和等于零."

舒尔定理显然是这一特例的简单特例.而上述简单特例的证明并不简单,拉多的一般结论也不能简单地表述.但我们从问题和结论来看,它完全合于前面所

说的模式.

对有限超图$(X,\mathscr{F})$来说,拉姆塞理论所探求的结论的通常模式是:

"设$(X_n,\mathscr{F}_n)$是有限超图序列.对任一给定的正整数k,存在n_0,使得当$n\geqslant n_0$时超图$(X_n,\mathscr{F}_n)$的色数$\chi(X_n,\mathscr{F}_n)>k$."

拉姆塞定理可以这样叙述:

"对任意给定的正整数$q>r$,令$X_n=[n]^{(r)}$,$\mathscr{F}_n=\{S^{(r)}\mid S\in[n]^{(q)}\}$.则对任一给定的$k$,存在$n_0$,使得当$n\geqslant n_0$时$\chi(X_n,\mathscr{F}_n)>k$."

再叙述一个由Graham等在1971年证明的重要定理,它肯定地回答了Rota提出的一个猜想.

定理7 对任意给定的正整数l,r,k和有限域F,存在n_0,使得当$n\geqslant n_0$时,对F上n维线性空间F^n的所有r维线性子空间的任一k-染色,F^n中一定有某个l维线性子空间,它的所有r维线性子空间都同色.

读者不难用超图及其色数的模式来表述这个定理.

下一节我们讨论这种问题模式的一种具体实现形式,对此类问题的研究构成了拉姆塞理论的一个比较新的分支,称为欧氏空间的拉姆塞理论,简称为欧氏拉姆塞理论.

§2　欧氏拉姆塞理论

1. 性质 $R(C,n,k)$

所谓欧氏拉姆塞理论要研究的问题可以很自然地

纳入上一节最后提出的一般模式：

“对正整数k,n以及n维欧氏空间$\mathbf{E}^n$的一个给定有限点集C,超图$(\mathbf{E}^n,\mathscr{F})$对$\mathbf{E}^n$的任一$k$－染色是否都有单色边？这里的$\mathscr{F}=\mathscr{F}(C)=\mathbf{E}^n$是与$C$在欧氏运动下合同的所有点集的集.”

我们把上述问题记为“性质$R(C,n,k)$是否成立？”由于所论超图的顶点集是欧氏空间$\mathbf{E}^n$的点集，它的边又是通过欧氏空间的合同来定义的，故冠以“欧氏拉姆塞”这一定语很恰当.下面先举一个很容易说明的例.

令$n=2$,对$C=\mathbf{E}^2$上相距1的两点集S_2,我们来考察$R(S_2,2,k)$.即研究这样的平面几何问题：把平面上所有点任意k－染色后，是否一定有同色的两点，它们之间的距离是单位长1?

当$k=2$时很容易做出肯定回答：只要在平面上任取一个边长是1的正三角形，则其三个顶点中必有两点同色.当$k=3$时回答也是肯定的：在平面上作一个如图29所示的7点11边构图，其中11条边的长都是1.则其中必有一边的两个端点同色.因为假设其中每一边的两端点都不同色，记A为1色，则B,C分别是2,3色，从而F是1色；同理D,E分别是2,3色，从而G也是1色，导致矛盾.

但$k=7$时回答是否定的，我们用图30来说明：先用边长是a的正六边形铺盖全平面，再按图30所示方式把这些六边形中的点分别染成色1,2,3,4,5,6,7.因同一正六边形中两点距离至多是$2a$,位于同色的两个不同正六边形中两点距离大于$\sqrt{7}a$.所以如取$a=0.4$,所示7－染色就说明$R(S_2,2,7)$不成立.

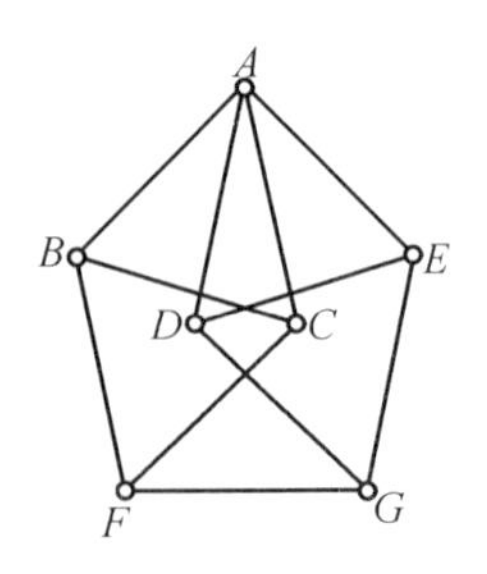

图 29

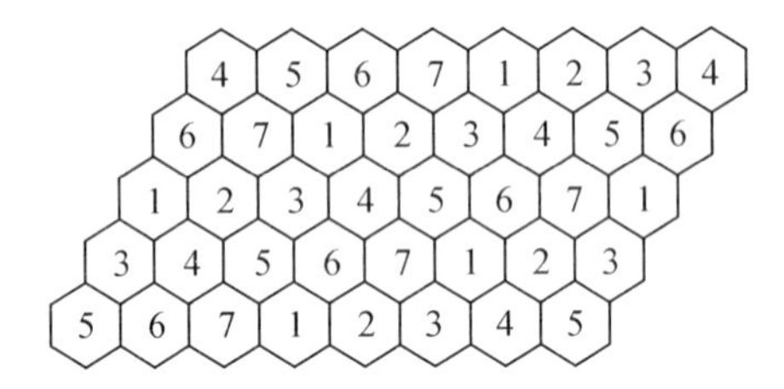

图 30

用超图色数的语言，使 $R(S_2,2,k)$ 不成立的最小 k 称为$(\mathbf{E}^2,\mathscr{F}(S_2))$ 的色数，简记为$\chi(\mathbf{E}^2)$. 上面这些结论可以叙述为

$$4 \leqslant \chi(\mathbf{E}^2) \leqslant 7$$

至于$\chi(\mathbf{E}^2)$ 的精确值，则到目前为止仍是一个尚待解开的谜.

现在来考察三点集.

定理 8 记一个单位边长正三角形的顶点集为 S_3. 则 $R(S_3,2,2)$ 不成立，但 $R(S_3,3,2)$ 成立.

证明 $R(S_3,2,2)$ 不成立很容易从 $\mathbf{E}^2$ 的下述 2－染色得到证明：用一族水平线把平面分成带状区域，每个带状区域的高是$\frac{\sqrt{3}}{2}$，相邻带状不同色，每个带状区

域上开下闭，其中点同色. 则对平面的这种2－染色来说，任一单位边长的正三角形的三个顶点不可能同色.

现在来证明$R(S_3,3,2)$成立. 设空间$\mathbf{E}^3$的点已染成红或蓝色. 从$R(S_2,2,2)$成立可知必有一对相距1的同色点，设点A和B都是红色，$|AB|=1$，如果$\mathbf{E}^3$中有红点与A和B的距离都是1，则已得结论. 故设与A和B的距离都是1的所有点——它们构成了一个位于线段AB的中垂面上的半径为$\frac{\sqrt{3}}{2}$的圆周γ_1——都是蓝点. 任取γ_1的一条长为1的弦CD. 同理，若$\mathbf{E}^2$中与C和D的距离都等于1的圆周γ_2上有一蓝点，则已得到结论，故设γ_2是$\left(\text{半径也是}\frac{\sqrt{3}}{2}\text{的}\right)$红圆周. 设想弦$CD$紧贴着$\gamma_1$连续转动，则红圆周$\gamma_2$在空间随之连续运动，其轨迹是中间没有空洞的“圆环面”T，T上的点都是红的. 不难算出T的最大外圆周(即外赤道)的半径是$\frac{\sqrt{2}+\sqrt{3}}{2}$(见图31，此圆周记为$\gamma_3$，$AB$和$CD$的中点分别记为$O$和$F$，$E$是$OF$的延长线与$\gamma_3$的交点). 再任取红圆周$\gamma_3$的一个内接正三角形，易知其边长是$\frac{\sqrt{6}+3}{2}$.

进一步设想赤道γ_3沿“圆环面”T均匀向上收缩，则其半径逐渐变小，内接正三角形的三个顶点也随之沿T向上往中心方向靠拢. 这一过程到达某一时刻，当E到达某一点E'时，E'到AB的距离$|E'O'|=\frac{\sqrt{3}}{3}$，从而内接正三角形的边长等于1，这样得到了一个单位边长的红顶点三角形.

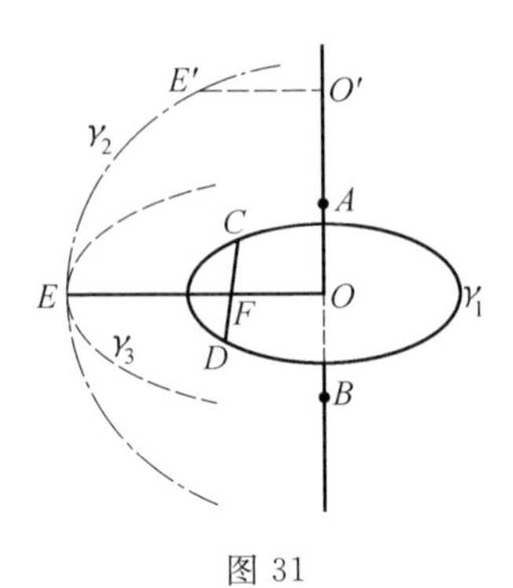

图 31

在定理 8 的基础上可以证明更一般的结论.

定理 9 $R(S,3,2)$ 对任意给定的三点集 S 成立.

证明 设 S 是边长为 a,b,c 的三角形的顶点集，$a+b\geqslant c,a,b,c>0$(当 $a+b=c$ 时,S 的三点共线,它们是退化三角形的顶点集).

假设 $\mathbf{E}^3$ 的点已作红蓝染色. 根据定理 8,一定有顶点同色的边长为 a 的正 $\triangle ABC$,设 A,B 和 C 都是红的. 我们把 $\triangle ABC$ 在它所在的平面上扩充成一组正三角形(图 32),其中 $\angle EBC$ 待定.

不难证明六个 $\triangle ABE,\triangle DBC,\triangle EBC,\triangle EFH$，$\triangle GFC,\triangle HCA$ 全等. 通过适当取定 $\angle EBC$,一定可使上述六个三角形都全等于以 S 为顶点的三角形(包括退化情形). 假设这六个全等三角形中每一个的三个顶点都不同色,则将导出如下矛盾

$$\left.\begin{array}{l}A,B,C\text{ 红}\Rightarrow E,D\text{ 蓝}\Rightarrow G\text{ 红}\\ A,C\text{ 红}\Rightarrow H\text{ 蓝}\end{array}\right\}\Rightarrow F\text{ 非红又非蓝}$$

所以六个全等三角形中必有一个的顶点同色.

比较定理 8 和定理 9,人们自然会提出这样的问题:对什么样的三点集 S 性质 $R(S,2,2)$ 成立？定理 8

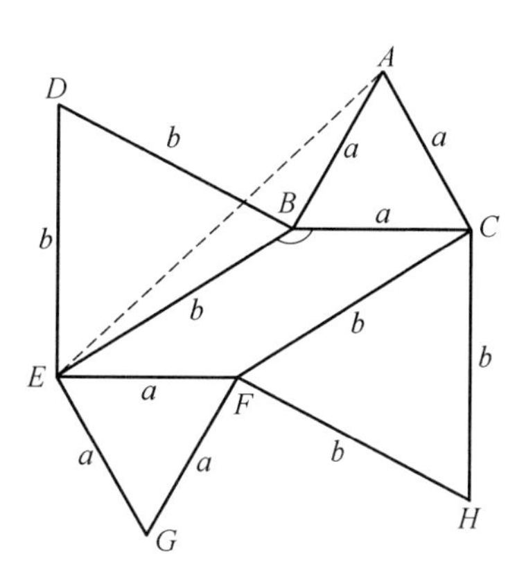

图 32

说明 S 不能是正三角形的顶点集. 在 1973 年,Graham 等还证明了当 S 是 $30°,60°,90°$ 的三角形顶点集时 $R(S,2,2)$ 成立. 爱尔迪希和 Graham 等还提出这样的猜想:“只要三点集 S 不是正三角形的顶点集,$R(S,2,2)$ 必成立.” 到 1976 年有人证明了当 S 是直角三角形的顶点集时 $R(S,2,2)$ 成立. 但上述猜想仍未得到回答.

定理 8 还揭示了一种可以说是意料之中的现象:在讨论性质 $R(C,n,k)$ 时,可能当 n 较小时不成立,而当 n 大到一定程度时就成立了. 很容易看到, 如果 $R(C,n_0,k)$ 成立,则对 $n \geqslant n_0$ 来说 $R(C,n,k)$ 一定成立. 是否存在这种 n_0 呢? 这是欧氏拉姆塞理论的一个基本概念,即使对很简单的 C 来说,存在性问题也还没有解决.

2. **拉姆塞点集**

定义　设 C 是欧氏空间 $\mathbf{E}^n$ 的一个有限点集. 如果对任一正整数 k,一定存在 $n=n(C,k)$ 使得 $R(C,n,k)$ 成立,则称 C 为拉姆塞点集.

最简单的拉姆塞点集有两点集 C_2 和正三角形的顶点集 C_3^*. 很容易证明它们是拉姆塞点集：对任一 $k \geqslant 2$，事实上 $R(C_2, k, k)$ 和 $R(C_3^*, 2k, k)$ 都成立. 因为如果 C_2 中两点的距离是 d，在 $\mathbf{E}^k$ 中任取一个各边长都是 d 的 k 维单纯形. $\mathbf{E}^k$ 的 k－染色也确定了这个 k 维单纯形的 $k+1$ 个顶点的 k－染色，由抽屉原理即可知这 $k+1$ 点中必有两点同色. 类似的，如果 C_3^* 是边长为 d 的正三角形的顶点集，则在 $\mathbf{E}^{2k}$ 中任取一个各边长都是 d 的 $2k$ 维单纯形，同上推导可知 $R(C_3^*, 2k, k)$ 成立.

下面给出一个最简单，同时也最有代表意义的非拉姆塞点集.

定理 10 设三点集 $L=\{A, B, C\}$ 中 B 是线段 AC 的中点. 则 $R(L, n, 4)$ 对每个正整数 n 都不成立，从而 L 不是拉姆塞点集.

证明 在 $\mathbf{E}^n$ 中引入坐标后，我们这样把 $\mathbf{E}^n$ 中的点 $M=(x_1, x_2, \cdots, x_n)$ 染成色 $i \in \{0,1,2,3\}$，即

$$i \equiv [(x_1^2 + x_2^2 + \cdots + x_n^2)] (\bmod 4)$$

假设在 $\mathbf{E}^n$ 的如上 4－染色下有三点 A, B, C 同为 i 色，其中 B 是 AC 的中点. 不妨设 $|AB|=|BC|=1$，$|OA|=a$，$|OB|=b$，$|OC|=c$，$\angle ABO=\theta$，$O=(0, 0, \cdots, 0)$（图 33）. 则有

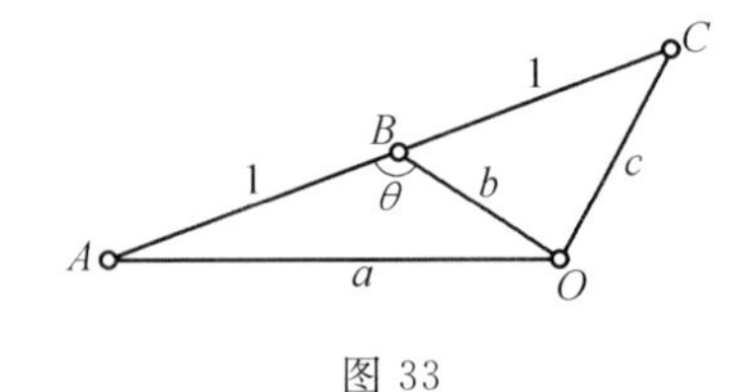

图 33

$$\begin{cases} a^2 = b^2 + 1 - 2b\cos\theta \\ c^2 = b^2 + 1 + 2b\cos\theta \end{cases}$$

从而

$$a^2 + c^2 = 2b^2 + 2$$

但因 A,B 和 C 同为 i 色,故有整数 q_a,q_b 和 q_c,使

$$\begin{cases} a^2 = 4q_a + i + r_a \\ b^2 = 4q_b + i + r_b \quad (0 \leqslant r_a, r_b, r_c < 1) \\ c^2 = 4q_c + i + r_c \end{cases}$$

以此代入前式得

$$4(q_a + q_c - 2q_b) - 2 = 2r_b - r_a - r_c$$

因上式左边是 2 的整数倍而右边肯定不是,这个矛盾证明了 $R(L, n, 4)$ 不成立.

对拉姆塞点集的特征刻画无疑是欧氏拉姆塞理论的一个中心问题. 对此目前主要只得到两个一般性结论:一个给出了点集是拉姆塞点集的充分条件,另一个则给出了必要条件. 它们都是 1973 年得到的,至今仍是关于拉姆塞点集的特征刻画问题的最强的结论.

充分条件是说拉姆塞点集的积也是拉姆塞点集. 两个集合的积集和通常的定义一样,不过作为欧氏空间中点集的积,我们采用下面的记号:

设 $X_1 \subsetneqq \mathbf{E}^{n_1}$,$X_2 \subsetneqq \mathbf{E}^{n_2}$,则定义 $X_1 \times X_2 \subsetneqq \mathbf{E}^{n_1+n_2}$ 为

$$X_1 \times X_2 = \{(x_1, \cdots, x_{n_1}, x_{n_1+1}, \cdots, x_{n_1+n_2}) \in \mathbf{E}^{n_1+n_2} \mid (x_1, \cdots, x_{n_1}) \in X_1, (x_{n_1+1}, \cdots, x_{n_1+n_2}) \in X_2\}$$

定理 11　设 R_1 和 R_2 都是拉姆塞点集,则它们的积集 $R_1 \times R_2$ 也是.

证明　我们要证明对任一给定的正整数 k,有正整数 m 和 n 使得 $R(R_1, m, k)$ 和 $R(R_1, n, k)$ 成立,而且

对 $\mathbf{E}^{m+n}=\mathbf{E}^m\times\mathbf{E}^n$ 的任一 k — 染色 $f:\mathbf{E}^m\times\mathbf{E}^n\to[k]$，在 $\mathbf{E}^m$ 和 $\mathbf{E}^n$ 中分别有与 R_1 和 R_2 合同的点集 R_1' 和 R_2'，使得 $R_1'\times R_2'$ 在 f 下同色.

首先，因 R_1 是拉姆塞点集，故有 m 使 $R(R_1,m,k)$ 成立. 利用所谓紧性原理可知有 $\mathbf{E}^m$ 的有限子集 T，使得对 T 的任一 k — 染色，T 中必有与 R_1 合同的单色点集，后一性质现记为 $R(R_1,T,k)$ 成立. 记 $|T|=t$，再令 $l=t^k$. 因 R_2 也是拉姆塞点集，故有 n 使 $R(R_2,n,l)$ 成立. 现在再来考虑 $\mathbf{E}^m\times\mathbf{E}^n$ 的 k — 染色 f.

f 在 $T\times\mathbf{E}^n\subsetneqq\mathbf{E}^m\times\mathbf{E}^n$ 上的限制自然地确定了这个子集的 k — 染色 $f^*:T\times\mathbf{E}^n\to[k]$. 通过 f^* 又可以建立 $\mathbf{E}^n$ 的一个 l — 染色 f^{**}，这时我们用 T 到 $[k]$ 的总共 $k^t=l$ 个映射来标记 l 种颜色，f^{**} 把点 $y_0\in\mathbf{E}^n$ 染成的色 —— 注意它是 T 到 $[k]$ 的一个映射 —— 记为 $f_{y_0}^{**}$，它定义为 $f_{y_0}^{**}(x)=f^*(x,y_0)$，$x\in T$. 由 $R(R_2,n,f)$ 成立可知，在 $\mathbf{E}^n$ 的这个染色 f^{**} 下，$\mathbf{E}^n$ 中有单色的子集 R_2' 与 R_2 合同，也就是说，对任一给定的 $x\in T$，当 y 在 R_2' 中变动时，值 $f_y^{**}(x)=f^*(x,y)=f(x,y)\in[k]$ 不变，它由 x 唯一确定，我们把这个值记成 $f(x,R_2')$. 于是得到了 T 的一个 k — 染色 $f(\cdot,R_2'):T\to[k]$，对它来说，由 $R(R_1,T,k)$ 成立可知 T 中有单色子集 R_1' 与 R_1 合同，从而根据定义，在 k — 染色 f 下点集 $R_1'\times R_2'\subsetneqq\mathbf{E}^m\times\mathbf{E}^n$ 中各点同色.

设 $a_1,a_2,\cdots,a_n$ 是正数，则 $\mathbf{E}^n$ 中的点集

$$B(a_1,\cdots,a_n)=\{(\varepsilon_1a_1,\cdots,\varepsilon_na_n)\mid\varepsilon_1,\cdots,\varepsilon_n=0\text{ 或 }1\}=\{0,a_1\}\times\cdots\times\{0,a_n\}$$

称为一块 n 维砖的顶点集，简称砖顶集. 因为两点集是拉姆塞的，故多次利用定理 11 即可得下述重要推论.

推论　任一砖顶集以及砖顶集的任一子集都是拉姆塞点集.

这一推论貌似平常,它却包含了到目前为止有关拉姆塞点集的全部肯定性结论.换句话说,迄今还没有发现任何一个不是砖顶集的子集的拉姆塞点集!

例如,各边之长都等于 d 的 n 维单纯形是 n 维方砖顶集 $B(\frac{d}{\sqrt{2}},\cdots,\frac{d}{\sqrt{2}})$ 的子集,从而是拉姆塞点集.与此直接相关的一个未解决的几何问题是:什么样的单纯形其顶点集是砖顶集的子集?有一个明显的必要条件:这种单纯形的任意三个顶点不构成钝角三角形.当 $n=2,3$ 时,可以证明这个条件也是充分的.但当 $n=4$ 时,已发现有 4 维单纯形,它的任意两边间的夹角都是锐角,但该单纯形的顶点集却不是砖顶集的子集.

最后再叙述必要条件.

定理 12　拉姆塞点集 C 一定位于某一欧氏空间 $\mathbf{E}^n$ 的某个球面上.

这个定理的证明比较长,故证略.它的一个简单推论是:共线的三点肯定不是拉姆塞点集,因为共线的三点一定不共球面.定理 10 是这一简单推论的简单情形.

总之,现已证明如下蕴涵关系:

砖顶集的子集 $\Rightarrow$ 拉姆塞点集 $\Rightarrow$ 共球面点集.

由于论证某个点集是否是拉姆塞点集非常困难,所以对上述关系至今没有得到多少实质性补充.值得提出的一个进展是 Frankel 和 Rödel 在 1986 年证明了任一不共线的三点集一定是拉姆塞点集.因为钝角三角形的顶点集不是砖顶集的子集,所以这个结果说明左边的蕴涵关系反过来不成立.

对拉姆塞点集 C 来说还可以定义"拉姆塞数"$R(c,k)=\min\{n \mid R(c,n,k)$ 成立$\}$. 例如,由前面的讨论可知 $R(S_2,2)=2$,$R(S_3,2)=3$. 但对单位边长的正方形的顶点集 S_4 来说,现在只知道 $3\leqslant R(S_4,2)\leqslant 6$,而尚未求得其精确值. 前面提到的爱尔迪希和 Graham 等人的猜想也可以叙述为:"设三点集 S 不是正三角形的顶点集,则 $R(S,2)=2$."

回顾与展望

第11章

在20世纪末，报纸上曾发表过贺根生的一篇报道，题目是“我国拉姆塞数研究成果丰硕”，内容如下：

最近，在国际拉姆塞数研究，著名学者拉德齐佐夫斯基公布的拉姆塞数研究进展综述的更新版本中，有29个结果被列为目前最好的下界，其中15个是由我国学者、广西科学院研究员罗海鹏和广西计算中心客座研究员苏文龙等人一年来获得的新成果.

拉姆塞数研究是组合数学领域的最困难问题之一，到目前为止，只有10个拉姆塞数的值被确定，其中一个是$R(3,8)$. 1990年以前已知$28 \leqslant R(3,8) \leqslant 29$，即下界是28，上界是29. 1990年，澳大利亚的B. D. Mckay和我国南京大学的张克民合作，用11台较高档的计算机运算2万多小时，才获得$R(3,8)=28$. 近20年来，国内外许多数学家和计算机科学家一直致力研究不同参数的拉姆塞数的上、下界,不断对其进行改进,以确定一系列拉姆塞数的确切值.

罗海鹏等人近年来在拉姆塞数研究方面成果累累,他们发表的有关拉姆塞数研究的论文,已有 13 篇被国际权威综述引用.一年来罗、苏等人共发表论文近 30 篇,其中在《中国科学》《澳亚组合杂志》等国内外知名杂志都发表过文章.

拉姆塞定理像是一根红线串起了 20 世纪组合数学中一系列著名定理,并为以后的发展提供了方向.这一点我们可以从 C. Thomassen 的文章中体会到.

§1 引 言

一个图可以被看作是一个集合 V 连同 V 的一些 2 阶子集的集合 E,因而图是一个很简单而在表面上特别的数学结构,对于图所能够得到的深刻而有意义的结果可能在最初看来是出人意料的.可是,容易看到一个超图(即一个集合连同其一些子集的集合)自然地可以表示为一个偶图,同时一个有限超图显然是一种一般的结构.此外,无限图的概念也是非常一般的,Nash-Williams 证明了集合论中相当大的一部分可以被看成是无限图理论的部分.

图论在开始的动机形成的一个重要来源是电网络理论,通过解电网络的有关方程组(Kirchhoff 定律),能够求出这个电网络的电流和电压,但是,正如 Kirchhoff 指出的,分析电网络抽象图的结构能够确定电网络的若干定性性质,这个问题仍然是很有活力的,

并且提出一些非平凡的图论问题. 可是,对于电网络来说,图论被过于限制了,电流和电压是"对偶概念",但是只有平面图才有对偶图. 拟阵(它可以看作是广义的图)对于研究电网络是更加方便的.

图论中的另一个中心问题是四色问题(ACP),解决四色问题的第一个著名尝试是 Kempe 的谬误"证明",修改一下 Kempe 的方法,不难得到五色定理,这一方法被几位数学家不断地扩充和提炼,随着 Appel 和 Haken 对四色问题的解决(其中包括用计算机搜索)发展达到了顶点.

在过去的五十年中,图论(一般地说,离散数学)经历了一场爆炸性的发展,一个重要原因是计算机科学、运筹学和工程科学中的问题经常引出自然的组合问题. 例如旅行售货员问题(求一条通过图的所有点,且使得总长度最小的路的问题)、时间表问题(包括求一个图的色数或者最大独立集的问题)、通信网络的构造和分析以及设计印刷电路的方法. 由这个问题产生了如图的平面性、厚度和叉数等概念,但是这个问题可以有很多变量,及有特殊性质的约束,在数学上是难以处理的.

很多其他的"现实生活"问题能够用图的语言系统地加以阐述,虽然其中有许多是很难的(很多是 NP－完全的,于是从数学的观点来说可能是毫无希望的). 人们可能希望通过给出部分的解或者引起启发式的研究,图论能够在这些问题上发挥作用.

§2　图论中的一些经典问题及其结果

虽然“现实生活”问题中潜在的应用对图论曾经乃至现在仍然是非常重要的，但我认为图论最吸引人的特色是大量强有力的思想、漂亮的证明和易于陈述且看来是困难的尚未解决的问题. 4CP 就是这样的一个问题. 还有其他的几个：Hadwiger 猜想、重构猜想、完美图猜想、双重覆盖猜想及拉姆塞理论的极值问题和图论中的着色，等等. 图论大概包括了那些最容易给非数学家阐述的未解决的数学问题.

König 经典的、鼓舞人心的专题著作强调了图论的优美，以及它对数学其他分支潜在的应用，例如，König 观察到如果用图的语言陈述 Cantor-Bernstein 定理，它就是平凡的了.

定理 1(Cantor-Bernstein 等价性定理)　如果 A 和 B 是集合，$f:A \to B$ 和 $g:B \to A$ 是一一映射，则存在一个 A 到 B 上的双射 h.

证明　我们考虑偶图 G，它的点集是不交的并 $A \cup B$，边集由所有的对 $(x, f(x))$(其中 $x \in A$) 和 $(g(y), y)$(其中 $y \in B$) 所组成. 则 G 的所有连通分支是路或者是图，同时，一个为有限路的连通分支只能包含一条边. 那么 G 的每一个连通分支(于是 G 本身) 有一个 $1-$ 因子，这就证明了 h 的存在性. 证毕.

在上述证明中，每当在选择 $1-$ 因子，我们有一个选择时，我们选取形如 $(x, f(x))$ 的边，因此我们不需要选择公理.

定理1带来的问题是：什么时候一个图有一个完全配对. W. T. Tutte对于有限图的回答是图论中最基本和最有用的结果之一.

定理2(Tutte 1－因子定理)　一个有限图有一个完美对集当且仅当对G中每一个有限点集S,$G-S$至多有$|S|$个含奇数个点的分支.

Anderson和Gallai(他们把它化为Hall定理)以及Lovász都给出了Tutte定理的简短证明;Tutte定理是因子分解理论的奠基石,这是图论中发展得很好的领域.

关于图的最基本的、最经常被使用的结果大概是Menger定理.

定理3(Menger定理)　如果D是一个有向图,k是一个自然数,x与y是D的不相邻点,使得对于D中每一个至多含$k-1$个异于x,y的点的集合S,$D-S$中有一个从x到y的有向路,则D中从x到y有k个内部不相交的有向路.

图论中另一个基本的结果是Kuratowski定理,即一个图是可平面的当且仅当它不包含K_5或$K_{3,3}$的部分. Kuratowski定理的重要性不在于它的应用程度,而是它对于图的嵌入及更一般地说利用禁用(拓扑的)子图去刻画图的性质所提供的灵感,它也提供了图和拟阵理论之间的一种联系.

§3 无 限 图

关于图的多数工作都是与有限图有关的，一个重要的原因大概就是前面所提到的有限图理论的应用.从纯数学的观点来说，没有理由只能把注意力放在有限图上，实际上有限图上具有简短证明的结果经常导致无限情形下的深刻结果或者未解决的问题.这方面的一个卓越例子是 Nash-Williams 对下面的一个事实(有时称其为 Veblen 定理)所做的推广，这个事实是说一个所有点都是偶度点的有限图能分解成彼此边不重的圈.

定理 4(Nash-Williams)　一个图 G 能够分解成彼此边不重的圈当且仅当对于 G 的点集合的每一个划分 A 和 B，A，B 之间或者有偶数条边或者有无穷条边.

刻画那些没有完美对集的无限图是一个未解决的问题，甚至关于偶图对集的 Hall 定理(婚姻定理)在无限的情形下也是非常困难的，在可数情形下，Damerell 和 Milner 解决了这个问题.另外 Nash-Williams 找到了一个更简单的解.而 Aharoni 等人把 Nash-Williams 的结果推广到一般的情形.特别的，(利用定理 1)这一工作解决了偶图的完美对集问题.上述结果都没有 Tutte 1－因子定理(定理 2)那样简单，由此产生的一个问题是我们对一个好的特征描述应该要求些什么.当在有限情形下对此有一个精确含义的时候，正如我们后面要提到的，在无限的情形下人们不得不依靠更多的主观准则，如“漂亮”和“有用”.当处理无限图时，

人们经常的态度是认为在有限步内能够解决的，就是平凡的. 在这方面无限图论同有限图论的差异比同其他数学分支的差异还要大.

应用拉多选择定理，有限图方面的许多结果都能推广到无限的情形. 在无限组合中，这个定理大概是最重要的工具. 这一结果能够用一种特别适用于图的形式表述. 我们考虑一个集合 E 和一个固定的自然数 k，假设给定一个有限子集族，使得第一个有限子集是 $k-$ 染色的(即被用颜色 $1,2,\cdots,k$ 所染色)，我们称之为禁用染色；我们说 E 的一个 $k-$ 染色子集 E' 是容许的当且仅当它不包含禁用染色. 利用这些术语，我们有如下定理.

定理 5(拉多选择定理)　E 有一个容许的 $k-$ 染色当且仅当 E 的每个有限子集有一个容许的 $k-$ 染色.

定理 5 包括了 De Bruijn 和爱尔迪希的定理，即一个无限图是 $k-$ 顶点可着色的当且仅当每一个有限子图是 $k-$ 顶点可着色的. 看来拉多定理不能用来对一般情形下的无限图得到一个 $1-$ 因子定理，或者证明下述关于 Menger 定理的推广，而这大概是无限图中最著名的未解决的问题(我们用最简单的形式阐述这个问题).

猜想 1(爱尔迪希)　设 G 是一个可数无限图，x 和 y 是 G 的不相邻点，则 G 包含一个内不交的 $x-y$ 路的集合，并且对每一个这样的路 P，包含一个点 z_P($z_P\neq x,y$)，使得 G 中的每一个 $x-y$ 路包含一个这样的点 z_P.

大多数关于无限图的工作是由有限图上的结果所

引起的同时,拉姆塞理论方面这一发展走上了另一条路,它是从下面的结果开始的.

定理 6(拉姆塞定理) 如果一个无限完全图的边被 2－着色,则这个图包含一个单色的无限完全子图.

对于无限超图,特别的,由爱尔迪希,Hajnal 和拉多发展出了拉姆塞型结果的综合性理论.

§4 (有限)图论中的优美方法和惊人结果

有限拉姆塞理论是图论中最广阔的研究分支之一,在组合学的其他部分中,也有许多可应用于其他数学领域的拉姆塞型结果.通过一个很复杂的图的合并技巧,Nešetřil 和 Rödl 证明了下面的定理:

定理 7 对每一个自然数 k 和 m,存在一个图使得它不含 $k+1$ 个点的完全图,并且对每一个 m－边着色,它包含一个单色的 k 个点的完全图.

在无限拉姆塞理论中有很多最好可能的结果的同时,值得注意的是有限拉姆塞理论中只有很少最好可能的界.设 $r(k)$ 为最小的自然数,使得任一个 $r(k)$ 个点的图都包含一个 k 个点的完全图或者 k 个两两不相邻的点.通过一个简短而优美的论证,爱尔迪希和塞克尔斯证明了 $r(k) \leqslant \binom{2k-2}{k-1}$,随后证明了 $r(k) < (1-\varepsilon)\binom{2k-2}{k-1}$,但是不知道当 $k \to \infty$ 时是否有 $r(k)\binom{2k-2}{k-1}^{-1} \to 0$;还没有利用直接构造得到的

$r(k)$ 的最好下界. 爱尔迪希通过一个简单的计数论证,证明了 $r(k) \geqslant 2^{\frac{k}{2}}$,事实上爱尔迪希证明了更强一点的结果,也就是:

定理 8　$r(k) \geqslant ck2^{\frac{k}{2}}$,其中 c 是一个正的常数.

上面提到的计数方法是一个简单的例子,说明由爱尔迪希和 Rényi 发展起来,而为大家所熟知的概率方法,这个理论给出了关于图的有价值的(在很多情况下是惊人的)信息,同时它本身也是有意思的(Bollobás 已写出关于这个问题的一本书). 但是,正如上面指出的,在极值图论中,概率方法也是有意思的,这方面的一个更显著的例子是最近对 Hajós 著名猜想的否定. 这个猜想如果正确,它将蕴涵四色定理(4CT),即是说任意一个 k－色图包含一个 k 个点的完全图的部分. 第一批反例是由 Catlin 提供的,这些反例惊人的简单,它们是由按循环顺序排列的一些完全图组成的. 在这之前,事实上它们的色数性质已被 Gallai 研究过(B. Toft 私人通信),但是令人惊奇的是(正如 Catlin 指出的)它们不包含 Hajós 猜想中所要求的部分,而更加令人惊奇的是爱尔迪希和 Fajtlowics 证明了几乎所有的图都是反例.

定理 9　几乎所有有 n 个点的图的色数至少是 $\frac{1}{4}n(\log_2 n)^{-1}$,并且不包含多于 $\sqrt{n}$ 个点的一个完全图的部分(其中 c 是一个正常数).

计数方法也被应用于 4CP. 如果 n 个点的平面三角部分图的正常 4－点着色的平均数小于 1(对 n 充分大),那么就会有一个四色猜想(4CC)的反例. 但是 Tutte 证明了这个数是 n 的一个函数而指数式增长.

Richmond,Robertson 和 Wormald 证明了下面的定理:

定理 10 任意(固定的)平面三角部分图 G_0 是几乎所有平面三角部分图 G 的一个子图,使得所有在 G 中而不在 G_0 中的点都在 G_0 的同一个三角形面内.

这个结果有很多推论,它表明了如果 4CC 有一个反例,则几乎所有的平面三角部分图就都将成为反例;而且几乎所有的平面三角部分图都没有 2 - 因子(于是也没有哈密顿圈),这是因为如果 G_0 是 n 个点的一个平面三角部分图,我们在 $2n-4$ 个三角形面的每一个之内加入一个度为 3 的点,则所得到的三角部分图 G_1 中的一个 2-因子就能被修改成 G_0 中至少 $2n-4$ 条边的一个 2-因子. 当 $n>4$ 时,这是不可能的,因为几乎所有平面三角部分图包含 G_1,所以上述诊断成立. 一个类似的论证证明了:几乎没有含 1 - 因子的(有偶数个点的)平面三角部分图. 根据定理 10 的对偶形式,几乎所有三次 3 - 连通平面图是 Tait 猜想的反例(Tait 猜想说:任意一个这样的图有哈密顿圈. 这个猜想比 4CC 要强),这是因为几乎所有这样的图可被收缩为 Tutte 针对 Tait 猜想所做的反例. 但是正如 Tutte 所证明的,因为在(有根的)三次平面图中哈密顿圈的平均个数是作为这个图的阶数 n 的一个函数而指数式地增长(除去一个小的衰减因子 $n^{-\frac{1}{2}}$),所以有哈密顿圈的那些(少数的)三次 3 - 连通平面图中某一些必有很多的哈密顿圈. 前面提到的关于 4 - 着色的结果是基于这个结果的.

Tutte 还得到了一些与 4CP 有联系的积极的结果. Birkhoff 和 Lewis 定义一个图 G 的色多项式 $p_G(t)$ 为 G 的

不同正常 t — 点着色的数目. 在这个定义中, t 是一个自然数. 但 p_G 是一个多项式, 它可对所有复数 t 定义; Waterloo 大学的一次计算机研究结果表明: 平面三角形部分图 G 的色多项式有一个接近 2.618 的根. Tutte 观察到 2.618 接近于黄金比率的平方 $\tau^2=\frac{1}{2}(3+\sqrt{5})$, 并且证明了 $|p_G(\tau^2)|<\tau^{5-n}$, 其中 n 是 G 的阶数, 由此给出了它的一种解释. 用同样的技巧他证明了每个平面三角部分图 G, $p_G(\tau^2+1)=p_G(3.618\cdots)\neq 0$.

Tutte 关于平面图计数的一个结果结合 Steinitz 定理(3 — 维凸多胞形的 1 — 骨架恰好是 3 — 连通平面图), 以及 Richmond 和 Wormald 关于平面图自同构的一个结果, 推出 n 条边的组合不等价 3 — 维凸多胞形的数目渐近于

$$\frac{n^{-\frac{7}{2}}4^n}{486\sqrt{\pi}}$$

一些优美的图论结果是以数学的其他部分的结果或方法为基础的. 对任意两个自然数 $k,m(k\leqslant m)$, 我们用 $G_{k,m}$ 记这样的图, 它的点集合是一个 m 元素集合的所有 k 元素子集, 两个点相邻当且仅当对应的集合是不交的. 于是 $G_{2,5}$ 是 Peterson 图. 使用同伦理论和 Borsuk 关于对比球面的任何 $n+1$ 个闭集的覆盖都存在一个包含两个对拓点的一个集合的定理, Lovász 通过证明下述定理而解决了 Kneser 猜想.

定理 11　Kneser 图 $G_{m,2k+m}$ 的色数是 $k+2$.

另一个由 Lovász 给出的存在内切圆的问题的令人惊讶的解是确定长为 5 的圈 C_5 的 Shannon 容量, 一个图 G 的 Shannon 容量(它有一个信息论的解释) 定

义为 $\sup_k(a(G^k))^{\frac{1}{k}}$，其中 $a(G^k)$ 是 G 的 k 次迭积的独立数(在 G^k 中，两个不同的 $(x_1,x_2,\cdots,x_k)$ 和 $(y_1,y_2,\cdots,y_k)$ 相邻，如果对 $i=1,2,\cdots,k$，x_i 和 y_i 相等或者相邻)；Lovász 证明了 C_5 的 Shannon 容量等于$\sqrt{5}$. 这个简短而吸引人的证明基于使不相邻点是一个 Euclid 空间中的正交单位向量的图的表示.

在用代数方法证明的很多优美的图论定理中，我们提一下 Tverberg 关于 Graham 和 Pollak 的下述结果的证明.

定理 12 完全图 K_n 不是少于 $n-1$ 个完全偶图的边不重的并.

另一个这样的例子是 Alon，Friedland 和 Kallai 对于 Berge 关于每一个 4－正则图包含一个 3－正则子图的猜想(这是图论中最容易阐述的问题之一) 所做的贡献，他们的定理考虑多重图，即可以包含多重边(但是无环) 的图.

定理 13 若 G 是有 n 个点和不少于 $2n+1$ 条边的一个多重图，则 G 包含一个非空子图 H，使得 H 的每一个次可被 3 整除.

定理 13 意味着如果 G 是一个多重图，且其所有点的次为 k 或 $k+1$(其中 k 是自然数，$k\geqslant 4$)，并至少有一个点的次大于或等于 5，那么 G 包含一个 3－正则子图. 因为一个 n 个点的 4－正则图有 $2n$ 条边，所以定理 13 不包含 Berge 猜想(对多重图是不成立的). Taskinov 已经宣布证明了 Berge 猜想.

§5　图论将来的一些方向

在过去的 10 年中，组合学的算法受到了更多的重视，关键的概念是一个好(即多项式界的)算法和一个好的特性描述，这些都归于 Edmonds，Chvátal 讨论了这些概念，他指出 Tutte 的 1－因子定理(定理 1)是不含 1－因子的图的好特性描述的一个例子. 虽然 Gallai 定理(任一个 k－色有向图有一个 k 个点的有向路)用定向的语言给出了一个图是 k－色的漂亮的充分必要条件，但它不是一个好的特征描述；另一个这样的特性描述是 Hajós 的结果，我们称一个图 G 是 k－可构成的，如果 G 是完全图 K_k 或者 G 可通过下列步骤从两个不交的 k－可构成的图 G_1 和 G_2 得到：首先除掉 G_1 中的边 x_1y_1 和 G_2 中的边 x_2y_2，合并 x_1 和 x_2 并添加边 y_1y_2(称之为 Hajós 构造)，然后相继地合并不交的点对，其中一个点在 G_1 中，另一个点在 G_2 中. 易见 G 的色数至少是 k. 反之，我们有：

定理 14　一个图的色数至少是 k 当且仅当 G 包含一个 k－可构成子图.

这个漂亮的结果曾被认为对证明 4CC 可能是有帮助的(G. A. Dirac，私人通信)，但看来他还没有被用到任何困难的染色问题上. 经验表明那些所谓好的特征描述要比那些不好的更加适用，并且随之而来通常是好的算法. 在 NP－完全问题出现之前，J. Edmonds(U. S. R. Murty 私人通信)意识到一些经典困难的图论问题(求色数、独立数和哈密顿圈，等等),从算法的观点出发,是等价于整数规划问题的.所谓的Cook-Karp理论已经提供了一类表面上不相关的问题(NP－完全问题),它们具有一个值得注意的性质:对其中一个问题的一个好算法就蕴涵着对NP类中所有问题的一个好算法,这个类是所有具有下列性质(粗略地说)的组合问题:对问题的一个实例提出来的解的正确性可以在相对于这个问题规模的多项式界的步数之内被验证.很多组合问题都被归入NP－完全类,其中的许多问题能够用图的结构表示出来.毫无疑问这一发展将继续下去.离散数学中最大的挑战之一就是确定NP－完全问题是否真的困难.

因为其潜在的应用(例如对运筹学中的问题),毫无疑问,今后图论和组合学其他部分中会出现很多的好算法.Grötchel,Lovász和Schrijver描述了这样的算法,例如求一个子模函数的最小值,这样的函数潜在于许多组合优化问题中.

图论或许在拟阵理论中将继续起重要作用.拟阵是由Whitney提出的,特别是由Tutte发展了这一理论.拟阵理论最重要的部分之一是Seymour对正则拟阵的特征描述.图论已被用于拟阵理论的几个证明中,或者对这些证明提供了灵感.

图论本身有如此多漂亮的未解决的问题,以至于人们期待着这个学科会进一步发展,今天(以及将来)的图论与在König的书中优美的探讨有着很大的不同,这个学科中的很多重要问题似乎(并不出人意料)正在变得更加复杂化(并且可能不那么优美).Szemerédi证明了(粗略地说)任何图的点集合可以划分成(不太多的)几乎相等的部分,使得对几乎所有的

部分对，它们之间的边是均匀分布的. 这个结果不像前面提到的结果那样有直接的感染力，它的重要性最初是被它的应用所证实的，它首先被用于 Szemerédi 关于算术级数的深刻结果，最近同样又被应用于其他方向上.

近代图论的一些证明中包括了太多的细节，以致它们很难被验证. 4CT 就是一个例子. Häggkvist(私人通信) 最近已证明了 Kelly 关于(对很大的 k) 任何 k－正则竞赛图能被划分成 k 个弧不重的有向哈密顿圈的猜想，证明的思想是很有意思的(可能还有其他的应用)，但一个完整的证明需要很艰苦的计算.

最近用复杂方法解决的另一个重要猜想是任何一个有限图的无限集中，总存在两个图使得一个包含另一个作为 minor，也就是有可能通过相继地删去或者收缩边(并删去孤立点)，从一个图变换到另一个图. 像 Kelly 猜想一样，它曾被认为是一个"无希望"的问题(除非有一个反例)；在一系列文章中，Robertson 和 Seymour 冲击了这个猜想的特殊情况，并在最近成功地证明了它(P. Seymour 私人通信)，这个证明也包含了有力的思想，它似乎是第一个这样的困难结果，完全不涉及更高维的曲面，但它的证明极其依赖于图在更高维的曲面上的嵌入. 由这个结果可以推出对每个曲面有一个 Kuratowski 型定理. 关于曲面上图的大多数工作是由 Heawood 猜想所引起的，这个猜想随着 Ringel 和 Younge 对它的解决达到了顶峰. Robertson 和 Seymour 最近的工作给图论的这个分支带来了新的活力，他们证明高维曲面在一般图论中有一个自然的地位，它的证明技巧包含了对一个图的亏格的归纳，这似乎有很大的潜力.

连通度是图论里最基本的概念之一,它在无向的情形下已被很好地了解了.连通性方面的基本结果是Menger 定理(定理3),以及 k — 连通图(特别的,极小 k — 连通图)已经被详尽地研究,一个极小 k — 连通图总包含次为 k 的点;一般的,Mader 证明了:

定理 15 极小 k — 连通图中,每一个圈包含一个度为 k 的点.在证明 k — 连通图的定理时,有一些简化的方法是有用的,而任何极小 k — 连通图有一个度为 k 的点,这样一个事实通常是不够的.一个没有三角形的图总有一条边,它的收缩保持连通度已被证明.这个结果能够被用于证明关于 k — 连通图方面的这样一些结果,它们在图有三角形时是平凡的.但是只有对 3 — 连通图(和有较小连通度的图),我们有有效的一般简化办法.这样的一个有用的结果是由 Barnette 和 Grünbaum 以及 Titov 发现的.

定理 16 任何3—连通图可以从一个4个点的完全图通过相继地剖分边和增加新边而得到.

4 — 连通图的一个递归的描述由 Slater 所发现,但这一描述是不易被应用的;Martinov 发表了一个更简单,也许更可应用的描述:在一个 4 — 连通图 G 中,总能删去或者收缩一个边,使得所得到的图是 4 — 连通的,除非 G 是一个 3 度圈 4 — 边连通的边图.

关于连通图为 4 或更大的图,有几个未解决的问题,例如 Chvátal 猜想每一个 2 — 坚韧图是哈密顿图(t — 坚韧意为这个图中去掉一个点集合 S 后得到的图至多有 $\frac{1}{t}|S|$ 个分支).如果这个猜想是正确的,将推

出 Fleischner 关于任何 2－连通图的平方是哈密顿图的定理(因为这样一个图是 2－坚韧的). 显然,2－坚韧可推出 4－连通. 为了冲击 Chvátal 的2－坚韧猜想,人们曾做出下面的较弱的猜想.

猜想 2　如果 G 是一个图,它的边图 $L(G)$ 是 4－连通的,则 $L(G)$ 是哈密顿图.

根据若 G 是 4－连通图,则 $L(G)$ 是哈密顿图这样一个容易证明的事实,提出上面这个猜想是有道理的. 猜想 2 意味着(并且事实上如最近被 Jackson 和 Fleischner(私人通信)证明的是等价于),每个 3 度 3－连通圈 4－连通图有一个控制圈,即与图中所有边关联的一个圈.

构造 Chvátal 2－坚韧猜想的反例大概需要完全新的构造办法. 所有已知的非哈密顿图的直接构造似乎都以某种形式依赖于非 1－坚韧图或者连通度至多为 3 的非哈密顿图;例如,通过 Meridith 的构造方法得到的 r－正则、r－连通非哈密顿图就是这样的情形.

Barnette 和 Grünbaum 利用定理 16 给出了 Steinitz 定理的一个证明. 对于 $d \geqslant 4$,还没有关于 d－维凸多胞形的 1－骨架的一个特征描述,已经知道,这样的图是 d－连通的,而且它能够被收缩为一个 $d+1$ 个点的完全图(这是一个不能被 d－连通性保证的性质),但看来这是对于一个图是一个 d－多胞形的 1－骨架所知道的仅有的必要性条件,它们是远非充分的.

在边连通度方面也有一些基本的尚未解决的问题,人们做过如下猜想:

猜想 3　如果 $S=\{x_1,x_2,\cdots,x_k,y_1,y_2,\cdots,y_k\}$ 是 $(k+1)$－连通图 G 中的点(不一定不同)的集合,则 G

有 k 个边不重的路 $P_1,P_2,\cdots,P_k$，使得 P_i 联结 x_i 和 $y_i,i=1,2,\cdots,k$. 对于 $k-$ 连通多重图，Mader 给出了一个强有力的收缩办法，粗略地说就是如果 x 是图 G 中次至少是 4 的一个点，且至少有两个相邻点，那么就存在两条边 xy 和 xz，使得在 $[G-\{xy,xz\}]\cup\{yz\}$ 中，(异于 x 的点之间的) 局部连通度与在图 G 中的局部连通度一样大. 利用这个结果的一个改进，Okamura 对 $|S|\leqslant 5$ 证明了猜想 3.

前面提到的由 Robertson 和 Seymour (P. Seymour 私人通信) 得到的关于 minor 的深刻结果的一个副产品是对不含猜想 3 中的路 $P_1,P_2,\cdots,P_k$(k 固定) 的图的一个好的特征描述. 但是，还不知道这些图中是否有一些$(k+1)-$ 连通图.

考察一下图论中大量的文献，引人注目的是对有向图了解得如此之少，人们希望图论的这个领域在将来会有所发展. Menger 定理(定理 3) 对于有向图也是成立的，但在有向的情形，连通度是没有被很好了解的. 一个困难是很快就会遇到 NP－完全问题. 刻画不含两个不交的且有指定商战的有向路的有向图(或者等价的，刻画不含过两个指定点的有向圈的有向图) 就是这样的一个问题. 考虑到这一点，值得注意的是猜想 3 的有向的类似结果甚至对 $k-$ 连通有向图也是对的，这一结果通过一个简单的窍门可从下述 Edmonds 分支定理得到.

定理 17 一个有向图有 k 个弧不重的有向生成树，使得每一个从一给定点 x_0 定向出发当且仅当对包含 x_0，但不包含这个有向图所有点的每一个点集合 S，至少有 k 个弧从 S 中发出.

关于有向图的另一个极大极小定理是 Lucchesi 和 Younger 的结果.

定理 18　一个有向图中,弧不重的弧割的最大个数等于与所有弧割相交的弧的最小个数.

对于多面体组合学方面的工作,这一结果是灵感的源泉.

在有向图方面,容易陈述的问题之一是 Adám 猜想,即一个含有向圈的有向图中,存在一条弧,把这条弧的方向改变后,使有向圈的总数减少. E. J. Grinberg 独立地否定了这个猜想.

有向图方面的另一个基本问题是对不含偶有向圈的有向图的刻画. 我们给出了对每一个边的赋权(权为 0,1) 都有一个偶权有向圈的有向图好的特征描述,并且假如使得没有偶权有权圈的边赋权是存在的话,我们给出了产生这样一种赋权的好算法;但是这样的赋权是否实际上存在恰好是偶有向圈问题,还不知道这个问题是否是 NP－完全的.

关于 Kottman 的一个问题*

附录 I

在本文中，X 表示无限维的实线性赋范空间，它的单位球 $U(X)$ 和单位球面 $S(X)$ 分别是

$$U(X) \equiv \{x \in X \mid \|x\| \leqslant 1\}$$

和

$$S(X) \equiv \{x \in X \mid \|x\| = 1\}$$

α 表示集合的势，$\aleph_0$ 表示自然数集的势.

定义 1[70]　X 的子集 A 称为是 $\lambda-$分离的，如果对一切 $x, y \in A, x \neq y$，有 $\|x-y\| \geqslant \lambda$.

我们考虑对于单位球面的具有指定势 α 的 $\lambda-$分离子集，λ 所能取的最大数值.

定义 2　$R_\alpha(X) \equiv \sup\{\lambda \mid S(X)$ 含有势为 α 的 $\lambda-$分离子集$\}$.

$R_\alpha(X)$ 与在单位球中的嵌入问题有密切的联系. 嵌入问题的数值特征是:

* 本文是作者阴洪生于 1979.9 ~ 1980.5 在南京大学的 A.C. Thompson 讨论班学习期间完成的. 对 A.C. Thompson 教授的指导谨表感谢.

定义 3[69]　$P_\alpha(X) \equiv \sup\{r \mid U(X)$ 含有 α 个互不相交的半径是 r 的开球$\}$.

介于 $R_\alpha(X)$ 与 $P_\alpha(X)$ 之间,[70] 还引进了参数 $Q_\alpha(X)$(这里采用与[70]不同的记号,所给的定义也比[70]略广泛一些).

定义 4[70]　$Q_\alpha(X) \equiv \sup\{\lambda \mid U(X)$ 含有势为 α 的 λ－分离子集$\}$.

在[72]中我们证明了当 $\alpha > 1$ 时,有

$$\frac{2P_\alpha(X)}{1-P_\alpha(X)} = Q_\alpha(X) = R_\alpha(X) \qquad (1)$$

这表明研究 λ－分离集合与研究嵌入问题是"等价的". 由于(1),[69,70]关于 $P_\alpha(X)$ 的结论都可叙述成关于 $R_\alpha(X)$ 的结论. 特别的,[69;引理 1.2]证明了 $1 < \alpha \leqslant X$ 的稠密性特征(即 X 的稠子集所能具有的最小势)时 $\frac{1}{3} \leqslant P_\alpha(X) \leqslant \frac{1}{2}$,也就是

$$1 \leqslant R_\alpha(X) \leqslant 2$$

由于 $P_{\aleph_0}(l_p) = 2^{\frac{1}{p}}(2+2^{\frac{1}{p}})^{-1}, 1 \leqslant p < \infty$,充满了区间 $\left(\frac{1}{3}, \frac{1}{2}\right]$,因此[69]提出问题:是否存在无限维的线性赋范空间 X 使 $P_{\aleph_0}(X) = \frac{1}{3}$,即 $R_{\aleph_0}(X) = 1$? [70]从空间的同构关系研究了这个问题,给出了使 $R_{\aleph_0}(X) > 1$ 的某些充分条件. 例如,若 X 含有一个子空间同构于 c_0 或 $l_p(1 \leqslant p \leqslant \infty)$,则 $R_{\aleph_0}(X) > 1$. 本文从空间的共轭关系研究这个问题.

定理 1　若 $R_{\aleph_0}(X^*) < 2$,则 $R_{\aleph_0}(X) > 1$.

证明　因为 $R_{\aleph_0}(X^*) < 2$,所以有 $\varepsilon > 0$ 使得 $\frac{2}{1+\varepsilon} > R_{\aleph_0}(X)$. 由[68;p. 93,定理 5],可找到双正交序列

$\{b_n\}$ 和$\{\beta_n\}$,$b_n \in x$,$\beta_n \in X^*$,使对一切 $i,j = 1,2,\cdots$ 成立 $\| b_i \| = 1 = \| \beta_i \|$ 及$\beta_i(b_j) = \delta_{ij}$,假定$\{b_{n_i}\}$是$\{b_n\}$的无穷子集,满足对一切 $i,j = 1,2,\cdots$ 有

$$\| b_{n_i} - b_{n_j} \| < 1 + \varepsilon$$

由于

$$1 = \frac{1}{2}(\beta_{n_i} - \beta_{n_j})(b_{n_i} - b_{n_j}) \leqslant$$

$$\frac{1}{2} \| \beta_{n_i} - \beta_{n_j} \| \| b_{n_i} - b_{n_j} \|$$

因此对一切 $i,j = 1,2,\cdots,i \neq j$,有

$$\| \beta_{n_i} - \beta_{n_j} \| \geqslant \frac{2}{1+\varepsilon} > R_{\aleph_0}(X^*)$$

这与 $R_{\aleph_0}(X^*)$ 的定义矛盾.所以,对$\{b_n\}$ 的任一无穷子集$\{b_{n_i}\}$ 必有某 $i,j,i \neq j$,使

$$\| b_{n_i} - b_{n_j} \| \geqslant 1 + \varepsilon$$

我们记这一事实为性质(S).

现在令 $B_1 \equiv \{b_n\}_{n=1}^{\infty}$,并考虑 B_1 的所有$(1+\varepsilon)$-分离子集的族 $\mathscr{D}$.由于性质(S),$\mathscr{D}$ 是非空的.用集合的包含关系在 $\mathscr{D}$ 中定义一个偏序.容易验证佐恩引理的条件是满足的,因此存在 $\mathscr{D}$ 的一个极大元 A_1,也即存在 B_1 的一个极大的$(1+\varepsilon)$-分离子集.如果 A_1 是无限集合,既然它是$(1+\varepsilon)$-分离的,我们得到 $R_{\aleph_0}(X) \geqslant 1+\varepsilon$,证明也就完成.因此假设 A_1 是有限集合.由 A_1 的极大性,对每个 $b_i \in B_1 \backslash A_1$,必有某 $b_j \in A_1$ 使 $\| b_i - b_j \| < 1+\varepsilon$.注意到 A_1 是有限的而 $B_1 \backslash A_1$ 是无限的,因此必有无限集合 $B_2 \subsetneqq B_1 \backslash A_1$ 和一点 $b_{n_1} \in A_1$ 使得对一切 $b_i \in B_2$ 成立 $\| b_{n_1} - b_i \| < 1+\varepsilon$.假定我们已经构造了集合 B_k,A_k,B_{k+1} 和点 b_{n_k} 满足:$A_k \subsetneqq B_k$,$b_{n_k} \in A_k$,$B_{k+1} \subsetneqq B_k \backslash A_k$,$B_k$ 和 B_{k+1} 是无

限的,A_k 是有限的和$(1+\varepsilon)-$分离的,以及对一切 $b_i \in B_{k+1}$ 成立 $\| b_{n_k} - b_i \| < 1+\varepsilon$,然后我们构造集合 A_{k+1},B_{k+2} 和点 $b_{n_{k+1}}$ 如下:因为 B_{k+1} 是无限的,由性质(S),B_{k+1} 含有一个$(1+\varepsilon)-$分离子集,从而含有一个极大的$(1+\varepsilon)-$分离子集 A_{k+1}. 如果 A_{k+1} 是无限的,则 $R_{\aleph_0}(X) \geqslant 1+\varepsilon$,证明也就完成. 如果 A_{k+1} 是有限的,由它的极大性,对每一 $b_i \in B_{k+1} \backslash A_{k+1}$ 必有某 $b_j \in A_{k+1}$ 使 $\| b_i - b_j \| < 1+\varepsilon$. 因为 A_{k+1} 是有限的而 $B_{k+1} \backslash A_{k+1}$ 是无限的,故有无限子集 $B_{k+2} \subsetneqq B_{k+1} \backslash A_{k+1}$ 和点 $b_{n_{k+1}} \in A_{k+1}$ 使 $\| b_{n_{k+1}} - b_i \| < 1+\varepsilon$ 对一切 $b_i \in B_{k+2}$ 成立. 以这种方式进行下去. 如果所有的 $\{A_k\}$ 全是有限的,则我们得到具有上面构造的性质的集列 $\{B_k\}$,$\{A_k\}$ 和点列 $\{b_{n_k}\}$. 现在 $\{b_{n_k}\}$ 是 B_1 的一个无限子集,而且对一切 $i,j=1,2,\cdots$ 成立 $\| b_{n_i} - b_{n_j} \| < 1+\varepsilon$,这与性质(S)矛盾. 所以必有某 A_k 无限,从而定理得证.

如果我们应用拉姆塞的一个较少为人所知的定理[4; § 1,定理 A],则上面定理 1 的证明的叙述可以简化如下:

令 $\{b_n\}$ 和 $\varepsilon > 0$ 同定理 1 的证明所给. 我们将自然数的一切两元素子集按下列规则分成两类:若 $\| b_i - b_j \| < 1+\varepsilon$,令 $\{i,j\} \in$ 类 I;若 $\| b_i - b_j \| \geqslant 1+\varepsilon$,令 $\{i,j\} \in$ 类 II. 拉姆塞断言存在自然数的无限子集 M 使得 M 的一切两元素子集属于同一类. 由定理 1 的证明中所指出的性质(S),这一类只能是类 II. 因此 $\{b_i \mid i \in M\}$ 是 $\{b_n\}$ 的一个无限的$(1+\varepsilon)-$分离子集,所以 $R_{\aleph_0}(X) \geqslant 1+\varepsilon$.

推论 1　若 X 是一致凸的(或一致光滑的)，则 $R_{\aleph_0}(X)>1$ 和 $R_{\aleph_0}(X^*)>1$.

证明　若 X 是一致凸的(或一致光滑的)，则 X^* 是一致光滑的(或一致凸的). 由[69;定理3.6和3.7]，$R_3(X^*)<2$，从而更有 $R_{\aleph_0}(X^*)<2$. 所以 $R_{\aleph_0}(X)>1$. 这一结论用于 X^* 就得 $R_{\aleph_0}(X^*)>1$.

由于定理1，只要研究 $R_{\aleph_0}(X^*)=2$ 时 $R_{\aleph_0}(X)$ 的情形就够了. 下面定理 3 给出 $R_{\aleph_0}(X^*)=2$ 的一个充要条件. 为此，先证明如下引理:

引理 1　设 $f_1,f_2\in S(X^*)$，且 $\|f_1-f_2\|>2-\varepsilon(\varepsilon>0)$，令 $K_i\equiv\{x\in U(X)\mid f_i(x)>1-\varepsilon\}$，$i=1,2$，则 $K_1\cap(-K_2)\neq\varnothing$.

证明　假设 $K_1\cap(-K_2)=\varnothing$，则对于每一个 $x\in U(X)$ 存在三种可能的情形:

(i) $x\notin K_1\cup(-K_2)$. 于是 $f_1(x)\leqslant 1-\varepsilon$，$-f_2(x)\leqslant 1-\varepsilon$，所以

$$f_1(x)-f_2(x)\leqslant 2-2\varepsilon<2-\varepsilon$$

(ii) $x\in K_1$. 这时 $x\notin(-K_2)$. 于是 $f_1(x)\leqslant 1$，$-f_2(x)\leqslant 1-\varepsilon$，所以

$$f_1(x)-f_2(x)\leqslant 2-\varepsilon$$

(iii) $x\in(-K_2)$. 这时 $x\notin K_1$. 于是 $f_1(x)\leqslant 1-\varepsilon$，$-f_2(x)\leqslant 1$，所以

$$f_1(x)-f_2(x)\leqslant 2-\varepsilon$$

由(i)(ii)和(iii)知，对每一 $x\in U(X)$ 有 $f_1(x)-f_2(x)\leqslant 2-\varepsilon$. 这一不等式对 $-x\in U(X)$ 也成立，即 $-f_1(x)+f_2(x)\leqslant 2-\varepsilon$. 所以 $x\in U(X)$ 时 $|f_1(x)-f_2(x)|\leqslant 2-\varepsilon$. 因此 $\|f_1-f_2\|\leqslant 2-\varepsilon$. 但由假设，$\|f_1-f_2\|>2-\varepsilon$. 这一矛盾证明了引理.

我们还需要一个定义.

定义 5　对 $\varepsilon > 0$,$U(X)$ 的凸子集 A 称为是 ε-flat,如果

$$A \cap (1-\varepsilon)U(X) = \varnothing$$

ε-flat 的族 $\mathscr{D}$ 称为是有补的,如果对 $\mathscr{D}$ 中每对 ε-flat A 和 B,$A \cup B$ 含有一对相对的点(即两点 x 和 $-x$). 定义 $F_\alpha(X) \equiv \inf\{\varepsilon \mid U(X)$ 含有 α 个 ε-flat 构成的有补的族 $\mathscr{D}\}$.

定理 2　$R_\alpha(X^*)=2$ 当且仅当 $F_\alpha(X)=0$.

证明　若 $R_\alpha(X^*)=2$,则对任一 $\varepsilon>0$ 有 α 个线性连续泛函 $\{f_\gamma \mid \gamma \in \Gamma\} \subsetneqq S(X^*)$ 使得 $\gamma,\gamma' \in \Gamma, \gamma \neq \gamma'$ 时 $\| f_\gamma - f_{\gamma'} \| > 2-\varepsilon$. 令

$$K_\gamma \equiv \{x \in U(X) \mid f_\gamma(x) > 1-\varepsilon\}$$

K_γ 是 $U(X)$ 的凸子集,且显然

$$K_\gamma \cap (1-\varepsilon)U(X) = \varnothing$$

所以 K_γ 是 ε-flat. 对任意 $\gamma,\gamma' \in \Gamma, \gamma \neq \gamma'$,由引理 1,有 $x \in K_\gamma \cap (-K_{\gamma'})$,故 $x \in K_\gamma$,$-x \in K_{\gamma'}$,即族 $\{K_\gamma \mid \gamma \in \Gamma\}$ 是有补的. 由定义 5,$F_\alpha(X) \leqslant \varepsilon$. 由 $\varepsilon > 0$ 的任意性即得 $F_\alpha(X)=0$.

反之,若 $F_\alpha(X)=0$,则对任一 $\varepsilon>0$ 有 α 个凸子集 $\{K_\gamma \mid \gamma \in \Gamma\} \subsetneqq U(X)$ 构成一个有补的 ε-flat 族. 由于 $K_\gamma \cap (1-\varepsilon)U(X) = \varnothing$,故由凸集的分离定理([68; p. 24,定理 4]) 有 $f_\gamma \in S(X^*)$ 使

$$\sup f_\gamma((1-\varepsilon)U(X)) \leqslant \inf f_\gamma(K_\gamma)$$

所以 $f_\gamma(K_\gamma) \geqslant 1-\varepsilon$. 对任意 $\gamma,\gamma' \in \Gamma, \gamma \neq \gamma'$,由于族 $\{K_\gamma\}$ 是有补的,故有 $x_{\gamma\gamma'}$ 使 $x_{\gamma\gamma'} \in K_\gamma$,$-x_{\gamma\gamma'} \in K_{\gamma'}$. 因此

$$\begin{aligned}&\|f_\gamma - f_{\gamma'}\| \geqslant (f_\gamma - f_{\gamma'})(x_{\gamma\gamma'}) = \\ &f_\gamma(x_{\gamma\gamma'}) + f_{\gamma'}(-x_{\gamma\gamma'}) \geqslant \\ &(1-\varepsilon)+(1-\varepsilon) = 2-2\varepsilon\end{aligned}$$

这表明$\{f_\gamma \mid \gamma \in \Gamma\}$是$(2-2\varepsilon)-$分离的，从而$R_\alpha(X^*) \geqslant 2-2\varepsilon$. 由$\varepsilon>0$的任意性得

$$R_\alpha(X^*)=2$$

定理 2 推广了[69;定理 4.2(b)]，从而使[69]的定理4.2的(b)和(c)构成充要条件，并且简化了证明. [69]通过那里的例 4.3 断言[69;定理 4.2(a)(b)]中$\alpha<\infty$的限制是本质的. 上面的定理2表明(b)中$\alpha<\infty$的限制是不必要的.

推论 $R_{\aleph_0}(X^*)=2$ 当且仅当 $F_{\aleph_0}(X)=0$.

定理 3 $R_3(X^*)=2$ 当且仅当 $R_3(X)=2$.

证明 若$R_3(X^*)=2$，则对每一$\varepsilon>0$，$S(X^*)$含有三点$\{f_1,f_2,f_3\}$使对$i,j=1,2,3,i\neq j$，成立$\|f_i-f_j\|>2-\varepsilon$. 令$K_i$如引理 1 所定义. 由引理 1，$K_i \cap (-K_j) \neq \varnothing$，故有三点$\{x_1,x_2,x_3\}$使$x_1 \in K_1$，$-x_1 \in K_2$，$x_2 \in K_2$，$-x_2 \in K_3$，$x_3 \in K_3$，$-x_3 \in K_1$. 由$K_i$的定义可得

$$\begin{aligned}\|x_2-x_1\| &\geqslant f_2(x_2)-f_2(x_1) \geqslant \\ &(1-\varepsilon)+(1-\varepsilon)=2-2\varepsilon\end{aligned}$$

$$\|x_3-x_2\| \geqslant f_3(x_3)-f_3(x_2) \geqslant 2-2\varepsilon$$

$$\|x_1-x_3\| \geqslant f_1(x_1)-f_1(x_3) \geqslant 2-2\varepsilon$$

所以$R_3(X)=Q_3(X)\geqslant 2-2\varepsilon$(参看式(1)). 由$\varepsilon>0$的任意性得$R_3(X)=2$.

反之，若$R_3(X)=2$，则因X可等距地嵌入到X^{**}成为一个线性子空间，故$R_3(X^{**})\geqslant R_3(X)=2$，从而$R_3(X^{**})=2$. 由上面一段的证明知$R_3(X^{**})=2$蕴涵

$R_3^*(X)=2$.

应用定理 3,我们可大大简化[69;定理 3.7]的证明:若 X 是一致光滑的,则 X^* 是一致凸的.故由[69;定理 3.6]知 $R_3(X^*)<2$,从而由定理 3 得到 $R_3(X)<2$.

关于 $R_{\aleph_0}(X)$ 和 $R_{\aleph_0}(X^*)$ 所可能取的数值组的情形,有下面的结果.

定理 4　对任两实数 $b_1,b_2\in(1,2]$,$b_1b_2\geqslant 2$,必有某线性赋范空间 X 使 $R_{\aleph_0}(X)=b_1$,$R_{\aleph_0}(X^*)=b_2$.

证明　如 $b_1=b_2=2$,取 X 为 c_0 即可.如 $b_1\in(1,2]$,$b_2\in(1,2)$,取 p_0,q_1 使 $2^{\frac{1}{p_0}}=b_1$,$2^{\frac{1}{q_1}}=b_2$.作序列 $\{p_n\}$ 和 $\{q_n\}$,$n=1,2,\cdots$,使 $\frac{1}{p_n}+\frac{1}{q_n}=1(n=1,2,\cdots)$,并且 $\{p_n\}$ 单调下降收敛到 p_0,从而 $\{q_n\}$ 单调上升到 q_0(可能为 ∞),这里 $\frac{1}{p_0}+\frac{1}{q_0}=1$.应用[70;引理 8],令 $X\equiv(l_{p_1}\oplus l_{p_2}\oplus\cdots)_{l_{p_1}}$,由[68;p.36,Ⅱ.2.(11)(C)]知 $X^*=(l_{q_1}\oplus l_{q_2}\oplus\cdots)_{l_{p_1}}$.因此[70;引理 8]给出 $R_{\aleph_0}(X)=\sup\{2^{\frac{1}{p_i}}\mid i=1,2,\cdots\}=2^{\frac{1}{p_0}}=b_1$,而 $R_{\aleph_0}(X^*)=2^{\frac{1}{q_1}}=b_2$.这样构造的 X 是自反的,故也可设 $b_1\in(1,2)$ 而 $b_2\in(1,2]$.

最后我们给出一个类似[69;引理 8]的结果.

设 $X_1,X_2,\cdots,X_k$ 是无限维线性赋范空间,令

$$X\equiv(X_1\oplus X_2\oplus\cdots\oplus X_k)_{l_p}\quad(1\leqslant p<\infty)$$

是 X_i 的 l_p-乘积,即 X 的元素是

$$x=(x(1),x(2),\cdots,x(k))\quad(x(j)\in X_j,j=1,2,\cdots,k)$$

范数定义为 $\|x\|=\left(\sum_{j=1}^{k}\|x(j)\|_{X_j}^{p}\right)^{\frac{1}{p}}$(参看[68;

p. 35，定义 2]).

定理 5 $\lim\limits_{n\to\infty}R_n(X)=\max\limits_{1\leqslant j\leqslant k}\{\lim\limits_{n\to\infty}R_n(X_j)\}$.

在定理 5 的证明中，我们要用拉姆塞[71；p. 267，定理 B] 的一种简化形式，叙述成下面的引理 2.

引理 2(拉姆塞) 对任何给定的自然数 n，必有自然数 N 使得将集合$\{1,2,\cdots,m\}$($m\geqslant N$) 的一切两元素子集按任何法则分成两类时，总有$\{1,2,\cdots,m\}$ 的某子集 M 适合如下的条件：

(ⅰ)M 的一切两元素子集都属于同一个类；

(ⅱ)M 的元素的个数不少于 n.

定理 5 的证明 因为对任何 X，$\{R_n(X)\}_{n=2}^{\infty}$ 是单调下降的和非负的，故定理中的极限都存在. 根据 l_p－乘积的定义，每一 X_j 都可等距地嵌入到 X 中成为线性子空间，所以 $R_n(X)\geqslant R_n(X_j)$ 对 $j=1,2,\cdots,k$ 和 $n=2,3,\cdots$ 成立. 因此

$$\lim_{n\to\infty}R_n(X)\geqslant\max_{1\leqslant j\leqslant k}\{\lim_{n\to\infty}R_n(X_j)\}\tag{2}$$

现记 $C\equiv\max\limits_{1\leqslant j\leqslant k}\{\lim\limits_{n\to\infty}R_n(X_j)\}$. 对给定的任意 $\varepsilon>0$，固定 n_0 充分大，使对 $j=1,2,\cdots,k$ 成立

$$R_{n_0}(X_j)\leqslant C+\frac{\varepsilon}{2}$$

取 $\delta>0$ 使

$$\left(C+\frac{\varepsilon}{2}\right)(1+\delta)<C+\varepsilon$$

再取 $\eta>0$ 使 $k^{\frac{1}{p}}\eta<\delta$，并假定$\dfrac{1}{\eta}$ 是正整数. 然后我们选取充分大的自然数 N 使得 $N\eta^k$ 是自然数，并且当我们对集合$\{1,2,\cdots,N\eta^k\}$ 应用引理 2，再对取出的子集 M 继续应用引理 2，这样相继地应用 k 次引理 2 后，所得的子集

具有不少于 n_0 个元素.由于 n_0 和 k 已经固定,这样的 N 易知是存在的.现在假设$\{x_i\}_{i=1}^N$ 是 $S(X)$ 的任意 λ－分离子集.根据 X 的范数的定义,$\{\|x_i(1)\|_{X_1}\}_{i=1}^N$ 是闭区间$[0,1]$的子集.将区间$[0,1]$分成具有相等长度 η 的$\frac{1}{\eta}$个小区间,于是必有某$a_1\in[0,1]$使得$[a_1,a_1+\eta]$中至少有$\{\|x_i(1)\|_{X_1}\}_{i=1}^N$ 中的 $N\eta$ 个点.必要时改变一个下标,我们可以假设这 $N\eta$ 个点是$\{\|x_i(1)\|_{X_1}\mid i=1,2,\cdots,N\eta\}$.因此

$$a_1\leqslant\|x_i(1)\|_{X_1}\leqslant a_1+\eta$$
$$(i=1,2,\cdots,N\eta)$$

现在$\{\|x_i(2)\|_{X_2}\}_{i=1}^{N\eta}$ 又是$[0,1]$的子集,上面的讨论又可进行.这样一共进行 k 次后,我们得到 $N\eta^k$ 个点$\{x_i\}_{i=1}^{N\eta^k}$(必要时要改变一下下标的次序),适合

$$a_j\leqslant\|x_i(j)\|_{X_j}\leqslant a_j+\eta$$
$$(j=1,2,\cdots,k;i=1,2,\cdots,N\eta^k)\qquad(3)$$

注意序列$\{(a_1+\eta)^{-1}x_i(1)\}_{i=1}^{N\eta^k}$ 是$U(X_1)$的子集.将集合$\{1,2,\cdots,N\eta^k\}$的一切两元素子集按下面的规则分成两类:如果

$$(a_1+\eta)^{-1}\|x_i(1)-x_j(1)\|_{X_1}\leqslant R_{n_0}(X_1)$$

令$\{i,j\}\in$ 类 I;如果

$$(a_1+\eta)^{-1}\|x_i(1)-x_j(1)\|_{X_1}>R_{n_0}(X_1)$$

令$\{i,j\}\in$ 类 II.应用引理 2 知,存在$\{1,2,\cdots,N\eta^k\}$的子集 M,使得 M 的一切两元素子集都属于同一类,并且 M 具有充分多的(指足够再应用 $k-1$ 次引理 2 所需的)元素,设为 N_1 个元素.N_1 当然应大于 n_0,故由 $Q_{n_0}(X_1)$ 的定义(由式(1)$Q_{n_0}(X)=R_{n_0}(X)$),M 的两元素子集所在的类只能是类 I.改变一下下标的记号

后，可以设 $M=\{1,2,\cdots,N_1\}$. 然后依次对 $U(X_j)$ 的子集

$$\{(a_j+\eta)^{-1}x_i(j)\mid i=1,2,\cdots,N_{j-1}\}\quad (j=2,3,\cdots,k)$$

重复上面应用引理 2 的讨论. 这样共进行 k 次后，我们得到 N_{k-1} 个点（由选取 N 时的假设，$N_{k-1}\geqslant n_0\geqslant 2$），设为 $\{x_i\}_{i=1}^{N_{k-1}}$，它们适合

$$(a_j+\eta)^{-1}\|x_i(j)-x_l(j)\|_{X_j}\leqslant R_{n_0}(X_j)$$
$$(j=1,2,\cdots,k;i,l=1,2,\cdots,N_{k-1})$$

特别的

$$\begin{aligned}&\|x_1(j)-x_2(j)\|_{X_j}\leqslant\\&R_{n_0}(X_j)(a_j+\eta)\leqslant\\&\left(c+\frac{\varepsilon}{2}\right)(a_j+\eta)\quad(j=1,2,\cdots,k)\end{aligned}\tag{4}$$

所以

$$\lambda\leqslant\|x_1-x_2\|=\left(\sum_{j=1}^{k}\|x_1(j)-x_2(j)\|_{X_j}^{p}\right)^{\frac{1}{p}}\leqslant$$

（由(4)）

$$\left(c+\frac{\varepsilon}{2}\right)\left[\sum_{j=1}^{k}(a_j+\eta)^p\right]^{\frac{1}{p}}\leqslant$$

（由 Minkowski 不等式）

$$\left(c+\frac{\varepsilon}{2}\right)\left[\left(\sum_{j=1}^{k}a_j^p\right)^{\frac{1}{p}}+\left(\sum_{j=1}^{k}\eta^p\right)^{\frac{1}{p}}\right]\leqslant\quad(由(3))$$

$$\left(c+\frac{\varepsilon}{2}\right)\left[\left(\sum_{j=1}^{k}\|x_1(j)\|_{X_j}^{p}\right)^{\frac{1}{p}}+k^{\frac{1}{p}}\eta\right]=$$

（由 $\|x_1\|=1$）

$$\left(c+\frac{\varepsilon}{2}\right)(1+k^{\frac{1}{p}}\eta)<\quad(由\ \eta\ 的取法)$$

$$\left(c+\frac{\varepsilon}{2}\right)(1+\delta)<c+\varepsilon$$

因为$\{x_i\}_{i=1}^{N}$是$S(X)$的任意λ－分离子集，所以由$R_N(X)$的定义得$R_N(X)\leqslant c+\varepsilon$. 再由$\{R_n(X)\}$的单调性得

$$\lim_{n\to\infty}R_n(X)\leqslant R_N(X)\leqslant c+\varepsilon$$

再由$\varepsilon>0$的任意性得

$$\lim_{n\to\infty}R_n(X)\leqslant c\equiv\max_{1\leqslant j\leqslant k}\{\lim_{n\to\infty}R_n(X_j)\}$$

定理得证.

由[69;定义 3.1]，空间X称为是P－凸的，如果有某自然数n使$P_n(X)<\frac{1}{2}$，由式(1)知，这个条件等价于有某n使$R_n(X)<2$.

推论　若$X_j(j=1,2,\cdots,k)$都是P－凸的，则它们的l_p－乘积$X\equiv(X_1\oplus X_2\oplus\cdots\oplus X_k)_{l_p}(1\leqslant p<\infty)$也是$P$－凸的.

证明　由P－凸的定义，对每一j有n_j使得$R_{n_j}(X_j)<2$，所以

$$\max_{1\leqslant j\leqslant k}\{\lim_{n\to\infty}R_n(X_j)\}<2$$

由定理 5，$\lim\limits_{n\to\infty}R_n(X)<2$. 于是存在某$n$使$R_n(X)<2$，即$X$是$P$－凸的.

这一推论对无穷个空间的l_p－乘积不成立. 例如，令$\{p_n\}$是严格下降到 1 的数列，任取$p(1\leqslant p<\infty)$，令$X\equiv(l_{p_1}\oplus l_{p_2}\oplus\cdots)_{l_p}$. 由于每个$l_{p_j}$是一致凸的，从而是$P$－凸的([69;定理 3.6]). 但是每个$l_{p_j}$可等距嵌入到$X$中成为线性子空间，故有

$$R_N(X)\geqslant R_N(l_{p_j})\geqslant R_{\aleph_0}(l_{p_j})=2^{\frac{1}{p_j}}$$
$$(j=1,2,\cdots;N=2,3,\cdots)$$

所以$R_N(X)=2(N=2,3,\cdots)$，即X不是P－凸的.

需要十亿年才能看完的世界最长的数学证明*

附录Ⅱ

生命太短了，不该浪费时间去检验一个复杂而错误可能性又非常大的证明.

——马丁·加德纳

数学的真谛就在于不断寻求用越来越简单的方法证明定理和解决数学问题.

——马丁·加德纳

2016年7月9日，在法国波尔多举办国际2016年SAT电脑大会，来自美国得克萨斯大学、肯塔基大学和英国斯旺西大学的三名数学家表示，他们利用分块攻克策略(Cube-and-Conquer)这种混合性的可满足性测试方法，解答及证明了来自1970年葛立恒(Ron Graham)和匈牙利数学家爱尔迪希提出的拉姆塞理论的布尔毕氏三元数问题. 2016年7月

* 摘自《数学和数学家的故事》(第6册)，[美]李学数编著，上海科学技术出版社，2017.

11日，世界各国报纸以《美英数学家攻克世界难题　证明过程若看完需10亿年》的大标题报道轰动了世界的新闻.这是数学领域中的一项惊人消息，创造一个迄今为止最长的数学证明.

在数学上，判断一件事情的语句叫作“命题”，证明是指在一个特定的公理系统中，根据一定的规则或标准，由公理和定理推导出某些命题的过程.三位教授承认要证明他们的解答正确很难，因为在得克萨斯先进运算中心超级计算机的协助下产生的证明文件，大小达到200TB，相当于美国国会图书馆所有数码资料的总和，这也是人类迄今得到的最“长”的一个数学“证明”.

美国理论物理学家费恩曼(Richard Feynman)由于在量子电动力学的工作获得1965年诺贝尔物理学奖.他在中学时期数学很好，加入麻省理工学院，原先是念数学系，后来觉得数学的实用性不强，想转读电机工程，最后决定念物理专业.

他参与制造原子弹的曼哈顿计划，在洛斯阿拉莫斯，他和一群来自欧洲和美国的卓越数学家像冯·诺伊曼、乌拉姆(S. Ulam)在一起工作.他曾取笑他们：“你们数学家就是拿着显而易见的事情证明给人看的人.”

我们小学时期学习的整数加法及乘法运算，到了大学我们学到整数是可以用意大利数学家皮亚诺(Giuseppe Peano)的公理系统定义，而证明加法及乘法满足交换律 $a+b=b+a$，$a\times b=b\times a$，并不是一件容易的事.

直观上是对的东西，不一定正确.

“1＋1＝2”，直观上是对的，也是正确的.但是两位英国数学家怀特海(Alfred North Whitehead)与罗素(Bertrand Russell)为了完善数学的基础，花了十多年时间写了一本三大卷的《数学原理》，这是20世纪最伟大的数学书之一，近2 000页.《数学原理》竟然在360页之后才能介绍“1”，1＋1＝2要在第379页才能证明.

写书给罗素带来痛苦、焦虑，在1903年和1904年的夏天达到了高峰.

那段日子被他称为“彻底的智力僵局”(complete intellectual deadlock)：他每天早晨拿出一张白纸，除午饭外，整天就对着白纸枯坐，却往往一个字也写不出，认为是江郎才尽.他常到牛津附近一座跨越铁路的桥上去看火车，在情绪悲观时，看着一列列火车驶过，他有时会生出可怕的念头：也许明天干脆卧轨了结此生.

写完这书之后罗素很沮丧，在给一位朋友的信中称《数学原理》为“一本愚蠢的书”(a foolish book)，饱受煎熬的罗素不再搞数学了.

1910 ～ 1913年出版的《数学原理》里有很多鬼画符的怪符号，读者因为内容晦涩难懂而寥寥无几.罗素在1959年《我的哲学的发展》一书中表示，半个世纪过去了，读过《数学原理》后面部分的人据他所知只有六个！

长期担任牛津大学和剑桥大学数学教授的哈代(G. H. Hardy)是罗素的好友，在1940年出版的名著《一个数学家的辩白》(*A Mathematician's Apology*)中转述从罗素本人那里听来的一个噩梦 —— 那是在“公元2100年，剑桥大学图书馆的管理员拿着一个桶

在书架间巡视,他要把没用的书扔进桶里处理掉,管理员的脚步在三本大书前面停了下来,罗素认出了那正是自己的《数学原理》,而且是最后幸存的一套.管理员把那三本书从书架上抽了出来,翻了翻,似乎被数学符号所困惑,然后他合上了书,思索着是否该扔进桶里……"

哥德尔(Kurt Gödel)是20世纪的一位伟大的数理逻辑学家,他出生于奥地利,1930年在维也纳大学获博士学位.1930年夏天他提出第一不完备性定理:"任意一个包含算术系统在内的形式系统中,都存在一个命题,它在这个系统中既不能被证明,也不能被否定."通俗地讲是"任何一门数学中都有这样的命题,从这门数学中的已知事实出发,你不可能证明它对,也不可能证明它不对.""不完备性定理"是数理逻辑发展史上的一个重大研究成果,是数学与逻辑发展史的又一个里程碑.

我们熟悉的哥德巴赫猜想,直观是对的,但是"引无数英雄竞折腰",260年过去了,到现在还没有人能够证明它是正确的.——或许哥德巴赫猜想是不可判定的!

匈牙利数学家爱尔迪希是20世纪数学论文最多的数学家(读者可参看《数学和数学家的故事》(第1册)).他和葛立恒问:"是否存在一个整数n,使得1,2,3,4,…,n的每个整数涂上红色或蓝色,而它里面的所有勾股数没有同色的,这个性质在$n+1$时不存在?"这是一道35年悬而未决的数学难题.2015年5月,有三位计算机教授合写一篇论文《布尔毕氏三元数问题》,宣布解决了爱尔迪希和葛立恒的问题.

这里所说的“布尔毕氏三元数”(Boolean Pythagorean triple)，就是我们称为“勾股数”用两种颜色染色的问题.

奇妙的勾股数

在中学学几何，我们知道任意直角三角形的三条边“勾”a，“股”b，“弦”c 满足等式：$a^2+b^2=c^2$.

明显的，若 (a,b,c) 是勾股数，则对于任意正整数 k，(ka,kb,kc) 也是勾股数. 因此我们对三数互素的勾股数 (a,b,c) 感兴趣，即 $\mathrm{GCD}(a,b,c)=1$，我们称这样的数为素勾股数(primitive Pythagorean triple).

生成勾股数的公式如下

$$a=m^2-n^2, b=2mn, c=m^2+n^2$$

(a,b,c) 是素勾股数当且仅当 $\mathrm{GCD}(m,n)=1$，$m-n$ 是奇数.

例如：当 $m=4,n=3$ 时，$a=4^2-3^2=7$，$b=2\times4\times3=24$，$c=4^2+3^2=25$，则(7,24,25)便是一组素勾股数.

小于 300 的素勾股数有 47 个：

(3,4,5)	(5,12,13)	(8,15,17)
(7,24,25)	(20,21,29)	(12,35,37)
(9,40,41)	(28,45,53)	(11,60,61)
(16,63,65)	(33,56,65)	(48,55,73)
(13,84,85)	(36,77,85)	(39,80,89)
(65,72,97)	(20,99,101)	(60,91,109)
(15,112,113)	(44,117,125)	(88,105,137)
(17,144,145)	(24,143,145)	(51,140,149)
(85,132,157)	(119,120,169)	(52,165,173)

(19,180,181) (57,176,185) (104,153,185)
(95,168,193) (28,195,197) (84,187,205)
(133,156,205) (21,220,221) (140,171,221)
(60,221,229) (105,208,233) (120,209,241)
(32,255,257) (23,264,265) (96,247,265)
(69,260,269) (115,252,277) (160,231,281)
(161,240,289) (68,285,293)

对于任意偶数 $2n(n>1)$，都可构成一组勾股数：$2n,n^2-1,n^2+1$. 这是古希腊亚历山大港的数学家丢番图(Diopantus)所发现的.

爱尔迪希－葛立恒的问题

在20世纪70年代，葛立恒和爱尔迪希问："是否存在一个整数 n，使得 $1,2,3,4,\cdots,n$ 的每个整数涂上红色或蓝色，而它里面的所有勾股数没有同色的，这个性质在 $n+1$ 时不存在？"

例如取 $n=6$，我们可以这样对 1,2,3,4,5,6 涂上色：

红	蓝
1	5
3	2
4	6

(3,4,5) 是勾股数，3,4 涂红色，则 5 要涂蓝色.

而 $n=7$ 时，以下两种涂法仍能让所有勾股数不同色.

红	蓝
1	5
3	2
4	6
	7

红	蓝
1	5
3	2
4	6
7	

为什么这个问题难解决呢?

因为当我们延展 n,例如由 7 到 8,由 8 到 9,由 9 到 10,我们要考虑的情形就增大得很快. 每加入一个新的数字,就可能会多出一些三数组,复杂性就增加了,因此这种用“穷举法”的方法是行不通的.

葛立恒提供 100 美元作为解决这个拉姆塞型理论范畴中长久未解难题的奖赏.

把问题简化

美籍匈牙利数学家波利亚(George Pólya)曾在《怎样解题》(*How to Solve It*)一书中建议人们在解决数学问题时,若不能解这个问题,便先解一个有关的问题. 如果遇到困难可以尝试把条件改变一些,先变成容易的问题去考虑,这样有助于我们的思路.

因此我们试试不考虑勾股数,而是满足 $a+b=c$ 的(a,b,c),我们就称它为“和数组”,下面就是一些“和数组”

$$(1,2,3),(2,3,5),(1,4,5),(2,4,6)$$

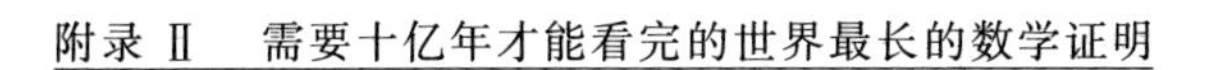

我们改写葛立恒的问题:“是否存在一个 n,使得 1,2,…,n 的所有和数组在涂上红色或涂上蓝色后,没有和数组是同色的,而这个性质在 $n+1$ 时不成立?”

我们就试 $n=6$,有两种染色法还没有发现同色和数组:

红	蓝
1	3
2	5
4	6

红	蓝
1	2
3	4
6	5

扩大到 $n=7$,可以把推理过程用判定树来描述这个判定过程,该图所示形象地表示:这两种染色法还没有发现同色的性质.

红	蓝
1	3
2	5
4	6

红	蓝
1	2
3	4
6	5

红	蓝
1	3
2	5
4	6
7	

红	蓝
1	3
2	5
4	6
	7

红	蓝
1	2
3	4
6	5
7?	7?

扩大到 $n=8$,我们发现仍然有这种性质:

红	蓝
1	3
2	5
4	6
7	

红	蓝
1	3
2	5
4	6
	7

红	蓝
1	3
2	5
4	6
7	8?

红	蓝
1	3
2	5
4	6
8	7

扩大到 $n=9$:

红	蓝
1	3
2	5
4	6
8	7

红	蓝
1	3
2	5
4	6
8	7
9?	

红	蓝
1	3
2	5
4	6
8	7
	9?

我们看到 9 不能涂红色或蓝色.

因此我们对于这个简化问题,找到答案 $n=8$.

德国犹太数学家舒尔(Issai Schur)在20世纪研究和数组,他导入下面的概念:

定义　令S是半群$(N,+)$的非空集,对于任何x,y在S中的元素,S满足性质:我们有$x+y$不在S里,则称这集为非和集.

显然,任何奇数集都是非和集.在1916年研究非和集,舒尔发现了下面的定理:

舒尔定理　令$r\geqslant 1$,则存在一个最小的整数$s(r)$,使得任意$N\geqslant s(r)$,我们可以用r种颜色对$\{1,2,\cdots,N\}$进行染色,使得存在同色(x,y,z)三元素满足$x+y=z$.

他可以利用这个原理,证明与费马最后定理有关的结论:

定理　令$n>1$,存在一个整数$s(n)$,使得对于所有的素数$p>s(n)$,同余方程$x^n+y^n\equiv z^n(\bmod p)$有解,且$p$不能整除$xyz$.

三色毕氏数问题

如果二染色的问题难以解决,我们就考虑用三色来染,可能就会容易些,因为自由度增加了.

我们用绿、橙、黄三色来涂整数,问题是:“是否存在一个n,对$1,2,3,\cdots,n$的每个整数涂上绿色、橙色或黄色,而它里面的所有勾股数没有同色的,而这个性质在$n+1$时不成立?”

这个问题比二色毕氏数问题简单许多,我们利用前面小于300的奇勾股数表,很容易验证$n=110$.

三侠客出马

休勒(Marijn Heule)、库曼(Oliver Kullman)和马雷克(Victor Marek)分别是美国得克萨斯大学、英国斯旺西大学及美国肯塔基大学的教授,他们利用“分块攻克”策略证明“布尔毕氏三元数问题”的解是 $n=7\ 824$.

不过,他们承认要证明这一解答很难,因为在得州先进运算中心超级计算机(这个电脑有 800 个中央处理器)协助下产生的证明文件,大小达到 200 TB,相当于美国国会图书馆所有数码资料的总和,这也是人类迄今得到的最“长”的一个数学“证明”.

证明显示一直到 7 824 这个数字为止,这种染色方式是可能的,可是超过这个数字就不行,当 $n=7\ 825$ 时,就找不到解.加入 7 825 这个数字的时候,形成的新图达到了“不管怎样染色都会有某个三勾股数组同色”的要求.$\{1,2,\cdots,7\ 825\}$ 约有 $10^{2\ 300}$ 种染色方法,研究人员利用对称性和数论技术设法将计算机需要检查的可能染色方法减少到 1 万亿以内,然后 Stampede 超级计算机足足跑了两天才得到这种证明.

他们的论文和数据占据电脑容量 200 TB,这个量是多大呢?

俄国作家托尔斯泰(Leo Tolstoy)历时六年写的《战争与和平》是公认最长的巨著,被称为“世界上最伟大的小说”,作品被译为各国文字,销售量累积超过 5 亿册.$1\ \text{TB}=1\ 024\ \text{GB}=2^{40}$ 字节,相当于 337 920 本《战争与和平》.200 TB 是相当于六千万本《战争与和平》,也差不多是美国国会图书馆的藏书量.以一目十

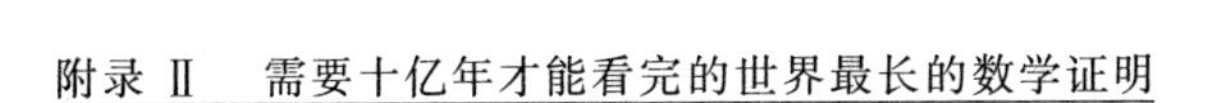

行的速度要把论文全部读完估计得花 10 亿年的时间!

休勒、库曼和马雷克在 2015 年 5 月把论文发表在预印本网站上,而休勒在 2016 年 4 月 14 日到葛立恒所在的加州大学圣迭戈分校做了一个演讲. 马丁·加德纳曾说:“生命太短了,不该浪费时间去检验一个复杂而错误可能性又非常大的证明.”休勒、库曼和马雷克的主要贡献在于运用电子计算机完成了这件人没有能够完成的事,解决了人们多年来无法解决的理论问题. 它表明,靠人与机器合作,有可能完成连最著名的数学家至今也束手无策的工作. 而论文的复杂性使人们几乎无法去检查细节. 休勒希望能够找到非机器的直接证明.

顺便一提,20 多年来,许多研究者一直努力利用计算机来协助解决这个问题,但都没有解决. 2008 年南卡罗来纳大学的库柏(Joshua Cooper) 及在弗吉尼亚理工大学的波莱尔(Chris Poirel) 用几百个小时算出 1 到 1 344 的整数集合,都没有同色的布尔毕氏三元数. 2012 年库柏的硕士生凯(W. Kay) 证明了 1 到 1 514 的整数集合都有二染色满足没有同色的布尔毕氏三元数.

动脑筋,算算看

1. 是否存在一个 n,在 $1,2,3,\cdots,n$ 的每个整数涂上红色或蓝色,而它里面的所有(x,y,z) 满足

$$x+y=2z$$
$$x+y=3z$$
$$2x+y=z$$
$$2x+3y=z$$
$$x^2+y=z$$
$$x^2+y^2=z$$

没有同色的，而这个性质在 $n+1$ 时不成立？

2. 是否存在一个 n，在 $1,2,3,\cdots,n$ 的每个整数涂上绿色、红色或蓝色，而它里面的所有 (x,y,z) 满足

$$x+y=2z$$
$$x+y=3z$$
$$2x+y=z$$
$$2x+3y=z$$
$$x^2+y=z$$
$$x^2+y^2=z$$

没有同色的，而这个性质在 $n+1$ 时不成立？

陶哲轩论:Szemerédi 定理

附录

在陶哲轩的新著 *What is Good Mathematics* 中指出:

现在我们从一般转向特殊,通过考察 Szemerédi 定理——那个声称任何具有正(上)密度的整数子集必定包含任意长度算术序列的漂亮而著名的结果——的内容及历史来说明上段所述的现象.这里我将避免所有的技术细节.[译者注:1.整数子集 A 的“上”密度,指的是

$$\limsup_{N\to\infty}\frac{|A\cap[-N,N]|}{2N}$$

其中序列 a_N 的上极限 $\limsup\limits_{N\to\infty} a_N$ 定义为

$$A_N=\sup k\geqslant N_{a_k}$$

的极限.2.算术序列(在后文中有时被简称为序列)指的是由整数组成的等差序列,序列中的整数个数称为算术序列的长度.]

$$\limsup_{n\to\infty}\frac{|A\cap\{1,2,3,\cdots,n\}|}{n}>0$$

这个故事有许多个自然的切入点.我将从拉姆塞定理——任何有限着色

的足够大的完全图必定包含大的单色完全子图(比如任意六人中必有三人要么彼此相识,要么彼此陌生,假定"相识"是一个有良好定义的对称关系)—— 开始.这个很容易证明(无须用到比迭代鸽笼原理更多的东西)的结果代表了一种新现象的发现,并且开辟了一系列新的数学结果:拉姆塞型定理.这些定理中的每一个都是数学上一个新近洞察的观点"完全无序是不可能的"的不同表述.[译者注:1.完全图指的是任意两个顶点间都有边相连的图.2.鸽笼原理也叫狄利克雷抽屉原理,它最简单的版本指的是将 $n > k$ 件东西放入 k 个容器中,其中至少有一个容器含有多于一件东西.]

最早的拉姆塞型定理之一(事实上比拉姆塞定理还早了几年)是范·德·瓦尔登定理:给定整数集的一个有限着色,其中必有一个单色类包含任意长度算术序列.范·德·瓦尔登的高度递归的证明非常优美,但有一个缺点,那就是它给出的出现第一个给定长度算术序列的定量下界弱得出奇.事实上,这个下界含有序列长度和着色种数的阿克曼(Ackermann)函数.爱尔迪希和图兰(Turán)所具有的良好数学品位,以及希望在(当时还是猜想的)素数是否包含任意长度算术序列这一问题上获取进展的企图,使他们对这一定量问题做了进一步的探究[注七].他们推进了一些很强的猜想,其中一个成了 Szemerédi 定理;另一个则是一个漂亮(但尚未证明)的更强的命题,它声称任何一个倒数和非绝对可和的正整数集都包含任意长度算术序列.[译者注:1.译文"定量下界"所对应的原文是比较笼统的"quantitative bounds"(即未指明是上界还是

下界).2.阿克曼函数 $A(m,n)$(其中 m,n 为非负整数)的递归定义是:$A(0,n)=n+1$;$A(m,0)=A(m-1,1)$;$A(m,n)=A(m-1,A(m,n-1))$,它的增长速度快于任何初等递归函数(包括指数函数).3.Tao 对爱尔迪希和图兰所提出的"更强的命题"的表述略显冗余,其中"非绝对可和"可简化为"非可和"或"发散"(因为他所讨论的是正整数集).]

在这些猜想上的第一个进展是一系列反例,最终汇集为 Behrend 对不存在长度 3 算术序列的适度稀疏集(对于任意给定的 ε,这个集合在 $\{1,2,\cdots,N\}$ 中的密度渐近地大于 $N-\varepsilon$)的优美构造.这一构造排除了爱尔迪希－图兰猜想中最具野心的部分(它猜测多项稀疏集包含大量的序列),而且还排除了很大一类解决这些问题的方法(比如那些基于柯西－施瓦兹(Cauchy-Schwarz)或赫尔德(Hölder)之类不等式的方法).这些例子虽不能完全解决问题,但它们表明爱尔迪希－图兰猜想若成立,将需要一个非平凡的(从而想必是有趣的)证明.

下一个主要进展来自于罗斯(Roth),他以一种优美的方式运用哈代－李特伍德(Hardy-Littlewood)的圆法[注八]及一种新的方法(密度增量论证),确立了罗斯定理:每一个密度为正的整数集都包含无穷多个长度 3 序列.接下去很自然的就是试图将罗斯的方法推广到更长的序列.罗斯和许多其他人在这方面花费了好几年的时间,却没能取得完全的成功.困难的起因直到很久之后才由于 Gowers 的工作而得到显现.问题的解决则依靠了 Endré Szemerédi 的惊人才华,他重新回到了纯粹的组合方法上(特别是把密度增量论证推进到了一个令人瞩目的技术复杂度上），将罗斯的结果首先推广到长度 4［注九］，然后到任意长度，从而确立了他的著名定理. Szemerédi 的证明是一项技术绝活，它引进了许多想法和新技巧，其中最重要的一个是引进了看待极端复杂图的新方法，即通过有界复杂模型来取近似. 这一结果，即著名的 Szemerédi 正规性引理（Szemerédi regularity lemma），在很多方面都引人注目. 如上所述，它给出了有关复杂图结构的全新洞察（在现代术语中，这被视为那些图的结构定理和紧致定理）；它提供了一种将在本故事后面部分变得至关重要的新的证明方法［能量增量方法（energy increment method）］；它还导致了从图论到性质检验到加性组合学的数量多得难以置信的意外应用. 可惜的是，正规性引理的完整故事太过冗长，无法在这里加以叙述. ［译者注：1. 性质检验（property testing）是图论及组合学中一类相当困难的判定问题. 2. 加性组合学（additive combinatorics）是一个旨在研究集合中加性结构的数学分支.］

Szemerédi 的成就无疑是本故事的一个重点，但它绝不是故事的终结. Szemerédi 对其定理的证明虽然初等，却极为复杂、不易理解，并且它也没能完全解决启发爱尔迪希和图兰进行研究的原始问题，因为这一证明本身在两个关键地方用到了范・德・瓦尔登定理，从而无法改进该定理中的定量下界. 接下来是 Furstenberg，他的数学品位使他试图寻找一种本质上不同的（高度非初等的［注十］）证明，他所依据的是组合数论与各态历经理论之间富有远见的类比，这一类比很快被他表述为很有用的 Furstenberg 对应原理.

从这个原理[注十一]人们可以很容易地得出结论：Szemerédi 定理等价于保测体系中的多重回归定理，由此可以很自然地直接运用各态历经理论中的方法，特别是通过考察这种体系中各种可能的分类及结构分解(比如各态历经分解)来证明这一定理(现在被称为 Furstenberg 回归定理). 事实上，Furstenberg 很快建立了 Furstenberg 结构定理. 这一定理把所有保测体系都描述为一个平凡体系的一系列紧致拓展(compact extension)的弱混合拓展(weakly mixing extension). 在这一定理及几个附加论证(包括范·德·瓦尔登论证的一个变种)的基础上可以确立多重回归定理，从而给出 Szemerédi 定理的一个新的证明. 同样值得一提的是 Furstenberg 还撰写了有关这一领域及相关课题的优秀著作，在对这一领域的成长及发展做出重大贡献的同时对基础理论做了系统的形式化.

Furstenberg 与其合作者随后意识到这一新方法所具有的强劲潜力可以用来确立许多类型的回归定理，后者(通过对应原理)又可以产生一些高度非平凡的组合定理. 顺着这一思路，Furstenberg，Katznelson 及其他人获得了 Szemerédi 定理的许多变种和推广，比如高维空间的变种，他们甚至确立了 Hales-Jewett 定理的密度版本(这是范·德·瓦尔登定理的一个非常有力及抽象的推广). 这些通过无穷各态历经理论技巧所获得的结果中的许多，人们至今也不知道是否存在“初等”证明，这证实了这种方法的力量. 不仅如此，作为这些努力的一个有价值的副产品，人们还获得了对保测体系结构分类的深刻得多的理解. 特别是人们意识到对于许多类型的回归问题,一个任意体系的渐近回归性质几乎完全由该体系的一个特殊因子所控制,这个因子被称为该体系的(最小)特征因子[注十二]. 确定各类回归中这一特征因子的精确性质于是便成了研究的焦点,因为这将导致有关极限行为的更精确的信息(特别是它将显示与多重回归有关的某些渐近表达式实际上收敛于一个极限,这在 Furstenberg 的原始论证中是悬而未决的). Furstenberg 和 Weiss 的反例,及 Conze 和 Lesigne 的结果,逐渐导致一个结论,即这些特征因子应该由一个非常特殊的(代数型的)保测体系,即与幂零群(nilpotent group)相联系的零系统(nilsystem)来描述. 这些结论的集大成者是对这些因子给予精确及严格描述的技术上引人注目的 Host 和 Kra 的论文(及随后的 Ziegler 的论文),它在得到其他一些结果的同时解决了刚才提到的渐近多重回归平均的收敛性问题. 这些特征因子所扮演的核心角色相当充分地表明了存在于(由零系统所表示的)结构与(由某些技术型的"混合"性质所刻画的)随机性之间的二向性(dichotomy),以及一种深刻的见解,即 Szemerédi 定理的力量实际上是源于这一二向性. Host-Kra 分析的另一个值得一提的特点是平均概念在"立方体"或"超平行体"中令人瞩目的出现,出于一些原因,它比与算术序列有关的多重回归平均更易于分析. [译者注:1. Hales-Jewett 定理的大致内容是:如果用 m 种颜色来给一个边长为 n 的多维点阵着色,那么只要点阵的维数足够高,就必定存在同色的长度为 n 的行、列、对角线等. 2. "dichotomy" 在数学与逻辑中通常译为二分法,不过在此似以译成"二向性"或"二

重性”为佳,因为“二分法”这一译名过于强调两种性质之间的区分而非联系].

与这些各态历经理论的进展相平行,其他数学家则在寻找用别的方式来理解、重新证明及改进 Szemerédi 定理. Ruzsa 和 Szemerédi 取得了一个重要的概念突破,他们用上面提到的 Szemerédi 正规性引理确立了一些图论中的结果,包括现在被称为三角消除引理(triangle removal lemma)的引理,其大致内容是说一个包含少数三角形的图中的三角形可以通过删除数目少得令人惊讶的边而消除. 他们随后发现前面提到的 Behrend 例子对这一引理的定量下界给出了某种极限,特别是它排除了许多类型的初等方法(因为那些方法通常给出多项式型的下界),事实上迄今所知消除引理的所有证明都是通过正规性引理的某些变种. 将这一联系反过来应用,人们发现其实三角消除引理蕴涵了罗斯关于长度 3 序列的定理. 这一发现首次开启了通过纯图论技巧证明 Szemerédi 型定理的可能性,从而抛弃了问题中几乎所有的加性结构(注意各态历经方法仍然保留了这一结构,以作用在系统上的移位算符的面目而出现;Szemerédi 的原始证明也只是部分是图论的,因为它在许多不同环节用到了序列的加性结构). 不过,一段时间之后人们才意识到图论方法与先于它出现的傅里叶分析方法在很大程度上局限于检测像三角形或长度 3 序列那样的“低复杂度”结构,检测更长的序列将需要复杂得多的超图理论. 特别的,这启示了(由 Frankl 和 Rödl 率先提出的)一个计划,意在寻找超图理论中正规性引理的类比,这将足以产生像 Szemerédi 定理(及其变种和推广)那样的推论. 这被证明是一项复杂得令人吃惊的工作,尤其是要仔细安排这种正规化中参数的等级[注十三],使之以正确的顺序相互主导. 事实上,能够从中推出 Szemerédi 定理的正规性引理及与之相伴的记数引理(counting lemma)的最终证明直到最近才出现. Gowers 的很有教益的反例也是值得一提的,它表明原始的正规性引理中的定量下界必须至少是塔状指数形式(tower-exponential),从而再次显示这一引理非同寻常的性质(和力量).[译者注:1. 三角形消除引理中的“少得令人惊讶”是相对于三角形的数目而言的,它指的是用删除 $O(n_2)$ 条边来消除 $O(n_3)$ 个三角形. 2. 超图(hypergraph)是普通图的推广,在其中边可以连接两个以上的顶点(类似于多元关系).]

自罗斯之后未曾有实质进展的傅里叶分析方法最终由 Gowers 做了重新考察. 和其他方法一样,傅里叶分析方法首先确立了整数集中的二向性,即它们在某种意义上要么是有结构的,要么是伪随机的. 这里的结构这一概念是由罗斯提出的:有结构的集合在中等长度算术序列上有一个密度增量,但有关伪随机或“均匀性”的正确概念却没那么清楚. Gowers 提出了一个反例(事实上这一反例与前面提到的 Host 与 Kra 的例子有着密切的关系),表明以傅里叶分析为基础的伪随机概念对于控制长度 4 或更长的序列是不够的,他随后引进了一个满足需要的不同的均匀性概念(与 Host 和 Kra 的立方体平均有很密切的关系,与某些超图正规性的概念也有关系). 剩下的工作就是为二向性确立一个定量且严格的形式. 这却是一项困难得出人意料的工作(主要是由于这一方法中傅里叶变换的效用有

限)，并且在许多方面与 Host-Kra 及 Ziegler 试图将特征因子赋予零系统代数结构的努力相类似. 但是，通过将傅里叶分析工具与诸如 Freiman 定理和 Balog-Szemerédi 定理等加性组合学的主要结果，及一些新的组合与概率方法结合在一起，Gowers 用令人瞩目的高超技巧成功地完成了这一工作，并且他得到了有关 Szemerédi 定理和范・德・瓦尔登定理的非常强的定量下界[注十四]. [译者注：Freiman 定理是一个有关具有小和集的整数集中算术序列性质的定理(一个整数集 A 的和集 $A+A$ 是由该整数集本身及其中任意两个数的和组成的集合，小和集则是指 $|A+A|$).]

总结起来，人们给出了 Szemerédi 定理的四种平行的证明：一种是通过直接的组合方法，一种是通过各态历经理论，一种是通过超图理论，还有一种是通过傅里叶分析及加性组合学. 即使有了这么多的证明，我们依然觉得有关自己对这一结果的理解还不完全. 例如，这些方法中没有一种强到能够检测素数中的序列，这主要是由于素数序列的稀疏性(不过，傅里叶方法，或更确切地说哈代－李特伍德－维诺格拉多夫(Hardy-Littlewood-Vinogradov) 圆法，可以用来证明素数中存在无穷多长度 3 序列，并且在付出很大努力后可以部分地描述长度 4 序列). 但是通过调和分析中的限制理论(这是另一个我们将不在这里讨论的引人入胜的故事)，Green 能够将素数"当成"稠密来处理，由此得到了一个有关素数稠密子集的类似于罗斯定理的结果. 这为相对 Szemerédi 定理(relative Szemerédi theorem) 开启了可能性，使人们能检测整数集以外的其他集合，比如素数的稠密子集中的算术序列. 事实上,一个与相当稀疏的随机集合的稠密子集有关的相对罗斯定理(relative Roth theorem)的原型已经出现在了图论文献中.

在与 Ben Green 的合作[注十五]中,我们开始试图将 Gowers 的傅里叶分析及组合论证方法相对化到诸如稀疏随机集合或伪随机集合的稠密子集这样的情形中.经过许多努力(部分地受到超图理论的启示,它已被很好地用来计算稀疏集合中的结构;也部分地受到 Green 正规性引理的启示,它将图论中的"算术正规性引理"转用到了加性理论中),我们逐渐能够(在一项尚未发表的工作中)检测这类集合中的长度 4 序列.这时候,我们意识到了我们所用的正规性引理与 Host-Kra 有关特征因子的构造之间的相似性.通过对这些构造的置换[注十六](特别依赖于立方体平均),我们可以确立一个令人满意的相对 Szemerédi 定理,它依赖于一个特定的转化原理(transference principle),粗略地说,该原理断言稀疏伪随机集合的稠密子集的行为"就好比"它们在初始集合中就是稠密的.为了将这一定理应用于素数,我们需要将素数包裹在一个适当的伪随机集合(或者更确切地说,伪随机测度)中.对我们来说很偶然的是,Goldston 和 Yildirim 最近有关素数隙的突破[注十七][注十八]几乎恰好构造了我们所需要的东西,使我们最终确立了早年的猜想,即素数集包含任意长度的算术序列.[译者注:1.这里提到的 Tao 与 Green 合作所得的结果"素数集包含任意长度的算术序列"被称为 Green-Tao 定理.2.这里提到的 Goldston 和 Yildirim 的工作,及原文[注十七]提到的故事可参阅《孪生素数猜想》及该文

末尾的补注.]

故事到这里仍未结束,而是继续沿几个方向发展着.一方面转化原理现在已经有了一些进一步的应用,比如获得高斯素数中的组团(constellation)或有理素数中的多项序列.另一个很有前途的研究方向是傅里叶分析、超图理论及各态历经方法的彼此汇聚,比如发展图论与超图理论的无穷版本(它在其他数学领域,如性质检验中也有应用),或各态历经理论的有限版本.第三个方向是使控制各态历经情形下的回归的零系统也能控制算术序列的各种有限平均.特别的,Green 和我正在积极地计算素数及由零系统(通过维诺格拉多夫方法)产生的序列之间的关联,以便确立能够在素数中找到的各种结构的精确渐近形式.最后,但并非最不重要的是最初的爱尔迪希－图兰猜想,它在所有这些进展之后仍未得到解决,不过现在 Bourgain 已经取得了一些非常有希望的进展,这应该能引导出进一步的发展.[译者注:1.高斯素数(Gaussian prime)是素数概念在高斯整数集(即形如 $m+ni$ 的复数组成的集合,其中 m,n 均为整数)中的推广.2.有理素数(rational prime)是普通素数在高斯整数集中的称谓.]

结　　论

如我们在上述个例研究中可以看到的,好数学的最佳例子不仅满足本文开头所列举的数学品质判据中的一项或多项,更重要的,它是一个更宏大的数学故事的一部分,那个故事的展开将产生许多不同类型的进一步的好数学.实际上,人们可以将整个数学领域的历史看成是主要由少数几个这类好故事随时间的演化及相互影响所产生的.因此我的结论是,好数学不仅仅是前面列举的一个或几个"局部"品质来衡量的(尽管那些品质无疑是重要且值得追求与争论的),还要依赖于它如何通过继承以前的成果或鼓励后续发展来与其他数学相匹配这样更"全局"的问题.当然,如果不凭借后见之利,要确切地预言什么样的数学会具有这种品质是困难的.不过实际上似乎存在某种无法定义的感觉,使我们能感觉到某项数学成果"触及什么东西",是一个有待进一步探索的更大谜团的一部分.在我看来,追求这种对发展潜力的难以言状的保障,对数学进展来说起码是与前面列举的更具体、更显然的数学品质同等重要的.因此我相信,好数学并不是单纯的解题、构筑理论、对论证进行简化、强化、明晰化,使论证更优美、更严格,尽管这些无疑都是很好的目标.在完成所有这些任务(及争论一个给定领域中哪一个应该有较高的优先权)的同时,我们应该关注我们的结果所可能从属的任何更大的范围,因为那很可能会对我们的结果、相应的领域,乃至整个数学产生最大的长期利益.

注　释

[注一] 上述列举无意以完备自居.尤其是,它主要着眼于研究性数学文献中的数学,而非课堂、教材或自然科学等接近数学的学科中的数学.

[注二] 特别值得指出的是数学严格性虽然非常重要,却只是界定高品质数学的因素之一.

[注三] 一个相关的困难是,除了数学严格性这一引人

注目的例外，上述品质大都有点主观，因而含有某种不精确性与不确定性. 我们感谢 Gil Kalai 强调了这一点.

［注四］稀缺资源的例子包括钱、时间、注意力、才能及顶尖刊物的版面.

［注五］这一问题的另一个解决方法是利用数学资源也是多维这一事实. 比如人们可以为展示、创造性等设立奖项，或为不同类型的成果设立不同的杂志. 我感谢 Gil Kalai 对这一点的洞察.

［注六］这一现象与 Wigner 所发现的“数学的不合理有效性”(unreasonable effectiveness of mathematics) 有一定的关联.［译者注：Wigner 的这一说法见于他 1960 年发表的文章“The Unreasonable Effectiveness of Mathematics in the Natural Sciences”.］

［注七］爱尔迪希也研究了拉姆塞原始定理中的定量下界，由此导致的结果中包括了对在组合学中极其重要的概率方法的确立，不过这本身就是一个很长的故事，我们没有足够的篇幅在这里讨论.

［注八］同样，圆法的历史也是一段我们无法细述的精彩故事. 不过只要提这样一点就足够了，那便是用现代语言来说，这一方法是“傅里叶分析是解决加性组合学问题的重要工具”这一现代标准见解的一部分.

［注九］在这之后，罗斯很快就将 Szemerédi 的想法与他自己的傅里叶分析方法组合在一起，给出了针对长度 4 序列的 Szemerédi 定理的混合证

明.

[注十] 比方说,某些版本的 Furstenberg 论证严重依赖于选择公理,尽管将之修改为不依赖选择公理也是可能的.

[注十一] 对拓扑动力系统也存在类似的对应原理将范·德·瓦尔登定理与多重回归定理等价起来.这引出了有关拓扑动力学的迷人故事.

[注十二] 这方面的早期例子是钮曼(von Neumann)的平均各态历经定理,在其中移位不变函数(shift-invariant function)的因子控制了移位简单平均的极限行为.

[注十三] 这一等级看来与 Furstenberg 在其使保测体系"正规化"的类似探索中所遇到的一系列拓展有关,尽管我们现在对其确切关联还了解得很少.

[注十四] 同样值得一提的是 Shelah 有关范·德·瓦尔登定理的杰出的创造性证明,它曾经保持着有关这一定理的最佳常数的纪录.

[注十五] 顺便说一下,我最初被这些问题所吸引是因为它们与另一个重大的数学故事,我们在此处没有篇幅讨论的 Kakeya 猜想,之间的联系.它们与前面提到的有关限制理论的故事之间的关系则是多少有点出人意料的.

[注十六] 出于几个原因,这里有一点技巧性.最明显的是各态历经构造本质上是无穷的,但为了处理素数必须在有限的情况下使用.幸运的是,我曾经尝试过将各态历经方法有限化以便应用于 Szemerédi 定理.虽然那一尝试在

当时并不完全,但后来发现它足以对我们研究素数提供帮助.

[注十七] 在我们写论文的时候,我们所采用的构造来自于 Goldston 和 Yildirim 的一篇文章,那篇文章曾因为一个与我们工作无关的缺陷而被他们收回,后来他们通过一些聪明的新想法弥补了缺陷.这对我们前面提到的一个观点,即一项数学工作不一定要在所有细节上都绝对正确才能对未来的(严密)工作有所助益,是一种支持.

[注十八] 有关素数隙的故事也是一个我们无法在这里讲述的有趣的故事.

参考文献

[1] CHVÁTAL V. Tree-complete Ramsey numbers[J]. J. Graph Theory,1977,1:93.

[2] BURR S A,PALL ERDÖS. Generalizations of a Ramsey-theoretic result Chvátal[J]. J. Graph Theory,1983,7:39-50.

[3] CHARTRAND G,GOULD R J,POLIMENT A D. On the Ramsey number of forests versus nearly complete graphs[J]. J. Graph Theory, 1980,2:233.

[4] GOULD R J,JACOBSON M S. On the Ramsey numbers of trees versus graphs with large cligue number[J]. J. Graph Theory,1983,7:71.

[5] CHUNG F P K,GRINSTEAD C M. A survey of bounds for classical Ramsey numbers[J]. J. Graph Theory,1983,7:25-37.

[6] SHASTRI A. Lower bounds for bi-colored quaternary Ramsey numbers[J]. Discrete Mathematics,1990,84:213-216.

[7] EXOO G. A lower bound for $R(5,5)$[J]. J. Graph Theory,1989,13:97-98.

[8] RAMSEY F P. On a problem of formal logic[J]. Proc. London Math. Soc. ,1930,30(2): 361-376.

[9] GRAHAM R L,ROTHSCHILD B L,SPENCER

J. Ramsey theory[M]. 2nd ed. New York:John Wiley & Sons,1990.

[10] PROMEL H J,VOIGT B. Aspects of Ramsey theory[M]. Berlin:Springer-Verlag,1991.

[11] MONK J D. Mathematical logic[M]. Berlin: Springer-Verlag,1976.

[12] BONDY J A,MURTY U S R. Graph theory with applications[M]. London:MacMillan Press LTD, 1976.

[13] BOLLOBÁS B. Graph theory an introductory course[M]. New York:Springer-Verlag,1976.

[14] HIRSCHFELD J. A lower bound for Ramsey's theorem[J]. Discrete Mathematics,1980,32: 89-91.

[15] RICHARR A B. Introductory combinatorics[M]. Amsterdam:Elsevier North-Holland,Inc. ,1977.

[16] JOHN R I. $N(5,4;3) \geqslant 24$[J]. J. Combinatorial Theory,Series A,1983,34:379-380.

[17] 宋恩民. Ramsey 数的新性质研究[J]. 应用数学, 1994,7(2):216-221.

[18] RADZISZOWSKI S P. Small Ramsey numbers[J]. The Electronic Journal of Combinatorics,2001(8):1-35.

[19] GREENWOOD R E,GLEASON A M. Combinatorial relations and chromatic graphs[J]. Canadian Journal of Mathematics, 1955,7:1-7.

[20] MCKAY B D,RADZISZOWSKI S P. Subgraph

counting identities and Ramsey numbers[J]. Journal of Combinatorial Theory, Series B, 1997, 69: 193-209.

[21] 李乔. 组合数学基础[M]. 北京：高等教育出版社，1993.

[22] 李乔. 拉姆塞理论[M]. 长沙：湖南教育出版社，1990.

[23] SU Wen-long, LUO Hai-peng, LI Qiao. New lower bounds of classical Ramsey numbers $R(4,12)$, $R(5,11)$ and $R(5,12)$[J]. Chinese Science Bulletin, 1998, 43: 528.

[24] KALBFLEISCH J G. Construction of special edge chromatic graphs[J]. Canadian Mathematical Bulletin, 1965, 8: 575-584.

[25] EXOO G. On two classical Ramsey numbers of the form $R(3,n)$[J]. SIAM Journal of Discrete Mathematics, 1989, 2: 488-490.

[26] SU Wenlong, LUO Haipeng, SHEN Yunqiu. New lower bounds for classical Ramsey numbers $R(5,13)$ and $R(5,14)$[J]. Applied Mathematics Letters, 1999, 12: 121-122.

[27] SU Wenlong, LUO Haipeng, LI Qiao. Lower bounds for multicolor classical Ramsey numbers $R(q,q,\cdots,q)$[J]. Science in China, Series A, 1999, 42(10): 1019-1024.

[28] 吴康，苏文龙，罗海鹏. 8 个经典多色 Ramsey 数的新下界[J]. 南京师范大学学报，2000，23(3)：15-19.

[29] LUO Haipeng, SU Wenlong, LI Zhengchong. The properties of self-complementary graphs and new lower bounds for diagonal Ramsey numbers[J]. Australasian Journal of Combinatorics, 2002, 25: 103-116.

[30] SU Wenlong, LI Qiao, LUO Haipeng, et al. Lower bounds of Ramsey numbers based on cubic residues[J]. Discrete Mathematics, 2002, 250: 197-209.

[31] 吴康,苏文龙,罗海鹏. 拉姆塞数 $R(3,28)$ 新下界的并行计算[J]. 计算机应用研究,2004,9:40-41.

[32] WU Kang, SU Wenlong, LUO Haipeng, et al. New lower bounds for seven classical Ramsey numbers $R(3,q)$[J]. Applied Mathematics Letters, 2009, 22: 365-368.

[33] XU Min, XU Junming, SUN Li. The forwarding index of the circulant networks[J]. 数学杂志,2007,6:623-629.

[34] RADZISZOWSKI S P. The Ramsey numbers and $R(K_3, K_8 - e)$ and $R(K_3, K_9 - e)$ [J]. Combinatorial Mathematics & Computing, 1990, 8: 137-145.

[35] 王清贤,王攻本,阎淑达. Ramsey 数 $R(K_3, H_q - e)$[J]. 北京大学学报(自然科学版),1998,34(1):15-20.

[36] 谢建民,于洪志. 三色 Ramsey 数 $R(3,4,11)$ 的下界[J]. 甘肃科学学报,2007,19(2):5-8.

[37] GREENWOOD R E, CLEASON A M.

Combinatorial relations and chromatic graphs[J]. Canadian J. Math. ,1955,7:1-7.

[38] PARSONS T D. Ramsey graph theory, in selected topic in graph theory[M]. London: Academic Press Inc. ,1978.

[39] GOODMAN A W. On sets of acquaintances and strangers at any party[J]. Amer Math. Monthly,1959,66:778-783.

[40] HARARY F. The two triangle cases of the acquaintances [J]. Graph, Math. Mag. ,1972, 45:130-135.

[41] CAPOBIANCO M, MOLLUZZO J C. Examples and counterexamples in graph theory[M]. New York: Elsevier North-Holland, Inc. ,1978.

[42] BOSTWICK C W. E1321[J]. Monthly,1958, 65:446.

[43] ERDÖS P, RADO R. A partition calculus in set theory[J]. Bull. Amer. Math. Soc. ,1956,62:427-488.

[44] GREENWOOD R E, GLEASON A M. Combinatorial relations and chromatic graphs[J]. Canadian J. Math. ,1955,7:1-7.

[45] RAMSEY F P. On a problem of formal logic[J]. Proc. London Math. Soc. ,1930,30(2):264-286.

[46] BOLZE R, HARBORTH H. The Ramsey number $R(K_4-x, K_5)$[J]. The Theory and Applications of Graphs, New York: John Wiley & Sons,1981:109-116.

[47] CHVATAL V, HARARY F. Generalized Ramsey

theory for graphs, Ⅱ. small diagonal numbers[J]. Proceedings of American Mathematical Society, 1972, 32: 389-394.

[48] CHVATAL V, HARARY F. Generalized Ramsey theory for graphs, Ⅲ. small off-diagonal numbers[J]. Pacific Journal of Mathematics, 1972, 41: 335-345.

[49] CLANCY M. Some small Ramsey numbers[J]. J. Graph Theory, 1977, 1: 89-91.

[50] CLAPHAM C, EXOO G, HARBORTH H, et al. The Ramsey number of $K_5 - e$[J]. J. Graph Theory, 1989, 13: 7-15.

[51] EXOO G. A lower bound for $R(K_5 - e, K_5)$[J]. Utilitas Mathematica, 1990, 38: 187-188.

[52] EXOO G, HARBORTH H, MENGERSON I. The Ramsey number of K_4 versus $K_5 - e$[J]. Ars Combinatorial, 1988, 25A: 277-286.

[53] FAUDREE R J, ROUSSEAU C C, SCHELP R H. All triangle-graph Ramsey numbers for connected graphs of order six[J]. J. Graph Theory, 1980, 4: 293-300.

[54] FAUDREE R J, ROUSSEAU C C, SCHELP R H. Studies related to the Ramsey number $R(K_5 - e)$[J]. Graph Theory and Its Applications to Algorithms and Computer Science. New York: John Wiley & Sons, 1985, 251-171.

[55] GRAVER J E, YACKEL J. Some graph theoretic results associated with Ramsey's theorem[J]. J. Combinatorial Theory, 1968, 4: 125-175.
[56] GRENDA U, HARBORTH H. The Ramsey number $R(K_3, K_7 - e)$[J]. Journal of Combinatorics, Information & System Sciences, 1982, 7: 166-169.
[57] GRINSTEAD C, ROBERTS S. On the Ramsey numbers $R(3,8)$ and $R(3,9)$[J]. J. Combinatorial Theory (B), 1982, 33: 27-51.
[58] MCNAMARA J, RADZISZOWSKI S P. The Ramsey numbers $R(K_4 - e, K_6 - e)$ and $R(K_4 - e, K_7 - e)$[J]. Congresses Numerantium, 1991, 81: 89-96.
[59] RADZISZOWSKI S P. The Ramsey numbers $R(K_3, K_8 - e)$ and $R(K_3, K_9 - e)$[J]. J. Combinatorial Mathematics & Combinatorial Computing, 1990, 8: 137-145.
[60] RADZISZOWSKI S P. On the Ramsey number $R(K_5 - e, K_5 - e)$[J]. Ars Combinatorial, 1993, 36: 225-232.
[61] 王清贤, 王攻本, 阎淑达. 拉姆塞数的搜索算法和新下界[J]. 电子工程师(增刊), 1996, 130-140.
[62] CALKIN N J, ERDÖS P, TOVEY C A. New Ramsey bounds from cyclic graphs of prime order[J]. SIAM J. Discrete Math., 1997, 10: 381-387.

[63] EXOO G. Some new Ramsey colorings[J]. The Electronic Journal of Combinatorics, 1998(1):1-5.

[64] 苏文龙,罗海鹏,李乔. 经典 Ramsey 数 $R(4,12)$, $R(5,11)$ 和 $R(5,12)$ 的新下界[J]. 科学通报, 1997,42(22):2460.

[65] 罗海鹏,苏文龙. 经典三色 Ramsey 数 $R(3,3,9)$ 的新下界[J]. 广西计算机应用,1998,1:17-19.

[66] 罗海鹏,苏文龙. 经典三色 Ramsey 数 $R(3,3,11)$ 的新下界[J]. 广西科学院学报,1998,14(3):1-2.

[67] KALBFLEISCH J G. Chromatic graphs and Ramsey theorem[D]. Waterloo:University of Waterloo,1996,1.

[68] DAY M M. Normed linear spaces[M]. Berlin: Springer-Verlag,1973.

[69] KOTTMAN C A. Packing and reflexivity in Banach spaces[J]. Trans. Amer. Math. Soc., 1970,150:565-576.

[70] KOTTMAN C A. Subsets of the unit ball that are separated by more than one[J]. Studia Math., T. L Ⅲ.,1975:15-27.

[71] RAMSEY F P. On a problem of formal logic[J]. Proc. London Math. Soc.,1929,39(20):264-236.

[72] 阴洪生、赵俊峰、王崇祜. 关于线性赋范空间的单位球面的 λ－分离子集[J]. 南京大学学报, 1980(S2):20-27.

编辑手记

先介绍一下书名中的人物：

拉姆塞(Ramsey,Frank Pennyston)，英国人.1903年2月22日出生.曾在剑桥大学工作.1930年1月19日逝世.

拉姆塞在组合论、数理逻辑以及代数曲线论等方面做出了贡献.在组合论中有以他的名字命名的定理.他是罗素的学生，是数学基础的逻辑主义派的支持者.他在1926年的著作中发展了怀特海与罗素的思想.他曾设计“简单类型论”，企图代替和改进罗素提出的“分支类型论”.近来研究者认为前者还不如后者.这一问题至今仍是数理逻辑的一个重要课题.

在许多数学之外的领域也有相应的拉姆塞理论.比如经济学和财政学中的有关税收问题.拉姆塞是一个天才，但中国有句古语叫“天妒英才”，拉姆塞在27岁那年因为一个小病意外死亡.但他留下的以其名字命名的定理则足够人类忙乎一个世纪.

拉姆塞理论是组合学中的困难分支，它聚集的结果证明了，在充分大的集合分成固定个数的子集时，一个子集有确定的性质. 求怎样大集合的精确界限是真正困难的问题，在大多数情形下不能回答.

这个领域的起源是拉姆塞定理，它指出，对每对正整数(p,q)，有最小整数$R(p,q)$，现在称为拉姆塞数，使得当完全图的边染上红色与蓝色时，或者有完全子图，它有p个顶点，边都是红色的，或者有完全子图，它有q个顶点，边都是蓝色的.（回忆完全图是无定向图，其中任何两个顶点用边联结起来.）

下面举两个拉姆塞理论的简单问题.

例1　证明：若平面上的点染上黑色或白色，则存在一个三角形，它的顶点染上相同颜色.

证明　设存在一个构形，它没有构成一个单色的等边三角形.

从同色的两点开始，例如黑色，不失一般性，可设它们是$(1,0)$与$(-1,0)$，则$(0,\sqrt{3})$与$(0,-\sqrt{3})$一定都是白色. 因此$(2,0)$是黑色，从而$(1,\sqrt{3})$是白色. 于是，一方面$(1,2\sqrt{3})$不能是黑色，另一方面它也不能是白色，这是矛盾的. 因此得出结论. 这个证明容易从下图中推出.

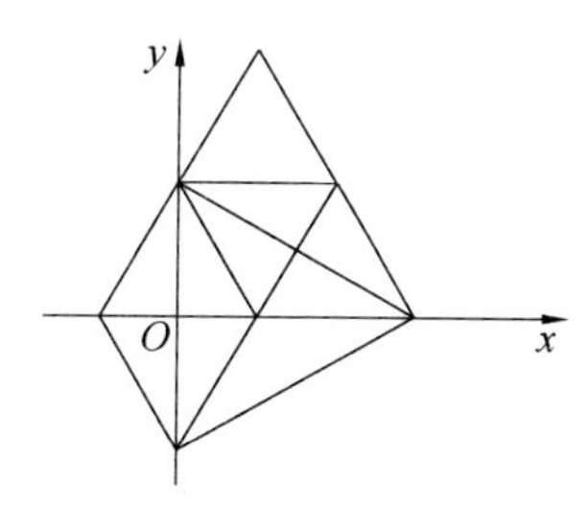

我们再选出一个2000年贝拉卢斯数学奥林匹克的问题，许多教练员都特别喜欢这道题，因为解法包含了组合学与数论之间的相互作用.

例2 令$M=\{1,2,\cdots,40\}$. 求最小的正整数n，对这个n，不能分M为n个不相交子集，使得当a,b,c(不一定不同)在相同子集中时，$a\neq b+c$.

解 我们将证明$n=4$. 首先设能分M为三个这样的集合X,Y,Z. 技巧：按它们基数递减顺序把集合排列为$|X|\geqslant|Y|\geqslant|Z|$. 令$x_1,x_2,\cdots,x_{|Z|}$是$X$按递增顺序的元素. 这些数与差$x_i-x_1,i=1,2,\cdots,|X|$一起，一定都是$M$的不同元素. 总共有$2|X|-1$个这样的数，意思是$2|X|-1\leqslant 40$或$|X|\leqslant 20$，又有$3|X|\geqslant|X|+|Y|+|Z|=40$，从而$|X|\geqslant 14$.

在$X\times Y$中有$|X|\cdot|Y|\geqslant|X|\cdot\frac{1}{2}(40-|X|)$对，每对中各数之和至少是2，至多是80，总共是79个可能值. 因$14\leqslant|X|\leqslant 20$，函数$f(t)=\frac{1}{2}t(40-t)$在区间$[14,20]$中是凹的，故有

$$\frac{|X|(40-|X|)}{2}\geqslant\min\left\{\frac{14\cdot 26}{2}\cdot\frac{20\cdot 20}{2}\right\}=$$

$$182>2\cdot 79$$

可用鸽笼原理求不同的3对$(x_1,y_1),(x_2,y_2),(x_3,y_3)\in X\times Y$，其中$x_1+y_1=x_2+y_2=x_3+y_3$.

若任何的x_i相等，则对应的y_i也相等，这不可能，因为各对(x_i,y_i)不同. 不失一般性，于是可设$x_1<x_2<x_3$. 对$1\leqslant j<k\leqslant 3$，值$x_k-x_j$在$M$中，但不在$X$中，因为否则$x_j+(x_k-x_j)=x_k$. 类似的，对$1\leqslant j<k\leqslant 3$，有$y_j-y_k\notin Y$. 因此三个公差

$x_2-x_1=y_1-y_2, x_3-x_2=y_2-y_3, x_3-x_1=y_1-y_3$在$M\backslash(X\cup Y)Z$中.但是设$a=x_2-x_1, b=x_3-x_2$, $c=x_3-x_1$,有$a+b=c$,其中$a,b,c\in Z$,矛盾.

因此不能分M为有要求性质的3个集合.我们来证明这可对4个集合完成.问题是如何安排这40个数.

以基3把数记为$\cdots a_i\cdots a_3a_2a_1$,其中只有有限多个数字不为0.用归纳法建立集合$A_1, A_2, A_3, \cdots$如下.$A_1$由有$a_1=1$的所有数组成.对$k>1$,集合$A_k$由有$a_k=0$的所有数组成,$a_k=0$已经不与有$a_k=1, a_i=0(i<k)$的数一起放在另一个集合中.另一种描述是,$A_k$由这样的数组成,它们与区间$\left(\frac{1}{2}3^{k-1}, 3^{k-1}\right]$中的某个整数对模$3^k$同余.对我们的问题

$$A_1=\{1,11,21,101,111,121,201,211,221,\\1\ 001,1\ 011,1\ 021,1\ 101,1\ 111\}$$

$$A_2=\{2,10,102,110,202,210,\\1\ 002,1\ 010,1\ 102,1\ 110\}$$

$$A_3=\{12,20,22,100,1\ 012,1\ 020,1\ 022,1\ 100\}$$

$$A_4=\{112,120,122,200,212,220,222,1\ 000\}$$

利用这些集合的第1种描述,看出它们用尽所有正整数.利用第2种描述,看出$(A_k+A_k)\cap A_k=\varnothing, k\geqslant 1$.因此$A_1, A_2, A_3, A_4$提供了要求的例子,证明了本题答案是$n=4$.

评注 一般的,对正整数n与k,分$\{1,2,\cdots,k\}$为n个集合,则三元组(a,b,c),使a,b,c在相同集合中,$a+b=c$,称为舒尔三元组.舒尔定理证明了,对每个n,存在最小数$S(n)$,使得把$\{1,2,\cdots,S(n)\}$分为n个

集合的任一划分中，有一个集合包含舒尔三元组，不存在 $S(n)$ 的一般公式，但是已经求出了上界与下界. 本题证明了 $S(4)>40$. 事实上，$S(4)=45$.

其实这是两个特别小的例子，足以看出拉姆塞定理的强大. 例子对理解定理很重要.

科学领域第一巨奖——“突破奖”日前揭晓，两名中国数学家恽之玮和张伟，他们均毕业于北京大学，也都是 80 后，获得了“新视野奖”. 其中，恽之玮一直被人们称作 YUN 神. 恽之玮是谁，他有多厉害？在人人网上，曾经流传着一篇文章：

说 YUN 神也有十分敬佩的人，就像中国佛教中神也有罗汉和菩萨之分. 用中国数学大师陈省身的话说：“我们最多只能做数学殿堂中的罗汉，永远也不可能做成菩萨.”

确实有极少数天才确实就是比常人高出一大截. 据说 YUN 神在普林斯顿高等研究院的时候，对比利时人 Pierre Deligne 佩服得五体投地. Deligne 的神迹之一就是常常当人家兴致勃勃写了一黑板的高深发现时，Deligne 不慌不忙地站起来说：“讲得很精彩，不过您的结论是错的！”弄了几次大家不禁觉得 Deligne 实在是神仙下凡，毕竟他再怎么强也不能刚刚接触人家的理论半个小时就比人家钻研了好几年还要更明白啊！YNU 神告诉我们，Deligne 后来透露了自己的秘密，他在听人家讲座时脑子里面准备好几个例子，看到定理推论等都先用例子验证一番，有时候还真能发现问题.

不仅是 Deligne 如此，许多大师级别的数学家都曾表达过类似的意思. 有一则数学名言是这样说的：

“好的数学家手里都有许多例子,而蹩脚的数学家只有抽象的理论.”

其实YUN神说这个故事的目的是希望大家在学数学的时候多注意具体的例子,数学的后续课程常常抽象性比较强,只记概念不记例子是很难在脑子里形成清晰的图景的,学习和思考的过程中,随时抱着几个典型的例子想一想,特别注意再找一些反例,你一定会发现数学的很多内容变得更加精彩和生动了.

Deligne是少年成名,大概14岁时,他的老师不知出于什么用心把布尔巴基的几卷《数学原理》(*Éléments de Mathématique*)借给他看.布尔巴基是一帮法国数学大神们的共用笔名,这伙人在集合论的基础上用公理方法重新构造整个现代数学.从初始概念和公理出发,以最具严格性,最一般的方式来重写整个现代高等数学.于是就写出了9卷本的《数学原理》(到Deligne学生时代第9卷还没有出,现在又狗尾续貂地出了35卷还没完).我们可以看看这9卷的书目:

第1卷　集合论
第2卷　代数
第3卷　拓扑
第4卷　单实变函数
第5卷　拓扑向量空间等
第6卷　积分
第7卷　交换代数
第8卷　李群等
第9卷　谱理论

大家看到了吗?光是内容顺序的安排就很奇怪了

吧，很难想象一个正常的人类能怎样学下去.从表达形式来说，如果说哪本数学书敢说自己最不适合做教材，《数学原理》肯定笑了，七千多页的长篇大论包含的内容博大精深，偏偏通篇只有内在逻辑的发展而毫无启发性的描述.成熟的数学工作者做做参考倒也罢了，用来学习嘛……呃，我们还是讲讲 Deligne 吧！这个当时只有 14 岁的孩子狂热地爱上了这套书，看懂了绝大部分内容，并由此掌握了现代数学的基础知识.（同龄的 YUN 神若遇到当时的 Deligne，能体会我们看他自己的心情吗？）

看完这些，Deligne 就开始和群论学家 Tits 做研究了，其实他才是 18 岁的大学新生，Tits 发现比利时已经容不下这位横空出世的大神了，只好把他打发到巴黎高等师范学院，那里 Deligne 遇到了 Serre 和 Grothendieck 这两个大人物，当然很高兴，等 23 岁的他回到布鲁塞尔大学，校方考虑了一下，来年只好给他发了个博士学位，同时聘任其当教授.两年后，和普林斯顿高等研究院齐名的欧洲高等研究院就把这个 26 岁的小伙子聘去当终身教授.

本书的定位是数学科普著作.这类著作的写作在中国是弱项，市场上充斥的大多是处于编故事状态的初级读本.有网友说编故事害人不浅，尤其是编科学故事.而且因为大部分人没有相应的专业背景，也没时间和精力花心思去研究，所以很容易蒙混过关.信了故事的人绝大部分以悲剧收场；极其个别的人发现被骗后痛定思痛走上正途；相当一部分人发现了好处，加入了编造的队伍，且故事越来越“精致”.

确实，中国许多人有偷懒的倾向.总想用最少的力

气获得很大的成功.所以以浪漫地编故事代替了严谨的数学推导后,造成了许多社会问题.很多人开始想入非非.

杨津涛曾写过一篇博文,题目就是:为什么中国"民科"多?因为常年听假科学故事.

为什么"中国民科"特别多?

为什么"中国民科"对自己天马行空的"理论体系"充满了自信?

为什么"中国民科"在社交网络上常得到众人热烈支持?

这是一个需要追问一代甚至几代人的教育背景,才能理解的问题.

且以中小学教科书中的科学家故事,管中窥豹.

牛顿被苹果砸头发现万有引力?

牛顿被苹果砸中脑袋,然后发现了万有引力,这是我们从小耳熟能详的故事.

其实,牛顿发现万有引力,是受到博物学家罗伯特·胡克的启发.

1671年,胡克发表论文《试论地球周年运动》,提出天体有吸引力、惯性运动、引力大小与距离有关的3条假设.1679年,胡克在给牛顿的信中讨论了他设想的"平方反比定律",还向牛顿建议了计算方向.

牛顿后来按照胡克的思路,凭借伽利略的理论及微积分,发现了牛顿第三定律和万有引力定律,将其发表在1687年出版的《自然哲学的数学原理》一书中.

万有引力定律发表后,胡克认为牛顿剽窃了自己的研究成果,两人关系恶化.

1717年,牛顿在给一位法国作家的信中,为了否

认胡克给他的启发,编造了苹果落地的故事,但这个故事在牛顿生前并未公之于世.①

1727 年,伏尔泰在《哲学通信》这本书里第一次说到苹果树和牛顿发现万有引力的关系.此后不断以讹传讹,变得广为人知.②

壶盖跳动启发瓦特发明蒸汽机?

瓦特看到水烧开后,壶盖跳动,从而发明蒸汽机的故事,同样因写入教科书而深入人心.

即便瓦特天天看开水壶的壶盖跳动,他也没有机会"发明蒸汽机".

因为蒸汽动力的研发从 15 世纪的达·芬奇就已经开始了.

1688 年,法国物理学家德尼斯·帕潘用圆筒和活塞制造了第一台简易蒸汽机.此后相关技术不断提升.1712 年,英国人纽可门又制作出了可用于矿井排水和农田灌溉的蒸汽机.

在前人的基础之上,瓦特给蒸汽机加上冷凝器(1763 年)、双动发动机(1782 年)、离心式调速器(1788 年)、压力计(1790 年)等装置,完善了蒸汽机,推动了英国工业革命.③

瓦特是蒸汽机的改进者,不是发明者.

富兰克林雷雨天放风筝测闪电?

富兰克林将钥匙放在风筝中,在雨中测试闪电的

---

① 张继栋.瓦特的水壶与牛顿的苹果——无稽之谈的误导.力学与实践,2008(2):105-106.

② 吴大江.现代宇宙学.北京:清华大学出版社,2013,66.

③ 张继栋.瓦特的水壶与牛顿的苹果——无稽之谈的误导.力学与实践,2008(2):105-106.

故事,也在中国广为流传.

早有研究者发现,富兰克林只是在《宾夕法尼亚学报》上简单地叙述过风筝实验的设计,从没有说真的做了这个实验.曾有人按照富兰克林的设计,制作了相同的风筝,但风筝却飞不起来.①

如果修改富兰克林的设计,让带着钥匙的风筝在雷雨天飞起来,会产生什么后果呢?

研究显示,如果电流从风筝经过人体,将达到几十,甚至上百千安,手拿风筝的人呼吸将停止,肌肉被撕裂,甚至燃烧.富兰克林如果真的做了这个实验,不可能全身而退.②

在电学上,富兰克林很有成就,不仅证明了人工电和雷电的同一性,还发现了尖端放电现象,提出"正电"和"负电"的概念、电荷守恒定律等.这些成果建立在当时已有的电学实验基础之上.③

爱迪生痴迷实验成"发明大王"?

教科书中关于爱迪生的故事很多.比如,小时候用身体孵鸡蛋,因为做实验被列车员打聋了耳朵,只上了三个月学却能靠努力成为发明大王.

打聋耳朵这个故事是虚构的.真实情况是,在列车上当报童的爱迪生"上车不及,列车员恐怕他坠入轮底,便一把将他拉了上来,他觉得耳中好像突然被咬了

---

① 曹天元.富兰克林的风筝.南方都市报,2006年9月6日

② Albert JIAO.富兰克林的风筝实验真实存在吗.果壳网 2011年1月9日.

③ 眭平.富兰克林与他的电学.中学物理教学参考,1996(12):44-46.

一口,接着便失去了听觉".[1]

爱迪生后来被称为"发明大王",因为他一生中有2 000多项发明,在美国获得了1 328项专利.

但这些发明并非出自爱迪生一人之手,更多的是团队贡献.

爱迪生在1876年建立了"门洛帕克实验室",先后招募了200多名专业人士.这些人或精通数学,或擅长物理或者化学,或很会画图.正是这些人的通力合作,才有了爱迪生名下的一个个发明,弥补了他的知识缺陷.[2]

爱因斯坦小时候很笨?

爱因斯坦常被"民科"引为同道.

教科书曾称,爱因斯坦小时候很笨,成绩不好,不受老师喜欢.

实际上,由于家庭教育的原因,爱因斯坦12岁就自学了平面几何.中学时期,他的"数学和物理水平远远超出学校的要求".在苏黎世工业大学"数理师范系"期间,爱因斯坦不仅在课堂上接受了正规的数学、物理专业教育,还在课外进行了大量阅读及实验,扩展了知识.爱因斯坦在1905年获得苏黎世大学物理学博士学位,1909年成为这所大学的教授.[3]

1901年,22岁的爱因斯坦发表第一篇论文《由毛细现象所得出的结论》,引起了学术界的注意.1905年

---

① 西蒙兹.爱迪生传.上海:世界书局,1941年,第40页.

② 梁国钊.爱迪生科学研究方法的特点.学术论坛,1988(4):27-37.

③ (德)阿尔布雷希特·弗尔辛.爱因斯坦传.北京:人民文学出版社,2011:12-50,88-97.

是爱因斯坦的“奇迹年”，他一年之内在物理学界最权威的《物理学杂志》发表了 6 篇论文，包括提出狭义相对论的《论动体的电动力学》. 十年后，爱因斯坦又建立了广义相对论，并在 1916 年做出推论，“一个力学体系变动时，必然发射以光速传播的引力波”.[①]

如今，爱因斯坦的大部分理论已得到实验证实.

时代悲剧

以上这些科学家故事，传递着这样的“科学观”：

灵机一动，可以获得重大科学发现（牛顿被苹果砸）；知识贫乏，也不妨碍搞科研工作（爱迪生只上了三个月学）；不尊重主流科学评价体系，不被认可即认为遭到了迫害（爱因斯坦小时候也被认定为很笨）；……

这种“科学观”，辅以昔年“科学大跃进”所灌输的蔑视学者（打倒臭老九）、“人民群众最聪明”等价值观，共同催生出了“中国民科”的变异心态，使之面对正规科研时，常条件反射式地采取对抗立场. 比如，2006 年 4 月 5 日，北京某研究“哥德巴赫猜想”的“民科”，写信给数学专家刘培杰[②]，如此抗议道：

“我尊重陈景润、王元等数学家，但我更尊重真理. 我从宏观的角度看问题，认为他们证的(1＋2)，(2＋3)，…… 都是误入歧途的连篇废话；…… 哥德巴赫猜想不过是一个井蛙之见，…… 群众才是真正的数学英雄！广大民科为什么不能超越陈、王？…… 中国数学界普遍存在着学术歧视和学术造假，即只要没有教授推荐的一切民间来稿 …… 就一律判为全错！废

---

① 许良英. 爱因斯坦奇迹年探源. 科学文化评论，2005(2).

② 笔者在此郑重声明，本人绝非数学专家.

纸！…… 中国数学界的现状使我找不到审稿人，更难发表，报国无门.”想必各位读者肯定都听说过“民科”这个词.由于一些历史原因，中国的民间科学家多半集中在数学和理论物理领域，这些人的诉求以出名为主，想靠它发财的人不多.但西方国家的“民科”则以长寿领域最为多见，因为这个领域需求量很大，但真实效果却又很难衡量，符合这两个特征的领域历来就是骗子的最爱，长寿首当其冲.

欧洲很早就出现过号称能让人长命百岁的“老西医”，现代医学诞生后这类人仍然没有消失，只是换了种方式，打着“科学”的旗号继续行骗.由于他们普遍口才极佳，不少人还有正规大学的博士头衔，所以他们说服了很多人为其捐款，其中不乏百万富翁，于是追求长寿渐渐成了富人和异想天开者的代名词.真正的科学家自然瞧不起这些人，把他们视为骗子，导致很多国家级科研都拒绝为长寿研究拨款.

“民科”是各国皆有的闹剧，“中国民科”多了一层时代悲剧.

国人的这种“避重就轻”总想走捷径的心理，不仅体现在科学研究领域，在一切需要实力说话的领域都有所体现，比如战争.

作家新垣平最近写了一篇题为“《三国演义》与鸦片战争”的文章也从另一个角度表达了这种看法：

法国汉学家佛朗索瓦·于连有一部名作《迂回与直达》，书中提出了中西思想一个很重要也很有趣的区别：中国人喜爱侧面迂回的方式，而西方人惯于正面进攻.他以战争为例说明这一点：在战争中，希腊和罗马的方阵、兵团以正面的对抗为主，两军在旷野中一战定

胜负，而中国则避免正面对战，喜欢从侧面迂回，或者用埋伏、偷袭等方式奇袭.

就像很多宏观比较的书一样，关于这个论断总可以找出一些反例，但我感到，双方所崇尚的基本理念的确是不同的. 西方历史上的经典战役，譬如马拉松会战、萨拉米斯会战、坎尼和扎马会战，都是大军的正面决战（有侧面的攻击也是对正面对抗的补充）. 而中国自春秋以来的许多重大战役，如马陵之战、长平之战、赤壁之战和淝水之战，虽然形式各不相同，但胜利都是奇谋秘计的结果，有的甚至没多少像样的战斗可言. 如孙子说："凡战者，以正合，以奇胜. 故善出奇者，无穷如天地，不竭如江河."

到了《三国演义》里，虽然整本书充斥着战争，但真正对战斗的描写非常简略，而且往往浪漫化为"三英战吕布""关公斩颜良""许褚战马超"的武将单挑，这些对战虽为人津津乐道，但大部分决定性的胜利是靠奇谋妙计. 所以所向无敌的吕布和关羽，也被"水淹下邳""白衣渡江"等妙计送了性命. 类似《战争与和平》中那种几十万大军主力正面交战的场面很少，即便有也不是决定性的. 特别是官渡、赤壁、夷陵"三大战役"动辄有七八十万大军，但取胜都是靠奇袭，而且都是火攻：火烧乌巢、火烧赤壁、火烧连营. 在敌人意想不到的时间和地点，以意想不到的方式取得胜利.

从故事的需要来说，当然是越出奇越好看，但是在不知不觉中就远离了事实. 《三国演义》的资料基本来自于《三国志》，有正史的依据. 不过真正的历史事实在载入史册的时候已经被加工过一次. 比如赤壁之战就令军事史家头疼，基本的地点都不明确，而战斗的过程也迷雾重重，虽然黄盖诈降火攻应是事实，但这只是战斗的一部分. 现代研究者推测，孙刘联盟在火攻后还发起过大规模进攻，击溃了曹操的主力，但史书记载已经非常之少，到了演义里，干脆就成了一把火把八十万大军都烧光了. 与之相应，战争的过程就变得非常轻松，诸葛亮、周瑜等智士羽扇纶巾，谈笑自若，把曹军看成了死人.

比起靠力量和士气苦战的正面直击，进行侧面迂回、寻找敌方的致命缺陷的奇袭，某种意义上是更高明的思维. 但人们会想，既然智者总能够以弱胜强，出奇制胜，那么蛮力还有什么重要性吗？即使读者能明白诸葛亮的神机妙算是艺术的夸张，但其中隐藏着的思维陷阱却不是那么容易看透，这个陷阱认为：再强大的对手都是有破绽的，只要你够聪明，就总能找到，从而一击而胜. 就像武侠小说里一身金钟罩铁布衫的高手总在某个隐秘之处有死穴一样，轻轻一碰，就会毙命.

这种思维方式潜移默化，影响深远. 到了鸦片战争前夕，林则徐料到和英国人将有一战，也知道英夷船坚炮利，大清水师不是对手，苦思破敌之法. 大概是从《三国演义》中寻到灵感，他拟定了一条“火攻”之策：用几十艘瓜皮小艇装载火物，在夜里乘风排放，斜向靠近英国人的战舰，一边抛掷火物，靠上后贴紧敲钉，将火船钉在战舰上，英国舰队就“樯橹灰飞烟灭”了.

林则徐拿这一套对付英国鸦片船，倒也烧了一些——据说多为中国人走私鸦片的船. 但当正式的武装舰队到来，却根本没有用武之地. 首先英舰的火力占绝对优势，中国小船靠近前就死伤惨重，就算能靠近，英国船又没有被铁索钉住，可以灵活调转方向，瞬息间

怎么能将两船钉死？而且一些船体上包裹金属，一般的火炮都能扛住几发，完全不惧强度很低的火攻.事实证明，这一套完全是空想.

林则徐还认为英国人虽然枪炮厉害，但是膝盖弯曲不便，只要近身搏斗就能取胜，甚至一推倒就爬不起来.事实的荒谬不用多说，这在骨子里仍是“死穴”的变形：洋人既然舰炮厉害无比，那么在某个方面就一定有致命弱点.拿住这个弱点，还不能干掉对方么？

残酷的真相是：英国舰队虽然不能说没有弱点，但在当时的清军面前，就是无论怎样迂回奇袭也无法战胜的对手.而近代西方的军事技术和操练方式，正是一次次战场上正面搏杀的结果.历史上也有很多别的战争以实力取胜，但总可以有其他的解释——比如我方缺乏诸葛亮这样厉害的军师，直到鸦片战争时，实力的对比才再也无法掩饰，后来的林则徐叹息说：“虽诸葛武侯来，亦只是束手无策.”

按于连的研究，迂回的思想渗透到了中国文化的方方面面，极具诗意的美感和哲学的深度，这当然值得我们骄傲.但在欣赏古人智慧的同时，也不应忘记许多惨痛的教训：不是每一个敌人都有致命的弱点，不是每一个问题都有拍案叫绝的妙法去化解，我们决不能忘记正面对决的必要性.

本套丛书充其量就是一套科普小册子，那么怎样才能写好一系列小册子.看看其他领域的成功经验是有益的.

2017年10月30日晚，台湾著名音乐人胡德夫的首部音乐纪录片《未央歌》在北京举行发布会.

纪录片片名取自作家鹿桥的小说《未央歌》.这部

背景为西南联大的小说于1945年写成.1967年在中国台湾出版后引起轰动.

《未央歌》共九集,每集以一首歌为引子,由胡德夫弹唱并讲述歌曲的故事.本书每本都从一个小问题出发,最后引出一个数学中的大定理,最后希望能达到对所有数学领域的全覆盖.

“安知不如微虫之为珊瑚与嬴蛤之积为巨石也”(章太炎语)是我们的信念.

刘培杰
2018年1月26日
于哈工大